黏弹性力学

袁　丽　程红梅　李福林　彭维红　主编

中国矿业大学出版社
· 徐州 ·

内容提要

本书参考国内外黏弹性力学相关教材和文献，系统地阐述了黏弹性力学的基本内容，重点突出黏弹性力学的基本概念、基本理论和基本方法。全书共分八章，包括绪论、傅氏变换与拉氏变换、微分型本构关系、积分型本构关系、动态性能及温度效应、非线性黏弹性理论、弹-黏-塑性本构关系、热黏弹性理论以及相关公式、图表等。

本教材适合力学、工程类、数学等相关专业的高年级本科生及研究生使用，也可供相关专业工程技术人员参考。

图书在版编目(CIP)数据

黏弹性力学／袁丽等主编. —徐州：中国矿业大学出版社，2020.12

ISBN 978-7-5646-4948-7

Ⅰ. ①黏… Ⅱ. ①袁… Ⅲ. ①粘弹性介质力学 Ⅳ. ①O345

中国版本图书馆 CIP 数据核字(2020)第 269305 号

书　　名　黏弹性力学

主　　编　袁　丽　程红梅　李福林　彭维红

责任编辑　耿东锋　姜　翠

出版发行　中国矿业大学出版社有限责任公司

（江苏省徐州市解放南路　邮编 221008）

营销热线　(0516)83884103　83885105

出版服务　(0516)83995789　83884920

网　　址　http://www.cumtp.com　**E-mail**:cumtpvip@cumtp.com

印　　刷　广东虎彩云印刷有限公司

开　　本　787 mm×1092 mm　1/16　**印张** 9.25　**字数** 235 千字

版次印次　2020 年 12 月第 1 版　2020 年 12 月第 1 次印刷

定　　价　26.80 元

（图书出现印装质量问题，本社负责调换）

前　言

黏弹性力学是连续力学的一个重要内容，它以具有固体性质的同时又表现出部分流体特征的黏弹性材料为研究对象，涉及高分子材料、生物材料、聚合物材料、混凝土等的力学性能研究，在地下工程、材料工程、生物工程、能源工程、海洋工程、航天工程、核动力工程等方面具有重大的应用价值。因此，开展黏弹性理论研究，对于科学研究和工业发展都具有重要的意义。

本教材适合力学、工程类、数学等相关专业的高年级本科生及研究生使用，也可供相关专业工程技术人员参考。全书共分八章，包括绪论、傅氏变换与拉氏变换、微分型本构关系、积分型本构关系、动态性能及温度效应、非线性黏弹性理论、弹-黏-塑性本构关系、热黏弹性理论以及相关公式、图表等。

本书由袁丽、程红梅、李福林、彭维红主编。参加编写工作的有米宣宇、魏圣明、戴世安、张彦坤等。我们对为本书编写、出版给予支持和帮助的所有同仁表示衷心的感谢。

本书参考国内外黏弹性力学相关教材和文献，系统地阐述了黏弹性力学的基本内容，重点突出黏弹性力学的基本概念、基本理论和基本方法。在此，我们向这些文献的作者表示诚挚的谢意。

在本书编写过程中，我们虽然力求突出重点，兼顾科学性和实用性，但因时间和水平有限，书中难免存在一些缺点和错误，敬请读者批评指正。

编　者

2020 年 6 月

目　录

第 1 章　绪　　论

1.1　黏弹性和黏弹性力学

黏弹性力学属于固体力学的范畴。它在考虑材料的弹性性质和黏性性质的基础上，研究材料内部应力和应变的分布规律以及它们和外力之间的关系。材料的黏性性质主要由材料中的应力和应变率表现。目前，我们常接触的两类材料包括弹性固体和黏性液体，研究已经比较成熟。通常情况下，弹性固体具有确定的形状，在外力的作用下，弹性固体的形状发生改变，具有新的平衡状态下的形状，但是一旦加载的外力卸载，其可以恢复到原来的外形。另外，由于在加载变形过程中外力做功，弹性固体可将做功产生的能量全部储存为应变能，一旦外力移除，那么弹性体所储存的应变能将全部释放出来，弹性体也恢复为原来的形状。

由图 1.1 可知，理想弹性固体受到外力作用形变很小，符合胡克定律

$$\sigma = E\varepsilon \tag{1.1}$$

其中，σ 为正应力，ε 为正应变，E 为弹性模量，且应力与应变随时保持同相位，应变与时间 t 无关。受力时，应变瞬时发生达到平衡值，除去外力，应变瞬时恢复（可逆弹性形变），其形变对时间不存在依赖性。

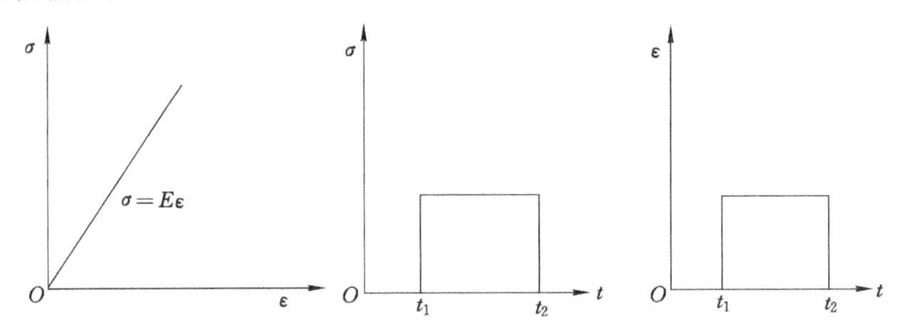

图 1.1　理想弹性固体的力学响应

黏性液体本身没有确定的形状，受到外力作用后，其将产生不可逆的流动，形状发生改变，产生应力松弛，由于在加载变形过程中外力做功，黏性液体流动变形过程中将做功产生的能量耗散掉，即使移除外力，也无法恢复其原来的形状，即产生永久变形，如图 1.2 所示。

由图 1.2 可知，理想黏性液体是一种符合牛顿流体流动定律的流体，即满足

$$\sigma = \eta\dot{\varepsilon} = \eta\frac{\mathrm{d}\varepsilon}{\mathrm{d}t} \tag{1.2}$$

其中，$\dot{\varepsilon}$ 为应变率；η 为黏性系数，与流体性质有关，等于单位速度梯度时的剪切应力，反映了分子间由于相互作用而产生的流动阻力，即内摩擦力的大小，单位为 Pa · s。可见受外力作用，应力与应变速率呈线性关系。受力时，应变随时间线性发展，外力去除后，应变不能回复（不可逆）。

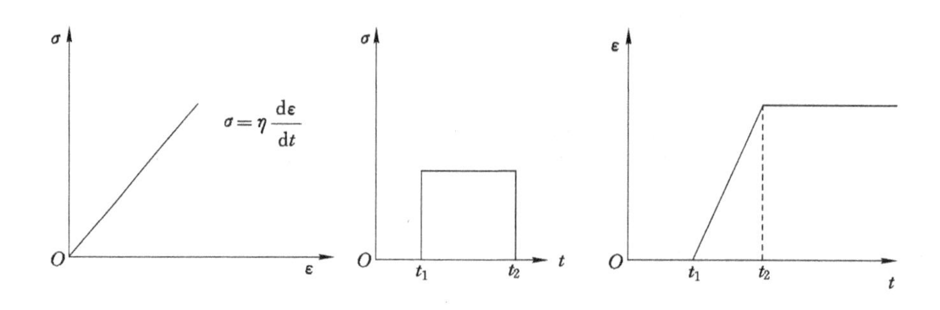

图 1.2　理想黏性液体的力学响应

黏弹性性质介于此二者之间，材料在较小的外力作用下，弹性和黏性同时存在的力学行为称为黏弹性。其特征是应变落后于应力，即应变对应力的响应不是瞬时完成的，需要通过一个弛豫过程。黏弹性材料力学性质与时间有关，具有力学松弛的特征。实际上任何材料均同时显示弹性和黏性两种性质，只是由于结构不同，黏弹性的显化程度不同。其中最典型的是高分子材料，一些非晶体，有时甚至多晶体，在较小的应力作用下表现出黏弹性现象，图 1.3 给出了一些典型材料在恒应力作用下所表现出的变形特征。另外，黏弹性材料的性质对时间和温度有强烈的依赖性，黏弹性体的变形不仅与作用的外力大小有关，还和温度的改变、力的作用时间以及加载历史都有关系。因此黏弹性可以定义为某些材料在一定温度范围内和一定加载条件下所表现出的兼具弹性和黏性性质的特性。

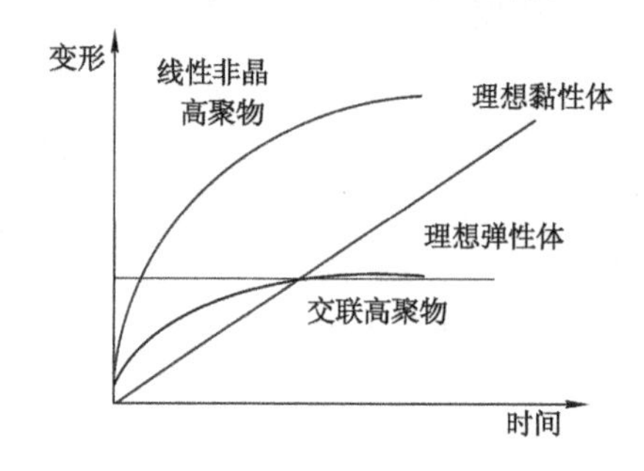

图 1.3　不同材料在恒应力下的变形特征

黏弹性力学是连续介质力学的重要分支，又称黏弹性理论。它研究黏弹性物质的力学行为、本构关系及其破坏规律，以及黏弹性体在外力和其他因素作用下的变形和应力分布。自然界中常见的黏弹性体有聚合物、混凝土、金属、岩石、土壤、石油、肌肉、血液和骨骼等，在一定条件下，既具有弹性性质，又具有黏性性质。这种兼具弹性和黏性性质的材料称为黏弹性材料，包括黏弹性固体与黏弹性流体，又可分为线性黏弹性体和非线性黏弹性体。线性黏弹性体的两种极端情况即为胡克体（遵循胡克定律）和牛顿流体（遵循牛顿黏性定律）。

线性黏弹性材料的本构关系含微分型和积分型两大类。可用服从胡克定律的弹性元件和服从牛顿黏性定律的黏性元件的不同组合表征线性黏弹性材料的特性。弹性元件与黏性元件两者串联而成麦克斯韦模型；两元件并联而成开尔文模型。多个麦克斯韦单元并联或多个开尔文单元串联则组成一般线性黏弹性模型。

黏弹性力学中的几何方程和运动方程与弹性力学的相同。从原理上说，利用本构方程、运动方程、几何方程、边界条件以及初始条件，可找到黏弹性边界值问题的解。求解方法与弹性力学相仿，有位移法、应力法、半逆法等。对于准静态的线黏弹性问题，若边界面不随时间变化，全部方程对时间进行拉普拉斯变换后，得到一个与空间坐标相关的线弹性问题，再将所得相应弹性问题的解进行逆变换，即为原黏弹性问题解。对于不能用对应原理求解的线黏弹性问题，根据具体问题寻求其解法，包括采用近似解法等。

非线性黏弹性材料的力学行为比较复杂，本构理论种类繁多。常用的非线性黏弹性本构关系有重积分型、单积分型和幂律关系。其中单积分型本构关系形式简单，利于实验研究和表征材料函数，便于用来求解边值问题，因而得到广泛发展与应用。非线性黏弹性问题不易求解，本构关系的多样性导致不同的解法，除极少数简单问题外，一般只能给出近似解。

1.2　蠕变和应力松弛

为了描述材料的黏弹性行为，我们可以首先研究最简单的应力、应变随时间变化的现象。

1.2.1　蠕变

蠕变是在一定的温度和较小的恒定应力(拉力、扭力或压力等)作用下，材料的形变随时间的增长而逐渐增加的现象。若除掉外力，形变随时间延续而变小，称为蠕变回复。它的发生是低于材料屈服强度的应力长时间作用的结果。这种变形的速率与材料性质、加载时间、加载温度和加载应力有关。这种变形可能很大，以至于一些部件不能再发挥它的作用。

在实际工程中，由于材料的蠕变而破坏机组正常运行的例子数不胜数。如图 1.4 所示，软 PVC 丝在砝码的持续作用下，会产生蠕变变形，撤掉砝码后，一部分弹性变形回复，余下的是所产生的不可逆蠕变变形。

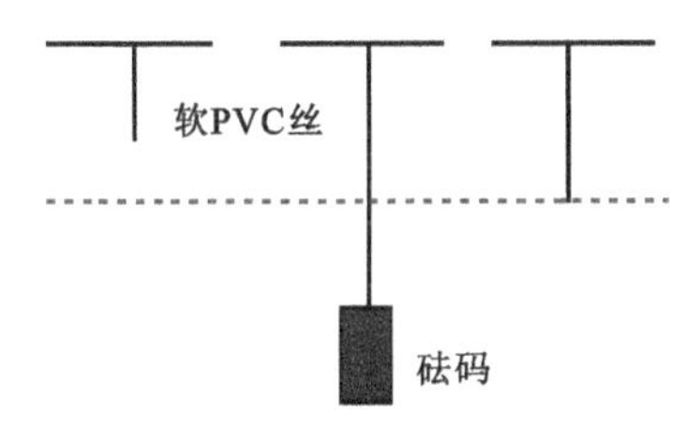

图 1.4　蠕变回复

图 1.5 所示为加载条件下的蠕变曲线，图(c) 表示的是恒定应力 σ_0 作用下的蠕变曲线。黏弹性物体在高温下将发生显著的蠕变现象，如图(d) 所示，它可分为以下三个阶段：

① 瞬时蠕变，应变率随时间增加而减小。

② 稳态蠕变，应变率接近一个常数，“蠕变应变率”就是指这一阶段的应变率。

③ 加速蠕变，应变率随时间增加迅速增加。

我们知道，如果某一时间卸去外载荷，弹性固体将回复原来形状，即应变瞬时为零。对于黏弹性材料，在图(c) 的 t_1 时刻卸去外力，可在瞬时回复弹性变形 *CD* 后，再逐渐回复残余变形 *DE*。这种蠕变回复现象，称为滞弹性回复或延滞回复。

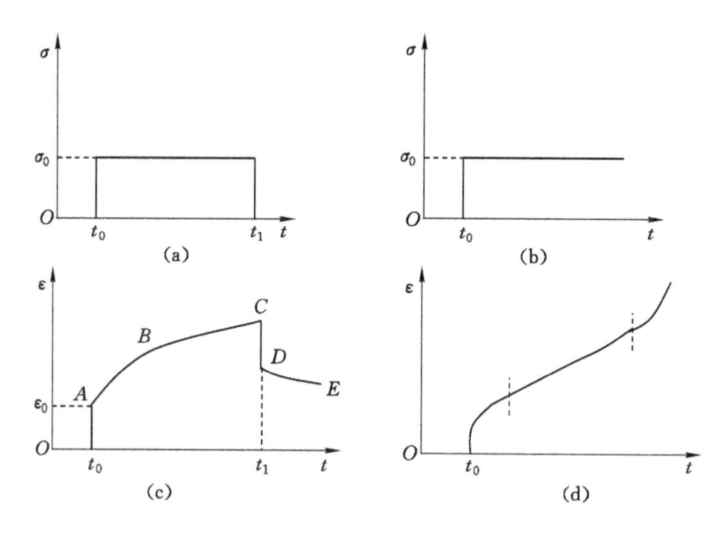

图 1.5　加载条件下的蠕变曲线

实际材料在恒定应力作用下，应变随时间增加而增加，其蠕变程度在不同加载条件下会发生较大变化。聚合物的变形尤为明显，图 1.6 给出了线性非晶态聚合物在温度超过玻璃态转化温度时的蠕变回复曲线。

在图1.6中，ε_1 为普通弹性形变，ε_2 为高弹形变，ε_3 为黏性流变。对于三种变形，我们分别介绍如下：

(1) 普通弹性形变

理想弹性体在外力作用下所表现出的普通弹性形变如图 1.7 所示，可知此时一旦外力撤掉，理想弹性体的变形立即回复。

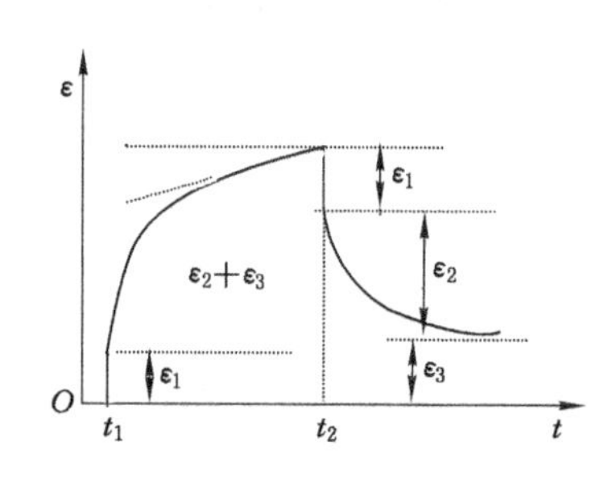

图 1.6　线性非晶态聚合物在单轴拉伸时的典型蠕变及回复曲线

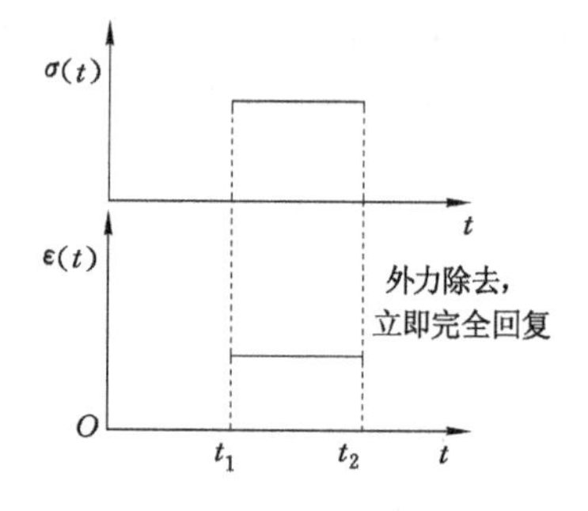

图 1.7　理想弹性体的普通弹性形变

从分子运动的角度来看，材料受到外力的作用，链内的键长和键角立刻发生变化，如图 1.8 所示，此时产生的形变很小，我们称它为普通弹性形变。

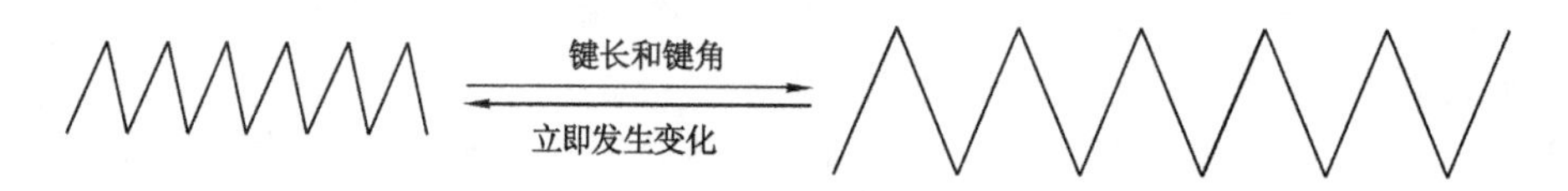

图 1.8　键长和键角的变化

在这个阶段，其普通弹性应变为 $\varepsilon=\frac{\sigma_0}{E_1}$，$\sigma_0$ 为正应力，E_1 为普通弹性模量。

（2）高弹形变

高弹形变又称推迟弹性形变，是高聚物的一种可逆形变。在高弹状态下，由于温度较低，分子活动迟缓，当受外力时，分子不会互相滑动，但链段仍可以运动，有可能使链的一部分卷曲或伸展，变得柔软而富有弹性，外力除去后，会缓慢回复原状。因此，高弹形变在外力卸载后，应变由撤掉外力时对应的应变值沿原加载变形曲线逐渐回复至零，如图 1.9 所示。从微观角度看，其链段运动如图 1.10 所示。

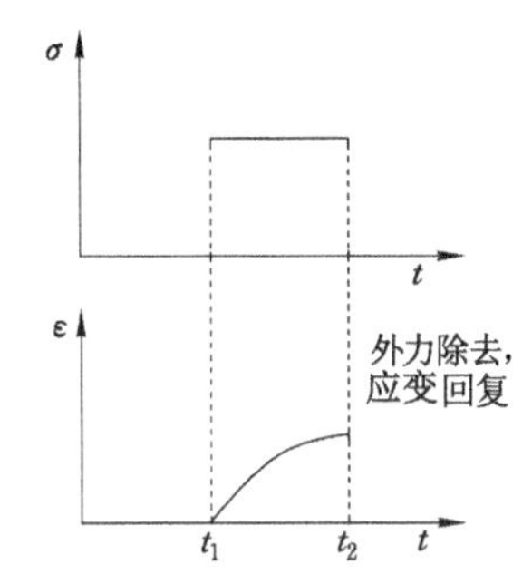

图 1.9　理想高弹体推迟蠕变

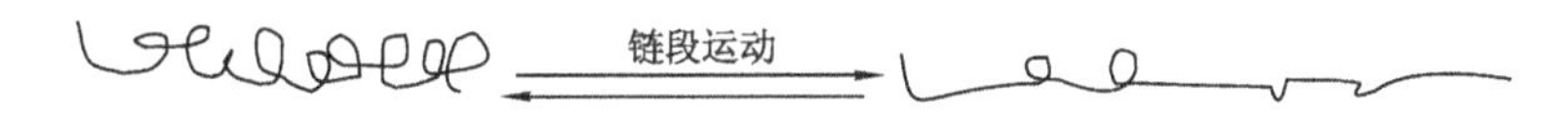

图 1.10　链段运动

此时，黏弹性体的应变可表示如下：

$$\varepsilon(t)=\begin{cases}0 & t<t_1\\ \frac{\sigma}{E_2}(1-\mathrm{e}^{-t/\tau}) & t\geqslant t_1\\ 0 & t\to\infty\end{cases}\tag{1.3}$$

其中，松弛时间 $\tau=\frac{\eta_2}{E_2}$，E_2 为高弹模量。

（3）黏性流变

当外力移去后，黏弹性体的部分变形是不可回复的，这部分变形称为黏性流变，如图 1.11 所示。

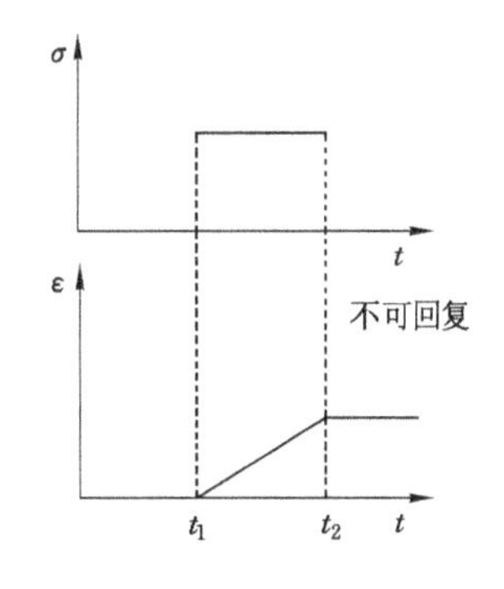

图 1.11　理想黏性流动蠕变

如果分子间没有化学交联，分子间发生的相对滑移如图 1.12 所示，此时发生的变形是不可回复的。

这种情况下，黏弹性体的应变可表示如下：

$$\varepsilon(t)=\begin{cases}0 & t<t_1\\ \frac{\sigma_0}{\eta_3}t & t_1\leqslant t\leqslant t_2\\ \frac{\sigma_0}{\eta_3}t_2 & t>t_2\end{cases}\tag{1.4}$$

其中，η_3 为本体黏度。

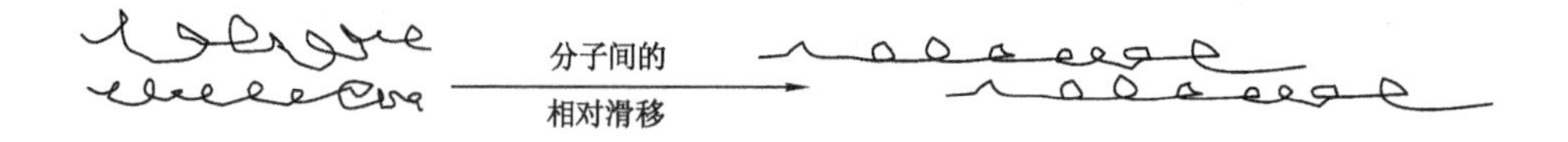

图 1.12　分子的相对滑移

综上所述，对于图 1.6 所示线性非晶态聚合物，受力后三种形变将同时发生，则黏弹性体的总形变方程为：

$$\varepsilon(t)=\varepsilon_1+\varepsilon_2+\varepsilon_3=\frac{\sigma}{E_1}+\frac{\sigma}{E_2}(1-e^{\frac{-t}{\tau}})+\frac{\sigma}{\eta_3}t \tag{1.5}$$

1.2.2　应力松弛

应力松弛是指在恒定温度和形变保持不变的情况下，材料内部的应力随时间增加而逐渐衰减的现象。黏弹性材料在总应变不变的条件下，由于试样内部的黏性应变或黏塑性应变分量随时间增长而不断增加，而使弹性应变分量随时间增长逐渐降低，从而导致回弹应力随时间增长而逐渐降低。例如：拉伸一块未交联的橡胶至一定长度，保持长度不变，随时间的增加，内应力慢慢减小，有如图 1.13 所示一般应力松弛过程。

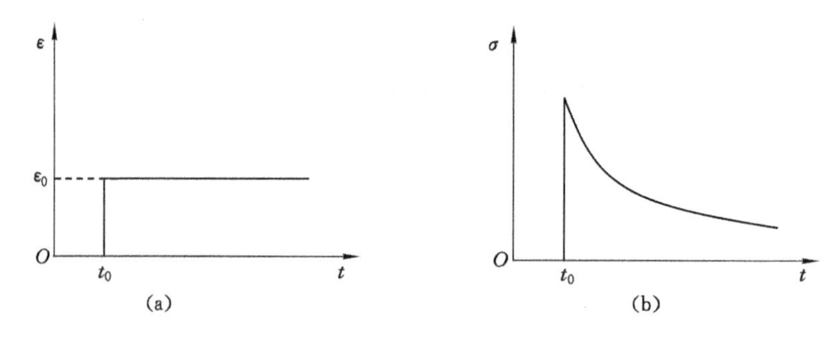

图 1.13　恒应变下的应力松弛现象

由图 1.13 可知，开始时应力衰减很快，而后逐渐降低并趋于某一恒定值。从黏性流变机理来看，应力经过足够长时间衰减后将减为零。因此，在一定应变条件下，应力快速趋于零的材料我们认为是流体；而经过很长一段时间应力衰减至某一定值的则是固体。

以高聚物材料为例，其应力松弛曲线如图 1.14 所示，可知不同材料其应力松弛程度也不相同。从微观角度考虑，在外力作用下，高分子链段不得不顺着外力方向舒展，因而产生内部应力，与外力相抗衡。但是，链段热运动使有些缠结点散开以致分子链产生相对滑移，调整分子构象，逐渐回复其蜷曲状态，内应力逐渐消除，与之相平衡的外力当然也逐渐衰减，以维持恒定的形变。由此可知，高分子链的构象重排和分子链滑移是导致材料蠕变和应力松弛的根本原因，而温度对高分子运动影响非常大，因此，作用温度对黏弹性体应力松弛现象将产生较大的影响，如图 1.15 所示。当温度过高时，链段运动受到的内摩擦力小，应力很快松弛掉了，觉察不到。当温度过低时，链段运动受到的内摩擦力很大，应力松弛极慢，短时间也不易觉察。只有在玻璃态转换温度附近的几十度的范围内，应力松弛现象才比较明显。

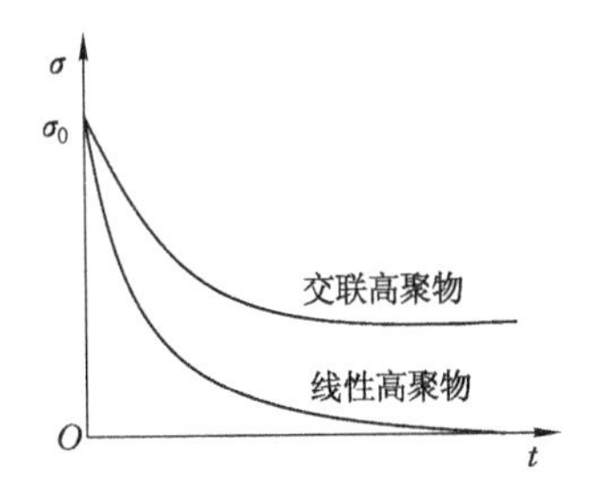

图 1.14 高聚物的应力松弛曲线

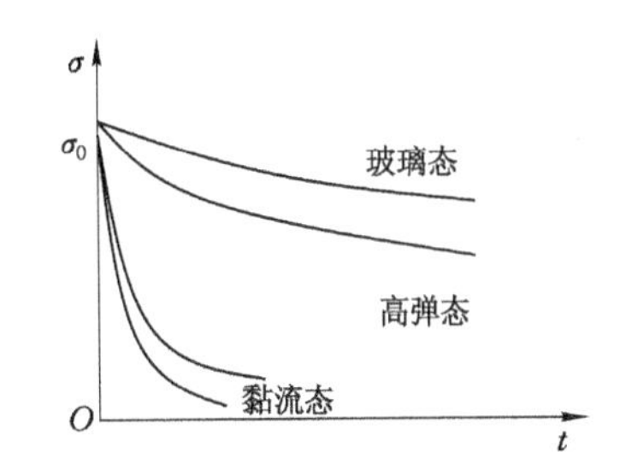

图 1.15 不同温度下的应力松弛曲线

实际上，黏弹性材料在发生蠕变时通常会伴随着应力松弛，蠕变通常是在弹性极限内应力长期作用的结果，而应力松弛发生时所加的应力则没有这个限制。但是，从工程设计上考虑，我们设计的大多数产品一般都不会让应力超过弹性极限。这种情况下，蠕变往往与应力松弛是相互伴随的。应力松弛和蠕变不同之处在于应力松弛是固定形变条件下应力的降低，而蠕变是保持高应力条件下发生的形变积累，它们机理有相似之处，但是侧重点不一样。

1.2.3 滞后

当黏弹性体受到外力作用时，高分子链段运动要受到内摩擦阻力的作用，此时链段运动跟不上外力的变化，由此引起应变落后于应力的现象，称为滞后，如图 1.16 所示。

例如，如图 1.17 所示，行驶中的汽车轮胎某处受周期应力 $\sigma(t) = \sigma_0 \sin wt$ 作用，其中 w 为作用频率，试分析其滞后现象。

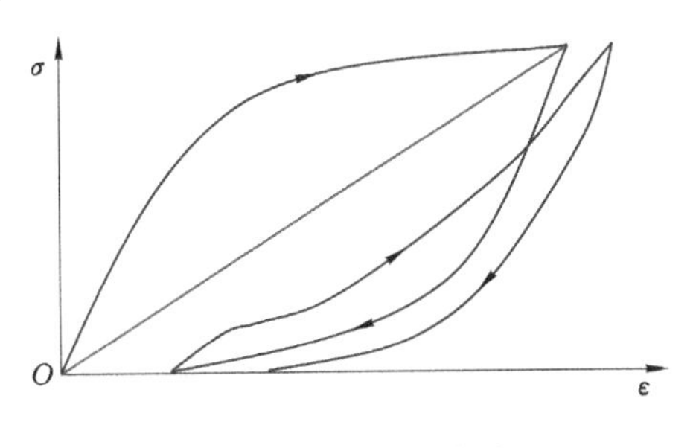

图 1.16 应变滞后曲线

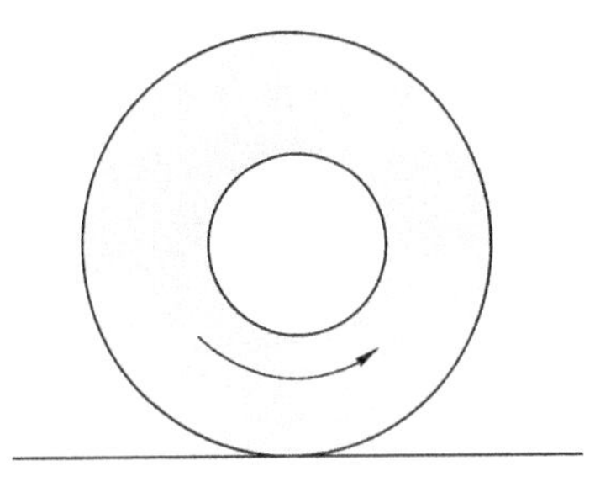

图 1.17 转动的轮胎

如考虑弹性体，$\varepsilon(t) = \varepsilon_0 \sin wt$，形变随时间周期变化，与应力同相位。

如考虑牛顿黏性材料，$\varepsilon(t) = \varepsilon_0 \sin\left(wt - \frac{\pi}{2}\right)$，即应变落后于应力$\frac{\pi}{2}$。

对于大多数黏弹性材料而言，其力学响应介于弹性与黏性之间，应变落后于应力一个相位 $\delta = 0 \sim \frac{\pi}{2}$，则有

$$\varepsilon(t) = \varepsilon_0 \sin(wt - \delta) \tag{1.6}$$

其中，δ 为力学损耗角，即形变落后于应力变化的相位角。δ 越大，说明滞后现象越严重，如图 1.18 所示。

滞后现象通常与以下因素有关：

① 化学结构：刚性链滞后现象弱，柔性链滞后现象严重。

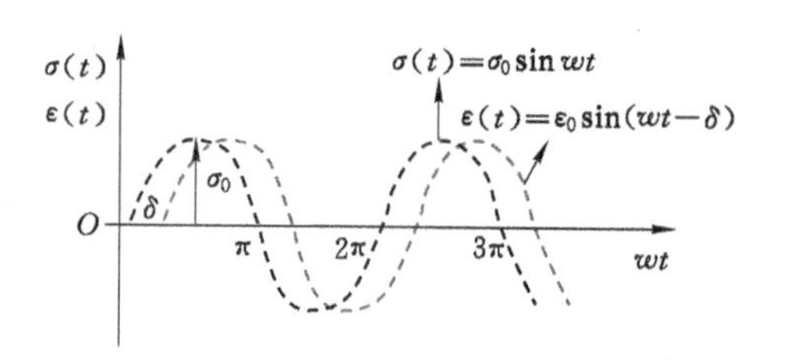

图 1.18　轮胎应变的滞后效应

② 温度：当作用频率不变时，温度很高，滞后现象几乎不出现，温度很低，也无滞后。当温度在玻璃态转化温度附近时，链段可以运动但不太容易，此刻滞后现象严重。

③ 外力作用频率：当频率很低时，链段运动能跟上外力的变化，滞后现象很弱；当外力作用频率不太高时，链段可以运动，但是跟不上外力的变化，表现出明显的滞后现象；当外力作用频率很高时，链段根本来不及运动，黏弹性材料好像一块刚性的材料，滞后现象也很弱。

1.2.4　力学损耗

轮胎在高速行驶相当长时间后，立即检查内层温度，会有烫手的感觉。这是因为高聚物受到交变应力作用时会产生滞后现象，上一次受到外力后发生的变形在外力除去后还来不及恢复，下一次应力又施加了，以致总有部分弹性储能没有释放出来。这样不断循环，那些未释放的弹性储能都被消耗在体系的自摩擦上，并转化成热量放出。这种由于力学滞后而使机械功转换成热能的现象，称为力学损耗或内耗。内耗的情况可以从图 1.19 所示橡胶拉伸-回缩的应力-应变曲线上看出，在施加几次交变应力后拉伸曲线和回缩曲线就会封闭成环，称为滞后环或滞后圈。其中，拉伸曲线下面积为外力对橡胶所做的总功，回缩曲线下面积为橡胶变形回复所需要的回缩功，两者之差即为损耗的功。因此滞后圈面积越大，力学损耗越大。

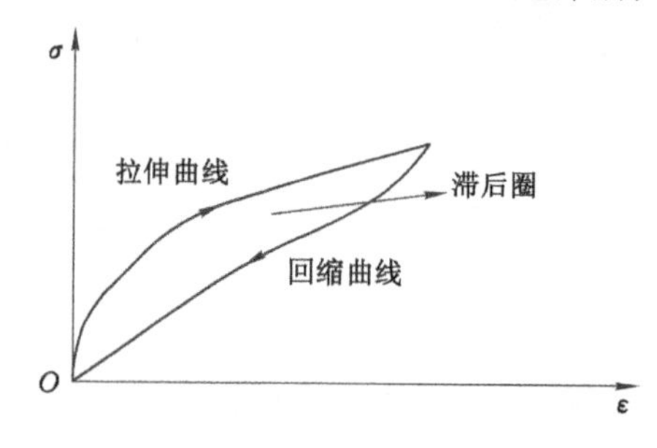

图 1.19　硫化橡胶拉伸-回缩应力-应变曲线

1.3　黏弹性性质随温度的变化

黏弹性材料的力学特性随外力作用时间不同会发生很大的变化。如高聚物可以表现为玻璃态、黏弹态、橡胶态和流动态，这几种物态的相互转换不仅与载荷作用的时间有关系，还会更直接地受温度的影响。温度升高时，高聚物变得柔软，呈现出橡胶状态，其应力-应变关系是明显的非线性大变形。温度降低时则弹性模量会逐渐提高，直至达到玻璃态，此时材料类似坚硬的固体，加载后会产生微小的形变，短时间内卸载则形变可以完全恢复，但持续加载一段时间后，则材料呈现出黏弹性特性，此时卸载则形变不能完全恢复，而保留了黏性流变的部分，如图1.20所示。

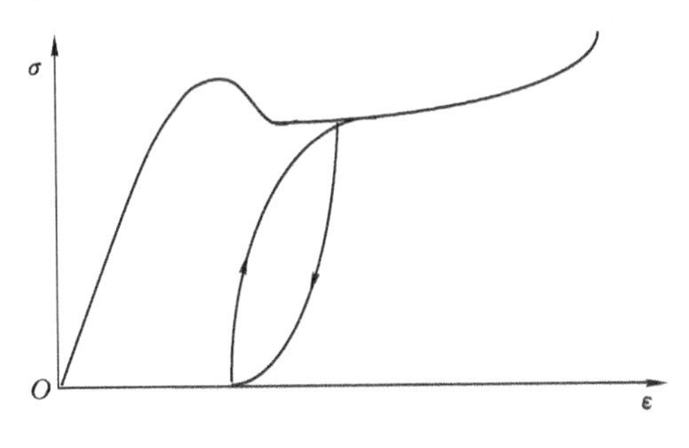

图1.20 高聚物的玻璃态特性

实验表明，由玻璃态到橡胶态的转变并不是在某个具体温度下突然实现的，而是存在一个过渡区域，即玻璃态转变温度区，在这个区域内，高聚物材料会表现出典型的黏弹性特征。

黏弹性材料的蠕变与作用温度有很大的关系。当温度 T 过低，且作用外力过小时，蠕变很小且很慢，在短时间内不易觉察；当温度 T 过高，且作用外力过大时，形变发展很快，也觉察不到蠕变现象；只有在适当外力作用下，且作用温度 T 在玻璃态转化温度 T_g 附近，此时分子间内摩擦阻力较大，高分子链段能够缓慢运动，才可看到明显的蠕变现象。

当然，黏弹性材料的应力松弛也与作用温度有很大的关系。当作用温度 T 过高时，链段运动受到的内摩擦力小，应力很快松弛掉了，应力松弛现象很难被觉察到；当作用温度 T 过低时，链段运动受到的内摩擦力很大，应力松弛极慢，短时间也不易觉察。只有作用温度 T 在玻璃态转化温度 T_g 附近，聚合物的应力松弛现象最为明显，在适当的外力作用时间内便于观察。

实验表明，同一个力学松弛既可以在温度较高和较短的作用时间内观察到，也可以在较低的温度和较长的作用时间内观察到，因此升高温度和延长外力作用时间对分子运动或高聚物的黏弹性力学行为是等效的，称为时温等效原理。例如，要得到低温某一温度时天然橡胶的应力松弛行为，由于温度太低，应力松弛进行很慢，要得到完整的数据可能要等几个世纪，这是不可能的。我们可以利用时温等效原理，在较高的温度下测得应力松弛的数据，然后换算成所需要的低温时的数据，如图1.21所示两个温度下的应力松弛模量曲线示意图，可见两个曲线有相同的应力松弛模量。

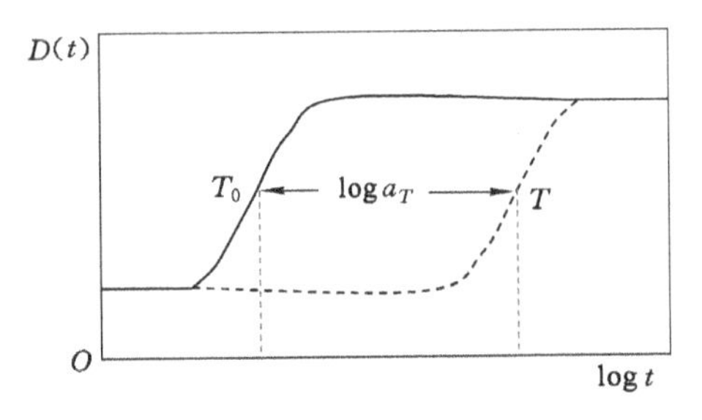

图1.21 时温等效作图法示意图

由图 1.21 可知，这个等效性可以借助于转换因子 a_T 实现，可将在某一温度下测定的力学数据转换成另一温度下的等效数据，即

$$E(T,t)=E(T_0,t/\alpha_T) \tag{1.7}$$

式中，T 为实验温度，T_0 为参考温度，a_T 为转换因子。不同温度下的应力松弛曲线可以在时间标尺上平移，如图 1.22 所示。

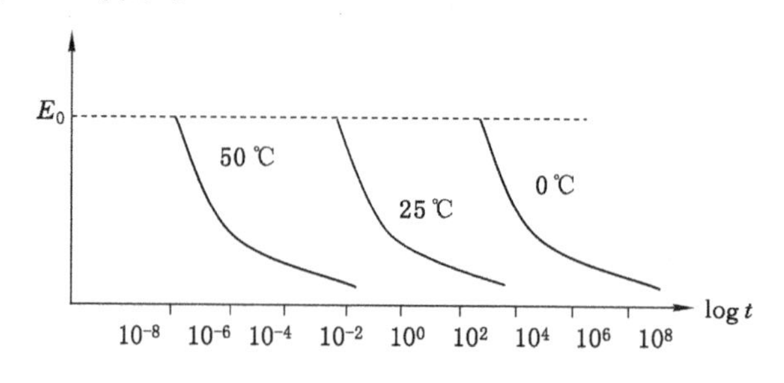

图 1.22　松弛时间温度曲线

由图 1.22 可知，取参考温度为 25 ℃，当温度从 25 ℃ 升高到 50 ℃ 时，运动速度加快，即左移；当温度降低，由 25 ℃ 降低到 0 ℃ 时，运动速度减慢，即右移。移动的距离用 $\log a_T$ 表示，可用下式计算：

$$\log a_T=\log t-\log t_0=\log\frac{t}{t_0} \tag{1.8}$$

其中，t 为移动起点温度的时间标尺，t_0 为移动终点温度的时间标尺，终点温度称为参考温度。图 1.23 给出了温度转换因子随温度的变化曲线。

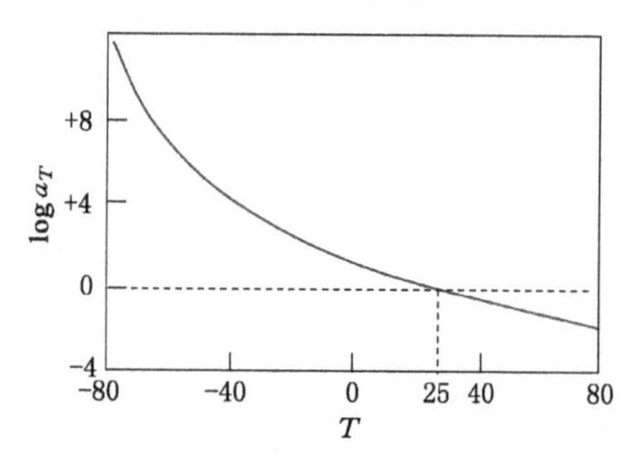

图 1.23　温度转换因子随温度变化曲线

由图 1.23 可知，取参考温度 $T_0=25$ ℃，当 $T>T_0$，如果从高温移向低温，则 $\log a_T$ 为负，即 $a_T<1$；当 $T<T_0$，若从低温移向高温，则 $\log a_T$ 为正，即 $a_T>1$。

转换因子仅是温度的函数，最早从事时温等效研究工作的是 F. A. 威廉斯等，他们提出一个 $\log a_T$ 与温度关系的经验公式，即 WLF 方程：

$$\log a_T=\log\frac{t}{t_0}=\frac{-C_1(T-T_0)}{C_2+(T-T_0)} \tag{1.9}$$

其中，T_0 为参考温度，C_1 和 C_2 为取决于聚合物种类和参考温度的常数。T_0 不同，则 C_1 和 C_2 不同。

当 $T_0=T_g$（玻璃化温度）时，各种聚合物有普适常数 $C_1=17.4$，$C_2=51.6$，此时

$$\log a_T = \frac{-17.4(T - T_g)}{51.6 + (T - T_g)} \tag{1.10}$$

公式(1.10)适用温度范围为 $T_g < T < T + 100$ ℃ 的情况。

当 $T > T_g + 50$ ℃ 时,转换因子计算公式为:

$$\log a_T = \frac{-8.86(T - T_0)}{101.6 + (T - T_0)} \tag{1.11}$$

通过以上方程,便可以直接由方程式计算各种温度下的曲线移动量,根据WLF方程,可直接作出 $\log a_T$-T 的曲线图,然后从曲线上找到所需温度下的 $\log a_T$ 数值,确定水平移动量,即可绘制曲线,如图1.21所示。

参数 C_1、C_2 和 T_g 对各种不同的聚合物材料有较大的差异,如表1.1所示。

表1.1 部分材料的基本参数

聚合物	C_1	C_2	T_g/K
聚异丁烯	16.6	104	202
天然橡胶	16.7	53.6	200
聚氨酯	15.6	32.6	238
聚苯乙烯	14.5	50.4	373
聚甲基丙烯酸乙酯	17.6	65.5	335
普适常数	17.4	51.6	

1.4 黏弹性固体和液体

从黏弹性力学上讨论,固体和液体的区分主要是看蠕变和松弛中应变和应力变化的极限情况。例如,施加某恒定应力以后,材料产生即时弹性应变响应,而后续变形继续增加,变形速率则逐渐减小,最后趋于某临界值,这样的材料即称为固体,如图1.24(a)所示。而若在长时间加载以后变形仍保持线性增加,这样的材料则称为液体,如图1.24(b)所示。

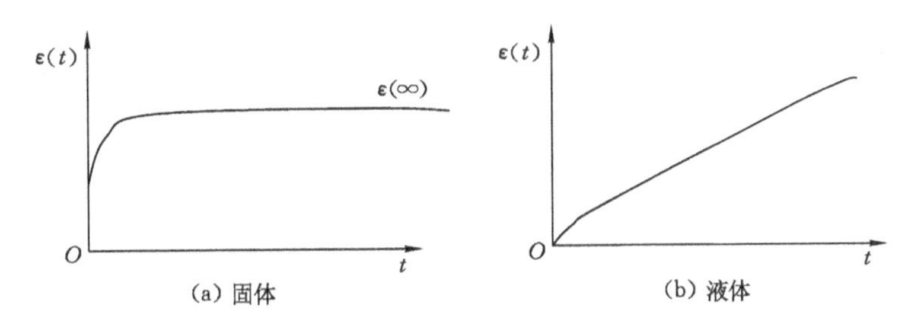

图1.24 用蠕变极限定义黏弹性固体和液体

同理,观察应力松弛现象也可以得到关于固体和液体的定义,即保持恒定的应变,观察材料的应力松弛。如图1.25(a)所示,某一段时间 t_0 以后,应力趋于某极限值 $\sigma(\infty)$,这样的材料称为固体;如果一段时间 t_0 后,$\sigma(\infty) \to 0$,则为液体,如图1.25(b)所示。

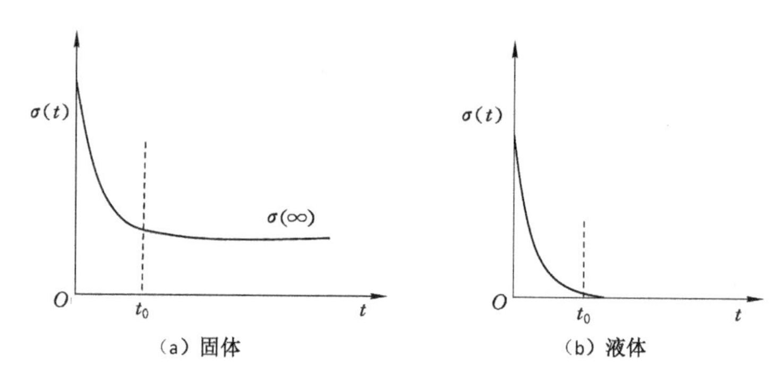

图 1.25 用松弛极限定义黏弹性固体和液体

其中 t_0 称为松弛时间，一般是根据实验观察情况和对于应力、应变趋势的主观估计而得到的，并非真正规定为极漫长的时间，以致无法实现。实际上不同材料的松弛时间 t_0 范围很广，有的材料松弛时间可能很短，以致观察不到；有的材料松弛时间很长，甚至在实验可能的观察时间里看不到应力松弛，甚至被误认为是弹性材料，这些都属于黏弹性材料。

1.5 研究黏弹性力学的意义

随着全球经济高速发展，一大批具有黏弹性特征的新材料被不断研发出来并应用于工程实际，如高分子材料、树脂基复合材料、高聚物材料、锡焊材料、生物材料等，且部分材料常在极端环境（高温、高压、高速）下仍保持其蠕变现象和松弛现象使得结构得以正常工作。目前，对这些新材料的黏弹性特性的研究受到越来越多的重视。随着浅部资源的枯竭，矿山资源开发越来越往地球深部发展，而深部岩体在高地应力、高温作用下通常具有一定的流变特性，在人为施工扰动下将产生塑性变形以及蠕变，这也是深部岩爆、塌方等灾害事故滞后发生的原因。另有不少重要的岩土工程材料，如混凝土、岩土等，在工程应用中也必须作为黏弹性介质进行考虑。由于黏弹性材料既具有弹性性质，又具有黏性性质，在外力作用下，黏弹性体会产生弹性变形和蠕变变形，且变形随着时间发生变化，因此用经典的弹性力学、材料力学、流体力学方法来研究黏弹性体不能全面、真实地反映材料的力学特性。对黏弹性材料的力学理论进行研究可为材料科学和国防、土建、深部资源开采等工程应用提供重要的理论基础。

黏弹性力学理论是固体力学的一个重要分支。它在考虑材料的弹性性质和黏性性质的基础上，研究材料内部应力和应变的分布规律以及它们和外力之间的关系。材料的黏性性质主要表现为材料中的应力和应变率相关。黏弹性力学理论中的几何方程和运动方程与弹性力学完全相同，因此联合黏弹性本构方程、边界条件以及初始条件，理论上就可以求得黏弹性边界值问题的解。目前广大学者对黏弹性力学理论的研究已经取得很多重要的研究成果，特别是线性黏弹性理论已发展得较为完善，但非线性黏弹性理论由于实验和数学上存在的困难尚处在不断发展和完善之中。

1.6 思考与练习

1. 日常见到的物质哪些属于黏弹性固体或液体？

2. 叠加理论怎样反映材料特性与加载历程的关系？

3. 假设以给定应变加载，试根据叠加理论导出应力的叠加积分表示式。

4. 简述弹性力学、黏弹性力学和黏塑性力学的区别。

第2章 傅氏变换与拉氏变换

2.1 变换概念引入

2.1.1 简单变换

人们为了使数学表达式的运算更简便,往往采用变换的手段。例如,求两数 A 与 B 之积 AB(商 A/B),可使用对数变换、变换后的加(减)法运算、反对数变换三个步骤来完成。

(1) 对数变换:对已知的 A,B 分别求出对数 $\lg A$,$\lg B$。

(2) 变换后的加(减)法运算:求出两个对数的和 $\lg A+\lg B$(差 $\lg A-\lg B$)。

(3) 反对数变换:求出上述和的反对数,$AB=\lg^{-1}(\lg A+\lg B)$。

从数确定其对数值的变换称为正变换。从对数值确定其反对数值的变换称为反变换或逆变换。数与其对数值在一定条件下是一一对应的。变换前的数常称为变换后的数的象原,变换后的数常称为变换前的数的象。

2.1.2 积分变换

$$F(\alpha)=\int_a^b f(t)K(t,\alpha)\mathrm{d}t \tag{2.1}$$

式(2.1)被用来定义函数 $f(t)$ 的积分变换。其中 $K(t,\alpha)$是已知的关于 t 和 α 的二元函数,称为积分变换的核。若 a 和 b 的值是有限的,则称 $F(\alpha)$是 $f(t)$ 的有限积分变换,否则称为无限积分变换。可见,积分变换就是通过含有参变量 α 的积分,把一个函数变成另一个函数的变换。或者说,就是把某函数类 A 中的函数 $f(t)$ 通过上述积分运算变成另一函数类 B 中的函数 $F(\alpha)$。积分变换又称为运算微积分。$f(t)$ 称为象原函数,$F(\alpha)$称为 $f(t)$ 的象函数,在一定条件下,它们是一一对应的,变换是可逆的。当选取不同的积分域和变换核时,就得到不同名称的积分变换。例如:

傅里叶变换:$F(\alpha)=\int_{-\infty}^{+\infty}f(t)\mathrm{e}^{-\mathrm{i}\alpha t}\mathrm{d}t$;

拉普拉斯变换:$F(\alpha)=\int_0^{+\infty}f(t)\mathrm{e}^{-\alpha t}\mathrm{d}t$。

傅里叶变换和拉普拉斯变换都是一种泛函。将式(2.1)改写为

$$F(\alpha)=\int_a^b f(t)K(t,\alpha)\mathrm{d}t=F_1[f(t),\alpha]\ (\text{当把 } f \text{ 看作变量},\alpha \text{ 看作参变量时})$$

式中,F,F_1 包含着不同的被看作不变的部分,也就是说,暂时固定 α,可将$\int_a^b(\cdot)K(t,\alpha)\mathrm{d}t$ 看作泛函算符,这一算符再作用到函数 $f(t)$ 上,结果得出对应于函数 $f(t)$ 的一个函数 $F_1[f(t),\alpha]$。

另外，还可以把积分变换看成一类映射(因线性空间的映射称为算子，故线性空间的积分变换也称为积分算子)。例如，式(2.1)将函数 $f(t)$ 变换成另一个函数 $F(\alpha)$，其实就是把 α 看作变量后进行的。

2.2　傅里叶积分

2.2.1　傅里叶级数与傅里叶积分

傅里叶级数能将周期函数进行谐波分解，而傅里叶积分能将非周期函数进行谐波分解。傅里叶级数还可表示成复数形式，由此又可导出傅里叶积分的复数形式。

傅里叶级数定理：任一个以 T 为周期的周期函数 $f_T(t)$，如果在 $\left[-\frac{T}{2},\frac{T}{2}\right]$ 上满足狄利克雷(Dirichlet)条件(简称狄氏条件，即函数在 $\left[-\frac{T}{2},\frac{T}{2}\right]$ 上满足：① 连续或只有有限个第一类间断点；② 只有有限个极值点)，那么在 $\left[-\frac{T}{2},\frac{T}{2}\right]$ 上就可以展成傅里叶级数。在 $f_T(t)$ 的连续点处，傅里叶级数的三角形式为

$$f_T(t)=\frac{a_0}{2}+\sum_{n=1}^{\infty}(a_n\cos n\omega t+b_n\sin n\omega t)\ (n=1,2,3,\cdots) \tag{2.2}$$

其中

$$\omega=\frac{2\pi}{T}=2\pi\nu\quad\left(\nu=\frac{1}{T}\right)$$

$$a_0=\frac{2}{T}\int_{-\frac{T}{2}}^{\frac{T}{2}}f_T(t)\mathrm{d}t \tag{2.3}$$

$$a_n=\frac{2}{T}\int_{-\frac{T}{2}}^{\frac{T}{2}}f_T(t)\cos n\omega t\mathrm{d}t \tag{2.4}$$

$$b_n=\frac{2}{T}\int_{-\frac{T}{2}}^{\frac{T}{2}}f_T(t)\sin n\omega t\mathrm{d}t \tag{2.5}$$

式中，ω 称为角频率或圆频率，ν 称为频率。式(2.3)、(2.4)、(2.5)称为函数 $f_T(t)$ 的傅里叶系数。

由式(2.3)、(2.4)、(2.5)可知，傅里叶系数 a_n(可将 a_0 合并到 a_n 中去，合并后 $n=0,1,2,\cdots$)和 b_n 都是 n(或 $n\omega$)的函数，其中 a_n 是 n 的偶函数，即有 $a_{-n}=a_n$；而 b_n 是 n 的奇函数，即有 $b_{-n}=-b_n$。

如果把式(2.2)中的同频率项合并，则式(2.2)可根据三角函数的两角和公式 $\cos(\alpha+\beta)=\cos\alpha\cos\beta-\sin\alpha\sin\beta$ 改写成

$$f_T(t)=\frac{A_0}{2}+A_1\cos(\omega t+\varphi_1)+A_2\cos(2\omega t+\varphi_2)+\cdots$$

即

$$f_T(t)=\frac{A_0}{2}+\sum_{n=1}^{\infty}A_n\cos(n\omega t+\varphi_n) \tag{2.6}$$

其中

$$\begin{cases} A_0 = a_0 \\ A_n = \sqrt{a_n^2 + b_n^2} \quad (n = 1,2,3,\cdots) \\ \varphi_n = -\arctan \dfrac{b_n}{a_n} \end{cases} \tag{2.7}$$

由式(2.7)可知，A_n 是 n 的偶函数，即有 $A_{-n} = A_n$；而 φ_n 是 n 的奇函数，即有 $\varphi_{-n} = -\varphi_n$。如果将式(2.6)化为式(2.2)的形式，其系数关系为

$$a_0 = A_0$$

$$a_n = A_n \cos \varphi_n \quad (n = 1,2,3,\cdots)$$

$$b_n = -A_n \sin \varphi_n$$

由式(2.6)可见，任何满足狄氏条件的周期函数可分解为一系列谐函数分量之和。其中第一项 $\frac{A_0}{2}$ 是常数项，它是周期函数的直流分量。结合式(2.3)看，$\frac{A_0}{2} = \frac{a_0}{2} = \frac{1}{T}\int_{-\frac{T}{2}}^{\frac{T}{2}} f_T(t)\mathrm{d}t$，它实际上就是函数 $f_T(t)$ 在区间 $\left[-\frac{T}{2},\frac{T}{2}\right]$ 内的平均值。第二项 $A_1\cos(\omega t + \varphi_1)$ 称为基波分量或一次谐波分量，它的角频率 ω(可称之为基波角频率或简称为基角频)与原周期函数的相同，A_1 是基波振幅，φ_1 是基波初相位。第三项 $A_2\cos(2\omega t + \varphi_2)$ 称为二次谐波分量，它的频率是基波频率的 2 倍，A_2 是二次谐波振幅，φ_2 是其初相位。依次类推，一般而言，$A_n\cos(n\omega t + \varphi_n)$ 称为 n 次谐波分量，其角频率为 $n\omega$，其振幅为 A_n，其初相位为 φ_n。式(2.6)表明，周期函数可被分解为各次谐波之和，并且这些谐波的角频率是基波角频率 ω 的整数倍。

式(2.2)或式(2.6)称为傅里叶级数的三角形式或傅里叶级数的实数形式。这种形式虽意义比较明确，却运算不便，因而常把实数形式转换为(虚)指数形式(或称复数形式)。只要利用欧拉公式：

$$\mathrm{e}^{\mathrm{i}\varphi} = \cos \varphi + \mathrm{i}\sin \varphi$$

即可得

$$\begin{aligned} f_T(t) &= \frac{a_0}{2} + \sum_{n=1}^{\infty}(a_n\cos n\omega t + b_n\sin n\omega t) \\ &= \frac{a_0}{2} + \sum_{n=1}^{\infty}\left[a_n \frac{1}{2}(\mathrm{e}^{\mathrm{i}n\omega t} + \mathrm{e}^{-\mathrm{i}n\omega t}) - b_n\mathrm{i}\frac{1}{2}(\mathrm{e}^{\mathrm{i}n\omega t} - \mathrm{e}^{-\mathrm{i}n\omega t})\right] \\ &= \frac{a_0}{2} + \sum_{n=1}^{\infty}\left[\frac{1}{2}(a_n - \mathrm{i}b_n)\mathrm{e}^{\mathrm{i}n\omega t} + \frac{1}{2}(a_n + \mathrm{i}b_n)\mathrm{e}^{-\mathrm{i}n\omega t}\right] \end{aligned} \tag{2.8}$$

令

$$c_0 = \frac{a_0}{2} = \frac{1}{T}\int_{-\frac{T}{2}}^{\frac{T}{2}} f_T(t)\mathrm{d}t \tag{2.9}$$

$$\begin{aligned} c_n &= \frac{1}{2}(a_n - \mathrm{i}b_n) \\ &= \frac{1}{T}\left[\int_{-\frac{T}{2}}^{\frac{T}{2}} f_T(t)\cos n\omega t\,\mathrm{d}t - \mathrm{i}\int_{-\frac{T}{2}}^{\frac{T}{2}} f_T(t)\sin n\omega t\,\mathrm{d}t\right] \\ &= \frac{1}{T}\int_{-\frac{T}{2}}^{\frac{T}{2}} f_T(t)[\cos n\omega t - \mathrm{i}\sin n\omega t]\mathrm{d}t \\ &= \frac{1}{T}\int_{-\frac{T}{2}}^{\frac{T}{2}} f_T(t)\mathrm{e}^{-\mathrm{i}n\omega t}\mathrm{d}t \quad (n = 1,2,3,\cdots) \end{aligned} \tag{2.10}$$

$$c_{-n}=\frac{1}{2}(a_n+\mathrm{i}b_n)=\frac{1}{T}\int_{-\frac{T}{2}}^{\frac{T}{2}}f_T(t)\mathrm{e}^{\mathrm{i}n\omega t}\mathrm{d}t \quad (n=1,2,3,\cdots) \tag{2.11}$$

将 c_0,c_n,c_{-n} 合写成一个式子：

$$c_n=\frac{1}{T}\int_{-\frac{T}{2}}^{\frac{T}{2}}f_T(t)\mathrm{e}^{-\mathrm{i}n\omega t}\mathrm{d}t \quad (n=0,\pm1,\pm2,\pm3,\cdots) \tag{2.12}$$

令

$$\omega_n=n\omega \quad (n=0,\pm1,\pm2,\pm3,\cdots)$$

则由式(2.2)的形式，可将式(2.8)写成

$$f_T(t)=c_0+\sum_{n=1}^{\infty}[c_n\mathrm{e}^{\mathrm{i}\omega_n t}+c_{-n}\mathrm{e}^{-\mathrm{i}\omega_n t}] \quad (n=1,2,3,\cdots)$$

或

$$f_T(t)=\sum_{n=-\infty}^{+\infty}c_n\mathrm{e}^{\mathrm{i}\omega_n t} \quad (n=0,\pm1,\pm2,\pm3,\cdots) \tag{2.13}$$

或

$$f_T(t)=\sum_{n=-\infty}^{+\infty}\left[\frac{1}{T}\int_{-\frac{T}{2}}^{\frac{T}{2}}f_T(\tau)\mathrm{e}^{-\mathrm{i}\omega_n\tau}\mathrm{d}\tau\right]\mathrm{e}^{\mathrm{i}\omega_n t} \tag{2.14}$$

这就是傅里叶级数的(虚)指数形式或傅里叶级数的复数形式(τ 为时间)。c_n 称为函数 $f_T(t)$ 的复傅里叶系数。通常也会将复傅里叶系数 c_n 写成 $F(n)$ 或 $f(n\omega)$(注意，在后面要讲的傅里叶变换中，ω 是变量，而这里的傅里叶级数中的 ω 却是常量，其变量是 n，所以不妨随着 n 把常量的 ω 代到 $F(n\omega)$ 中去，以 $n\omega$ 为自变量)。

由式(2.10)、(2.11)，我们还容易得出如下一些系数关系：

$$|c_n|=|c_{-n}|=\frac{1}{2}\sqrt{a_n^2+b_n^2}=\frac{1}{2}A_n \tag{2.15}$$

$$c_n=\overline{c_{-n}}\text{(即 } c_n \text{ 和 } c_{-n} \text{ 是共轭复数)}$$

$$\arg c_n=\arctan\frac{-b_n}{a_n}=-\arctan\frac{b_n}{a_n}=\varphi_n$$

$$c_n=|c_n|\mathrm{e}^{\mathrm{i}\arg c_n}=|c_n|\mathrm{e}^{\mathrm{i}\varphi_n}=\frac{1}{2}A_n\mathrm{e}^{\mathrm{i}\varphi_n} \tag{2.16}$$

在式(2.13)中，单独一项 $c_n\mathrm{e}^{\mathrm{i}\omega_n t}$(或写作 $c_n\mathrm{e}^{\mathrm{i}n\omega t}$)并非谐波分量，而是一个虚指数函数，只有当下标为 n 和 $-n$ 的两项相加时才组成一个谐波分量，即在复数形式中，第 n 次谐波为 $c_n\mathrm{e}^{\mathrm{i}\omega_n t}+c_{-n}\mathrm{e}^{-\mathrm{i}\omega_n t}$(或写作 $c_n\mathrm{e}^{\mathrm{i}n\omega t}+c_{-n}\mathrm{e}^{-\mathrm{i}n\omega t}$)。这是因为有

$$\begin{aligned}c_n\mathrm{e}^{\mathrm{i}n\omega t}+c_{-n}\mathrm{e}^{-\mathrm{i}n\omega t}&=\frac{1}{2}A_n\mathrm{e}^{\mathrm{i}\varphi_n}\mathrm{e}^{\mathrm{i}n\omega t}+\frac{1}{2}A_{-n}\mathrm{e}^{\mathrm{i}\varphi_{-n}}\mathrm{e}^{-\mathrm{i}n\omega t}\\&=\frac{1}{2}A_n\mathrm{e}^{\mathrm{i}(n\omega t+\varphi_n)}+\frac{1}{2}A_n\mathrm{e}^{-\mathrm{i}(n\omega t+\varphi_n)}\\&=A_n\cos(n\omega t+\varphi_n)\end{aligned}$$

这显示了同一个 n 的两个复数加起来能得到一个实数，从而说明了为什么可以将一个实函数 $f(t)$ 展开为复数。此外，还说明了另一层意义：虽然在复数形式中引用 $-n$，从而出现了 $-n\omega$，但这并不表示存在负频率(考虑频率的物理意义，频率应该总是非负的)，而只是将实的第 n 次谐波分量分写成两个复数项后出现的一种数学形式。

任意周期函数 $f_T(t)$ 可被分解为许多不同频率的虚指数函数 $e^{in\omega t}$ 的线性组合，其各分量的复数幅值(又称为复数幅度或复数振幅) 为 c_n。

对于非周期函数的傅里叶分解，任何一个非周期函数 $f(t)$ 都可被看作是由某个周期函数 $f_T(t)$ 当 $T\to+\infty$ 时转化而来的。为了说明这一点，我们作周期为 T 的函数 $f_T(t)$，使其在 $\left[-\frac{T}{2},\frac{T}{2}\right]$ 之内等于 $f(t)$，而在 $\left[-\frac{T}{2},\frac{T}{2}\right]$ 之外按周期延拓到整个数轴上，如图 2.1 所示。显然，T 越大，$f_T(t)$ 与 $f(t)$ 相等的范围也越大，这表明当 $T\to+\infty$ 时，周期函数 $f_T(t)$ 便可转化为非周期函数 $f(t)$，即有

$$\lim_{T\to+\infty} f_T(t)=f(t) \tag{2.17}$$

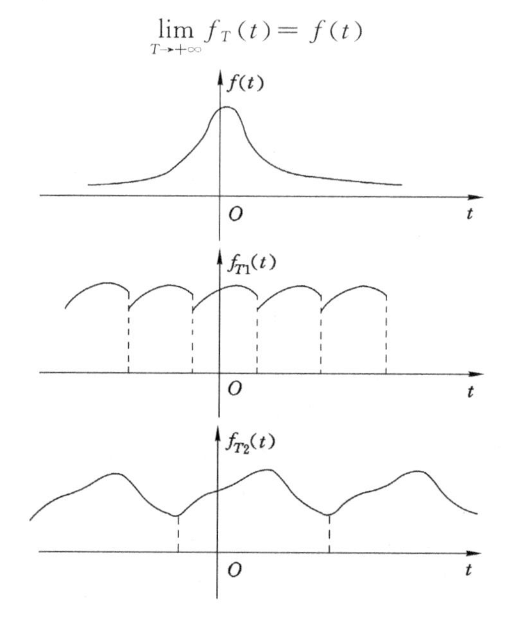

图 2.1 非周期函数的傅里叶分解

这样，在式(2.14) 中，当令 $T\to+\infty$ 时，结果就可以看成是 $f(t)$ 的展开式，即

$$f(t)=\lim_{T\to+\infty}\sum_{n=-\infty}^{+\infty}\left[\frac{1}{T}\int_{-\frac{T}{2}}^{\frac{T}{2}} f_T(\tau)e^{-i\omega_n\tau}d\tau\right]e^{i\omega_n t} \tag{2.18}$$

当 n 取一切整数时，ω_n 所对应的点便均匀地分布在整个数轴上。若两个相邻点的距离以 $\Delta\omega_n$ 表示，即

$$\Delta\omega_n=\omega_n-\omega_{n-1}=\frac{2\pi}{T}$$

或

$$T=\frac{2\pi}{\Delta\omega_n}$$

则当 $T\to+\infty$ 时，有 $\Delta\omega_n\to 0$。故式(2.18) 又可写为

$$f(t)=\lim_{\Delta\omega_n\to 0}\sum_{n=-\infty}^{+\infty}\frac{1}{2\pi}\left[\int_{-\frac{T}{2}}^{\frac{T}{2}} f_T(\tau)e^{-i\omega_n\tau}d\tau\right]e^{i\omega_n t}\Delta\omega_n \tag{2.19}$$

当 t 固定时，$\frac{1}{2\pi}\left[\int_{-\frac{T}{2}}^{\frac{T}{2}} f_T(\tau)e^{-i\omega_n\tau}d\tau\right]e^{i\omega_n t}$ 是参数 ω_n 的函数，记为 $\varphi_T(\omega_n)$，即

$$\varphi_T(\omega_n)=\frac{1}{2\pi}\left[\int_{-\frac{T}{2}}^{\frac{T}{2}}f_T(\tau)e^{-i\omega_n\tau}d\tau\right]e^{i\omega_n t}$$

利用 $\varphi_T(\omega_n)$，可将式(2.19) 写成

$$f(t)=\lim_{\Delta\omega_n\to 0}\sum_{n=-\infty}^{+\infty}\varphi_T(\omega_n)\Delta\omega_n \tag{2.20}$$

显然，当 $\Delta\omega_n\to 0$，即 $T\to+\infty$ 时，$\varphi_T(\omega_n)\to\varphi(\omega_n)$，这里有

$$\varphi(\omega_n)=\frac{1}{2\pi}\left[\int_{-\infty}^{+\infty}f_T(\tau)e^{-i\omega_n\tau}d\tau\right]e^{i\omega_n t}$$

从而 $f(t)$ 可以看作是 $\varphi(\omega_n)$ 在 $(-\infty,+\infty)$ 上的积分：

$$f(t)=\int_{-\infty}^{+\infty}\varphi(\omega_n)d\omega_n \tag{2.21}$$

即

$$f(t)=\frac{1}{2\pi}\int_{-\infty}^{+\infty}\left[\int_{-\infty}^{+\infty}f(\tau)e^{-i\omega_n\tau}d\tau\right]e^{i\omega_n t}d\omega_n$$

由于当 $T\to+\infty$ 时，上述推导中的 ω 再不像在前面讨论傅里叶级数时那样被看作参(变) 量是固定的(即在讨论过程中暂时固定)，而是认作频率间隔 $\Delta\omega_n$[因为 $\Delta\omega_n=\omega_n-\omega_{n-1}=n\omega-(n-1)\omega=\omega$] 成为变量(即作为积分过程变量) 而趋于 0，即意味着不连续变量 $\omega_n=n\omega$ 趋于一个连续变量 Ω，于是上式也可写成

$$f(t)=\frac{1}{2\pi}\int_{-\infty}^{+\infty}\left[\int_{-\infty}^{+\infty}f(\tau)e^{-i\Omega\tau}d\tau\right]e^{i\Omega t}d\Omega \tag{2.22}$$

当 $T\to+\infty$ 时，$\omega=\dfrac{2\pi}{T}$ 成为变量而趋于 0，于是 $n\omega$ 为变量，且当 ω 不趋于 0 时，$n\omega$ 是离散变量；而当 ω 趋于 0 时，$n\omega$ 就成为一个连续变量，记为 Ω。

不妨将式(2.22) 中的 Ω 又写成 ω，从而使式(2.22) 改写成函数 $f(t)$ 的傅里叶积分公式：

$$f(t)=\frac{1}{2\pi}\int_{-\infty}^{+\infty}\left[\int_{-\infty}^{+\infty}f(\tau)e^{-i\omega\tau}d\tau\right]e^{i\omega t}d\omega \tag{2.23}$$

应该指出，判断一个非周期函数 $f(t)$ 在什么样的条件下使傅里叶积分公式成立，根据傅里叶积分定理：若 $f(t)$ 在 $(-\infty,+\infty)$ 上满足下列条件：① $f(t)$ 在任一有限区间上满足狄利克雷条件；② $f(t)$ 在无限区间 $(-\infty,+\infty)$ 上绝对可积(即积分 $\int_{-\infty}^{+\infty}|f(t)|dt$ 收敛)，则在 $f(t)$ 的连续点 t 处，有 $f(t)=\dfrac{1}{2\pi}\int_{-\infty}^{+\infty}\left[\int_{-\infty}^{+\infty}f(\tau)e^{-i\omega\tau}d\tau\right]e^{i\omega t}d\omega$ 成立，而在 $f(t)$ 的间断点 t 处，应以 $\dfrac{f(t+0)+f(t-0)}{2}$ 来代替左端的 $f(t)$。

2.2.2　傅里叶积分的实三角形式

利用欧拉公式，可将式(2.23) 转化为实三角形式：

$$\begin{aligned}f(t)&=\frac{1}{2\pi}\int_{-\infty}^{+\infty}\left[\int_{-\infty}^{+\infty}f(\tau)e^{-i\omega\tau}d\tau\right]e^{i\omega t}d\omega\\&=\frac{1}{2\pi}\int_{-\infty}^{+\infty}\left[\int_{-\infty}^{+\infty}f(\tau)e^{-i\omega(t-\tau)}d\tau\right]d\omega\end{aligned}$$

$$= \frac{1}{2\pi}\int_{-\infty}^{+\infty}\left[\int_{-\infty}^{+\infty} f(\tau)\cos\omega(t-\tau)\mathrm{d}\tau + \mathrm{i}\int_{-\infty}^{+\infty} f(\tau)\sin\omega(t-\tau)\mathrm{d}\tau\right]\mathrm{d}\omega$$

考虑到积分$\int_{-\infty}^{+\infty} f(\tau)\sin\omega(t-\tau)\mathrm{d}\tau$是$\omega$的奇函数，故有

$$\int_{-\infty}^{+\infty}\left[\int_{-\infty}^{+\infty} f(\tau)\sin\omega(t-\tau)\mathrm{d}\tau\right]\mathrm{d}\omega = 0$$

从而

$$f(t) = \frac{1}{2\pi}\int_{-\infty}^{+\infty}\left[\int_{-\infty}^{+\infty} f(\tau)\cos\omega(t-\tau)\mathrm{d}\tau\right]\mathrm{d}\omega \tag{2.24}$$

又考虑到积分$\int_{-\infty}^{+\infty} f(\tau)\cos\omega(t-\tau)\mathrm{d}\tau$是$\omega$的偶函数，故式(2.24)可写为

$$f(t) = \frac{1}{\pi}\int_{0}^{+\infty}\left[\int_{-\infty}^{+\infty} f(\tau)\cos\omega(t-\tau)\mathrm{d}\tau\right]\mathrm{d}\omega \tag{2.25}$$

这就是$f(t)$的傅里叶积分的实三角形式。

2.3 傅里叶变换与傅里叶逆变换

若函数$f(t)$满足傅里叶积分定理中的条件，则在$f(t)$的连续点处下式成立：

$$f(t) = \frac{1}{2\pi}\int_{-\infty}^{+\infty}\left[\int_{-\infty}^{+\infty} f(\tau)\mathrm{e}^{-\mathrm{i}\omega\tau}\mathrm{d}\tau\right]\mathrm{e}^{\mathrm{i}\omega t}\mathrm{d}\omega$$

从该式出发，若设

$$F(\omega) = \int_{-\infty}^{+\infty} f(t)\mathrm{e}^{-\mathrm{i}\omega t}\mathrm{d}t$$

则有

$$f(t) = \frac{1}{2\pi}\int_{-\infty}^{+\infty} F(\omega)\mathrm{e}^{\mathrm{i}\omega t}\mathrm{d}\omega$$

$f(t)$和$F(\omega)$通过指定的积分运算可以互相表达。

设函数$f(t)$满足傅里叶积分定理中的条件，则在$f(t)$的连续点处，表达式

$$F(\omega) = \int_{-\infty}^{+\infty} f(t)\mathrm{e}^{-\mathrm{i}\omega t}\mathrm{d}t \tag{2.26}$$

及

$$f(t) = \frac{1}{2\pi}\int_{-\infty}^{+\infty} F(\omega)\mathrm{e}^{\mathrm{i}\omega t}\mathrm{d}\omega \tag{2.27}$$

都有存在意义。

那么，就称式(2.26)为函数$f(t)$的傅里叶变换，记为

$$F(\omega) = F[f(t)] \text{或} f(t) \rightarrow F(\omega)$$

称函数$F(\omega)$为$f(t)$的傅里叶变换，或函数$F(\omega)$为$f(t)$的象函数。

同时，称式(2.27)为函数$F(\omega)$的傅里叶逆变换，记为

$$f(t) = F^{-1}[F(\omega)] \text{或} f(t) \leftarrow F(\omega) \tag{2.28}$$

称函数$f(t)$为$F(\omega)$的傅里叶逆变换，或函数$f(t)$为$F(\omega)$的象原函数。

$f(t)$与$F(\omega)$之间的傅里叶变换如表2.1所示。

表 2.1　傅里叶变换表

$f(t)$	$F(\omega)$	$f(t)$	$F(\omega)$
e^{iat}	$\omega\pi\delta(\omega-a)$	$\operatorname{sgn} t$	$\frac{2}{i\omega}$
$\delta(t-a)$	$e^{i\omega a}$	$\lvert t\rvert$	$-\frac{2}{\omega^2}$
$\delta'(t)$	$i\omega$	$\frac{1}{\lvert t\rvert}$	$\sqrt{2\pi}\,\frac{1}{\lvert\omega\rvert}$
$\delta^{(n)}(t)$	$(i\omega)^n$	$\frac{1}{\sqrt{\lvert t\rvert}}$	$\sqrt{2\pi}\,\frac{1}{\sqrt{\lvert\omega\rvert}}$
$\delta^{(n)}(t-a)$	$(i\omega)^n e^{-i\omega a}$	e^{at^2}, $\mathrm{Re}(a)>0$	$\sqrt{\frac{\pi}{a}}\,e^{-\frac{\omega^2}{4a}}$
1	$2\pi\delta(\omega)$	$\operatorname{sech} at\ (a>0)$	$\frac{1}{a}\pi\operatorname{sech}\frac{\pi\omega}{2a}$
c(即任意常数)	$2c\pi\delta(\omega)$	$\operatorname{csch} at\ (a>0)$	$\frac{i}{a}\pi\tanh\frac{\pi\omega}{2a}$

2.4　广义函数

许多在物理学和工程技术中的重要函数不满足傅里叶积分定理的条件，如常数、单位阶跃函数、符号函数、周期函数等，就不满足定理中的绝对可积条件（即不满足条件：$\int_{-\infty}^{+\infty}|f(t)|\mathrm{d}t<\infty$）；又如马上要讲到的 δ 函数，它不是普通意义上的函数，而是广义函数中奇异函数的一种，严格来说，它谈不上在一点的值，所以也就谈不上是否满足傅里叶积分定理的条件。为了使这些函数也能进行傅里叶变换，需引入广义函数的概念，从而可以站在一个更一般的角度去考虑问题。

狄拉克 δ 函数的定义：

$$\delta(t-t_0)=\begin{cases}0 & (t\neq t_0)\\ \infty & (t=t_0)\end{cases} \tag{2.29}$$

$$\int_{-\infty}^{+\infty}\delta(t-t_0)\mathrm{d}t=1 \tag{2.30}$$

δ 函数主要有以下几个性质：

(1) 相乘性质

若 $f(t)$ 在 $t=t_0$ 处连续，则有

$$f(t)\delta(t-t_0)=f(t_0)\delta(t-t_0)$$

(2) 对称性质（又称偶函数性质）

$$\delta(t-t_0)=\delta(t_0-t)$$

(3) 缩放性质（又称相似性质或尺度变换性质）

$$\delta(at-t_0)=\frac{1}{|a|}\delta\left(t-\frac{t_0}{a}\right)\quad(a\neq 0)$$

(4) $\delta[\varphi(t)]$ 的表达式

设 $\varphi(t)$ 及 $\varphi'(t)$ 为连续函数，且 $\varphi(t)=0$ 只有单根 $t_m(m=1,2,\cdots,N)$，则

$$\delta[\varphi(t)]=\sum_{m=1}^{N}\frac{\delta(t-t_m)}{|\varphi'(t_m)|}$$

(5) δ 函数的导数性质

δ 函数的导数 $\delta'(t-t_0)$ 可按下面的运算性质来定义：

$$\begin{aligned}\int_{-\infty}^{+\infty}f(t)\delta'(t-t_0)\mathrm{d}t&=\int_{-\infty}^{+\infty}f(t)\mathrm{d}\delta(t-t_0)\\&=f(t)\delta(t-t_0)\Big|_{-\infty}^{+\infty}-\int_{-\infty}^{+\infty}f'(t)\delta(t-t_0)\mathrm{d}t\\&=-f'(t_0)\end{aligned}$$

我们称满足式子 $\int_{-\infty}^{+\infty}f(t)\delta'(t-t_0)\mathrm{d}t=-f'(t_0)$ 的函数 $\delta'(t-t_0)$ 为 $\delta(t-t_0)$ 的导数。

与此类似，定义 $\delta(t-t_0)$ 的 n 阶导数 $\delta^{(n)}(t-t_0)$：对于在 $t=t_0$ 处具有连续的 n 阶导数的函数 $f(t)$，满足 $\int_{-\infty}^{+\infty}f(t)\delta^{(n)}(t-t_0)\mathrm{d}t=(-1)^n f^{(n)}(t_0)$。

δ 函数的导数性质为

$$\delta'(-t)=-\delta'(t)$$

$$t\delta'(t)=-\delta(t)$$

$$\delta^{(n)}(-t)=(-1)^n\delta^{(n)}(t)$$

(6) 积分性质

$$\int_{0}^{+\infty}\delta(t)\mathrm{d}t=\int_{-\infty}^{0}\delta(t)\mathrm{d}t=\frac{1}{2}$$

$$\int_{-\infty}^{+\infty}\delta(t-a)\delta(t-b)\mathrm{d}t=\delta(a-b)$$

$$\int_{-\infty}^{t}\delta(t-t_0)\mathrm{d}t=u(t-t_0)$$

式中，$u(t-t_0)=\begin{cases}1 & (t>t_0)\\0 & (t<t_0)\end{cases}$，称为单位阶跃函数。

2.5 广义函数的傅里叶变换

2.5.1 δ 函数的傅里叶变换

$$F[\delta(t)]=\int_{-\infty}^{+\infty}\delta(t)\mathrm{e}^{-\mathrm{i}\omega t}\mathrm{d}t=\mathrm{e}^{-\mathrm{i}\omega t}\big|_{t=0}=1$$

$$F[\delta(t-t_0)]=\int_{-\infty}^{+\infty}\delta(t-t_0)\mathrm{e}^{-\mathrm{i}\omega t}\mathrm{d}t=\mathrm{e}^{-\mathrm{i}\omega t}\big|_{t=t_0}=\mathrm{e}^{-\mathrm{i}\omega t_0}$$

$$F[\delta^{(n)}(t)]=(\mathrm{i}\omega)^n$$

$$F^{-1}(1)=\delta(t)$$

$$F^{-1}(\mathrm{e}^{-\mathrm{i}\omega t_0})=\delta(t-t_0)$$

2.5.2 周期函数的傅里叶变换

前面说过，周期函数不满足傅里叶积分定理中的绝对可积条件（即不满足条件：

$\int_{-\infty}^{+\infty}|f(t)|\mathrm{d}t<\infty$)，所以无法直接对周期函数进行傅里叶变换，引入广义函数 δ 函数后，利用 δ 函数及其傅里叶变换就可以求出周期函数的傅里叶变换了。

式(2.12)和式(2.13)分别为周期函数的傅里叶级数系数项和傅里叶级数。

复傅里叶系数：$c_n=\frac{1}{T}\int_{-\frac{T}{2}}^{\frac{T}{2}}f_T(t)\mathrm{e}^{-\mathrm{i}n\omega t}\mathrm{d}t\quad(n=0,\pm1,\pm2,\pm3,\cdots)$；

傅里叶级数：$f_T(t)=\sum_{n=-\infty}^{+\infty}c_n\mathrm{e}^{\mathrm{i}\omega_n t}\quad(n=0,\pm1,\pm2,\pm3,\cdots)$。

它们构成了一对变换对，并互相表达。通常，复傅里叶系数的式子称为正变换，傅里叶级数的式子称为逆变换，我们分别称之为傅里叶级数变换和傅里叶级数逆变换。为了与傅里叶变换的符号统一，可将复傅里叶系数 c_n 写成 $F(n)$ 或 $F(n\omega)$。我们称 $F(n)$ 为 $f_T(t)$ 的象函数，$f_T(t)$ 为 $F(n)$ 的象原函数。同时还可以把上面两式分别记为

$$F(n)=F_n[f_T(t)]$$

$$f_T(t)=F_n^{-1}[F_n(n)]$$

注意，不要以为对于周期函数，傅里叶变换就是傅里叶级数变换。换句话说，不要以为当把傅里叶变换用到周期函数时，傅里叶变换 $F(\omega)$ 就等于复傅里叶系数 $F(n)$。这二者是不相同的。

在此，我们先严格根据傅里叶变换的定义对周期函数 $f_T(t)$ 进行傅里叶变换，看看是一个什么样的结果。

首先考虑把周期函数 $f_T(t)$ 展成傅里叶级数：

$$f_T(t)=\sum_{n=-\infty}^{+\infty}F(n)\mathrm{e}^{\mathrm{i}n\omega_0 t}\quad\left(\omega_0=\frac{2\pi}{T}\right)$$

对上式两边进行傅里叶变换，并考虑到 $F(n)$ 不是时间 t 的函数，有

$$F(\omega)=\int_{-\infty}^{+\infty}\left[\sum_{n=-\infty}^{+\infty}F(n)\mathrm{e}^{\mathrm{i}n\omega_0 t}\right]\mathrm{e}^{-\mathrm{i}\omega t}\mathrm{d}t=\sum_{n=-\infty}^{+\infty}F(n)\int_{-\infty}^{+\infty}\mathrm{e}^{\mathrm{i}(n\omega_0-\omega)t}\mathrm{d}t$$

再利用我们已得到的广义积分 $\int_{-\infty}^{+\infty}\mathrm{e}^{\mathrm{i}\omega(t-t_0)}\mathrm{d}\omega=2\pi\delta(t-t_0)$，可将上式写成

$$F(\omega)=\sum_{n=-\infty}^{+\infty}2\pi F(n)\delta(\omega-n\omega_0)$$

这就是周期函数的傅里叶变换。对于周期函数 $f_T(t)$，$F(\omega)$ 与 $F(n)$ 是不同的。

2.6　傅里叶变换的性质

2.6.1　线性性质

定理 1：

设 $F[f_1(t)]=F_1(\omega)$，$F[f_2(t)]=F_2(\omega)$，则

$$F[\alpha f_1(t)+\beta f_2(t)]=\alpha F_1(\omega)+\beta F_2(\omega)\quad(\alpha,\beta\text{ 为常数})$$

此性质表明：傅里叶变换和傅里叶逆变换都是线性变换，即函数线性组合的傅里叶变换等于各函数傅里叶变换的线性组合。

2.6.2 平移性质

定理 2:

时延定理:$F[f(t \pm t_0)] = e^{\pm i\omega t_0} F[f(t)] = e^{\pm i\omega t_0} F(\omega)$。

频移定理:$F[F(\omega \mp \omega_0)] = e^{\pm i\omega_0 t} F^{-1}[F(\omega)] = e^{\pm i\omega_0 t} f(t)$。

定理 2 的证明:令 $u = t \pm t_0$,则

$$F[f(t \pm t_0)] = \int_{-\infty}^{+\infty} f(t \pm t_0) e^{i\omega t} dt = \int_{-\infty}^{+\infty} f(u) e^{-i\omega(u \mp t_0)} du = e^{\pm i\omega t_0} \int_{-\infty}^{+\infty} f(u) e^{-i\omega u} du$$
$$= e^{\pm i\omega t_0} F(\omega)$$

$$F[e^{\pm i\omega_0 t} f(t)] = \int_{-\infty}^{+\infty} f(t) e^{\pm i\omega_0 t} e^{-i\omega t} dt = \int_{-\infty}^{+\infty} f(t) e^{-i(\omega \mp \omega_0)t} dt = F(\omega \mp \omega_0)$$

时延定理表明:$f(t)$的平移引起频谱的相位改变(因为时延定理等号右边 $e^{\pm i\omega t_0} F(\omega) = |F(\omega)| e^{i\varphi(\omega)} e^{\pm i\omega t_0} = |F(\omega)| e^{i[\varphi(\omega) \pm \omega t_0]}$,可见在频域中的所有频率分量相应滞后或超前一个相位 ωt_0),相位的滞后或超前与频率成正比,不过 $f(t)$的平移并不改变傅里叶变换幅值的大小。即若信号 $f(t)$保持波形不变沿 t 轴移动,则振幅频谱不变(因为 $|e^{\pm i\omega t_0} F(\omega)| = |F(\omega)|$),但相位频谱却要发生变化。可见,信号在时域中的时延和在频域中的相移一一对应,即一个信号在时域中整体延迟 t_0,则在频域中信号的所有频谱分量都将被给予一个对频率呈线性关系的相移 $t_0 \omega$,反之也成立。

2.6.3 缩放性质

定理 3:

$$F[f(at)] = \frac{1}{|a|} F\left(\frac{\omega}{A}\right) \quad (a \text{ 为非零实常数})$$

$$F^{-1}[F(a\omega)] = \frac{1}{|a|} f\left(\frac{t}{a}\right) \quad (a \text{ 为非零实常数})$$

此性质表明:若时域函数 $f(t)$在时域上沿 t 轴压缩(取 $a > 1$ 时)a 倍(即压缩到原来的 $1/a$),则其频谱函数 $F(\omega)$在频域上沿 ω 轴将扩展 a 倍,同时其幅值将减小 a 倍(即减小到原来的 $1/a$);若时域函数 $f(t)$在时域上沿 t 轴扩展(取 $0 < a < 1$ 时)$1/a$ 倍,则其频谱函数 $F(\omega)$在频域上沿 ω 轴将压缩 $1/a$ 倍,同时其幅值将增大 $1/a$ 倍。此外,如果 a 是负数,则 $f(at)$,$F(\omega/a)$都还有一个左右翻转的关系。

2.6.4 翻转性质

定理 4:

$$F[f(-t)] = F(-\omega)$$
$$F^{-1}[F(-\omega)] = f(-t)$$

定理 4 的证明:此性质是缩放性质的特例,只要在缩放性质中令 $a = -1$ 即得证。

2.6.5 面积性质

定理 5:

$$\int_{-\infty}^{+\infty} f(t) dt = F(0)$$

$$\int_{-\infty}^{+\infty} F(\omega)\mathrm{d}\omega = 2\pi f(0)$$

此性质表明：$f(t)$所包围的面积等于$F(\omega)$在原点处的值；$f(\omega)$所包围的面积等于$f(t)$在原点处的值乘以2π。要注意的是，$\int_{-V}^{+\infty} f(t)\mathrm{d}t$与$\int_{-\infty}^{+\infty} f(\omega)\mathrm{d}\omega$的面积是不相等的。但是，模的平方包围的面积有直接联系，即有帕塞瓦尔（Parseval）等式：$\int_{-\infty}^{+\infty} |f(t)|^2 \mathrm{d}t = \frac{1}{2\pi}\int_{-\infty}^{+\infty} |F(\omega)|^2 \mathrm{d}\omega$。

2.6.6　微分性质

定理 6：

若$f(t)$，$\frac{f(t)}{\mathrm{d}\omega}$都可进行傅里叶变换，且当$|t|\to+\infty$时，$f(t)\to 0$，则

$$F\left[\frac{\mathrm{d}}{\mathrm{d}t}f(t)\right] = \mathrm{i}\omega F[f(t)] \tag{a}$$

若$f(t)$，$tf(t)$都可进行傅里叶变换，则

$$\frac{\mathrm{d}F(\omega)}{\mathrm{d}\omega} = F[-\mathrm{i}tf(t)] \tag{b}$$

定理 6 的证明：证(a)：由傅里叶变换定义，并利用分部积分，可得

$$\begin{aligned} F\left[\frac{\mathrm{d}f(t)}{\mathrm{d}t}\right] &= \int_{-\infty}^{+\infty} \frac{\mathrm{d}f(t)}{\mathrm{d}t}\mathrm{e}^{-\mathrm{i}\omega t}\mathrm{d}t \\ &= f(t)\mathrm{e}^{-\mathrm{i}\omega t}\Big|_{t=-\infty}^{t=+V} + \int_{-\infty}^{+\infty} \mathrm{i}\omega f(t)\mathrm{e}^{-\mathrm{i}\omega t}\mathrm{d}t \\ &= \mathrm{i}\omega\int_{-\infty}^{+\infty} f(t)\mathrm{e}^{-\mathrm{i}\omega t}\mathrm{d}t \\ &= \mathrm{i}\omega F(f(t)) \end{aligned}$$

由条件$|t|\to+\infty$时$f(t)\to 0$可得：$t=\pm\infty$时，$|f(t)\mathrm{e}^{-\mathrm{i}\omega t}| = |f(t)|\to 0$。

证(b)：$\frac{\mathrm{d}F(\omega)}{\mathrm{d}\omega} = \frac{\mathrm{d}}{\mathrm{d}\omega}\int_{-\infty}^{+\infty} f(t)\mathrm{e}^{-\mathrm{i}\omega t}\mathrm{d}t = \int_{-\infty}^{+\infty} \mathrm{i}tf(t)\mathrm{e}^{-\mathrm{i}\omega t}\mathrm{d}t = F[-\mathrm{i}tf(t)]$。

推论：

若$f(t)$，$f'(t)$，…，$f^{(n)}(t)$都可进行傅里叶变换，且当$|t|\to+\infty$时，$f^{(k)}(t)\to 0$，$k=0,1,2,\cdots,n-1$，则

$$F[f^{(n)}(t)] = (\mathrm{i}\omega)^{(n)}F[f(t)]$$

若$f(t)$，$tf(t)$，…，$t^nf(t)$都可进行傅里叶变换，则$\frac{\mathrm{d}^nF(\omega)}{\mathrm{d}\omega^n} = (-\mathrm{i})^nF[t^nf(t)]$。

2.6.7　积分性质

定理 7：

时域积分性质：若$F[f(t)] = F(\omega)$，则

$$F\left[\int_{-\infty}^{t} f(\tau)\mathrm{d}\tau\right] = \frac{F(\omega)}{\mathrm{i}\omega} + \pi F(0)\delta(\omega)$$

特例:若 $F[f(t)]=F(\omega)$,且当 $t\to\infty$ 时,$\int_{-\infty}^{t}f(\tau)\mathrm{d}\tau\to 0$,则

$$F\left[\int_{-\infty}^{t}f(\tau)\mathrm{d}\tau\right]=\frac{F(\omega)}{\mathrm{i}\omega}$$

频域积分性质:若 $F[f(t)]=F(\omega)$,则

$$F^{-1}\left[\int_{-\infty}^{+\infty}F(\Omega)\mathrm{d}\Omega\right]=\frac{F(t)}{\mathrm{i}t}+\pi F(0)\delta(t)$$

特例:若 $F[f(t)]=F(\omega)$,且当 $\omega\to\infty$ 时,$\int_{-\infty}^{+\infty}F(\Omega)\mathrm{d}\Omega\to 0$,则

$$F^{-1}\left[\int_{-\infty}^{+\infty}F(\Omega)\mathrm{d}\Omega\right]=\frac{F(t)}{\mathrm{i}t}$$

2.6.8 对称性质

定理 8:

若 $F[f(t)]=F(\omega)$,则

$$F[F(\pm t)]=2\pi f(\mp\omega)$$

此性质表明:若时域函数 $F(t)$ 具有与 $f(t)$ 的频域函数 $F(\omega)$ 相同的形式,则 $F(t)$ 的频域函数 $2\pi f(-\omega)$,除了自变量前的系数 -1 和因变量前的系数 2π 外,也具有与函数 $f(t)$ 相同的形式。不过,称 $F[F(\pm t)]=2\pi f(\mp\omega)$ 为对称性质,其实只适用于当 $f(t)$ 为偶函数时。因为这时该式呈 $F[F(t)]=2\pi f(\omega)$ 的形式,其中系数 2π 只影响纵坐标的尺度,而不影响函数的基本特征。

2.6.9 变换的多次作用(即变换的乘积运算)

定理 9:

$$F^{-1}[F[f(t)]]=f(t)$$
$$F[F^{-1}[F(\omega)]]=F(\omega)$$

上述两式又称为傅里叶变换的对偶关系。

$$F[F[f(t)]]=2\pi f(-t)$$
$$F^{-1}[F^{-1}[F(\omega)]]=\frac{1}{2\pi}F(-\omega)$$
$$F[F[F(\omega)]]=2\pi F(-\omega)$$
$$F^{-1}[F^{-1}[f(t)]]=\frac{1}{2\pi}f(-t)$$

上述四个式子表明:对一元函数连续做两次傅里叶变换或逆变换,即得其“镜像”(除了纵坐标差一个系数外)。与之类似,对二元函数连续做两次二维傅里叶变换或逆变换,即得其“倒立象”(除了纵坐标差一个系数外)。

推论:

$$F^{-1}F=FF^{-1}=1$$

推论的证明:由定理 9 中的第 1 及第 2 式可直接推出。

2.6.10 正、反变换的转换

定理 10:

$$F[f(t)] = 2\pi F^{-1}[f(-t)]$$

$$F^{-1}[F(\omega)] = \frac{1}{2\pi}F[F(-\omega)]$$

$$F[f(-t)] = 2\pi F^{-1}[f(t)]$$

$$F^{-1}[f(t)] = \frac{1}{2\pi}F[f(-t)]$$

2.6.11 *n* 阶矩性质

定义：$\int_{-\infty}^{+\infty} t^n f(t)\mathrm{d}t$ 为函数 $f(t)$ 的 n 阶矩。

矩在力学和统计学中都是重要的特征量。例如，一阶矩在力学中表示静力矩，在概率论中表示随机变量的统计均值(数学期望)；二阶矩在力学中可表示转动惯量或惯量矩，在概率论中表示均方值。

一个函数的一阶矩与零阶矩之比，为该函数的矩心坐标：

$$\langle t\rangle = \frac{\int_{-\infty}^{+\infty} tf(t)\mathrm{d}t}{\int_{-\infty}^{+\infty} f(t)\mathrm{d}t} = \frac{\mathrm{i}}{2\pi}\cdot\frac{F^{(1)}(0)}{F(0)}$$

定理 11：

$$\int_{-\infty}^{+\infty} t^n f(t)\mathrm{d}t = \mathrm{i}^n\cdot\left.\frac{\mathrm{d}^n F(\omega)}{\mathrm{d}\omega^n}\right|_{\omega=0}$$

$$\int_{-\infty}^{+\infty} \omega^n F(\omega)\mathrm{d}t = \frac{2\pi}{\mathrm{i}^n}\cdot\left.\frac{\mathrm{d}^n f(t)}{\mathrm{d}t^n}\right|_{t=0}$$

矩定理表明，函数 $f(t)$ 的 n 阶矩全由 $f(t)$ 的傅里叶变换 $F(\omega)$ 在 $\omega=0$ 附近的性态决定。或者说，$F(\omega)$ 在原点附近的性态包含了关于函数 $f(t)$ 的各阶矩的信息。矩定理实际上是傅里叶变换导数定理(即微分性质)的一种应用。

定理 11 的证明：面积性质的证明由直接在傅里叶变换的定义式中令参变量为 0 而得。与其方法完全相同，n 阶矩性质的证明是直接在傅里叶变换的微分式中令参变量为 0 而得。

频域微分的傅里叶变换 $\frac{\mathrm{d}^n F(\omega)}{\mathrm{d}\omega^n} = (-\mathrm{i})^n F[t^n f(t)]$ 可写成

$$\frac{\mathrm{d}^n F(\omega)}{\mathrm{d}\omega^n} = (-\mathrm{i})^n \int_{-\infty}^{+\infty} t^n f(t)\mathrm{e}^{-\mathrm{i}\omega t}\mathrm{d}t$$

令 $\omega=0$，即得

$$\left.\frac{\mathrm{d}^n F(\omega)}{\mathrm{d}\omega^n}\right|_{\omega=0} = (-\mathrm{i})^n \int_{-\infty}^{+\infty} t^n f(t)\mathrm{d}t$$

此即所要证的第一式。

时域微分的傅里叶变换 $F[f^{(n)}(t)] = (\mathrm{i}\omega)^n F[f(t)]$ 两边同取傅里叶逆变换可等价写为

$$\frac{\mathrm{d}^n f(t)}{\mathrm{d}t^n} = \frac{1}{2\pi}\int_{-\infty}^{+\infty} (\mathrm{i}\omega)^n F(\omega)\mathrm{e}^{\mathrm{i}\omega t}\mathrm{d}\omega$$

令 $t=0$，即得

$$\frac{2\pi}{\mathrm{i}^n}\cdot\left.\frac{\mathrm{d}^n f(t)}{\mathrm{d}t^n}\right|_{t=0} = \int_{-\infty}^{+\infty} \omega^n F(\omega)\mathrm{d}\omega$$

此即所要证的第二式。

2.6.12 奇偶虚实性

引理：

设 $F(\omega)=|F(\omega)|e^{i\varphi(\omega)}=F_R(\omega)+iF_I(\omega)$，则

$$\begin{cases}|F(\omega)|=\sqrt{F_R^2(\omega)+F_I^2(\omega)}\\ \varphi(\omega)=\arctan\dfrac{F_I(\omega)}{F_R(\omega)}\end{cases}$$

定理 12：

设时域函数 $f(t)$ 为复函数 $f(t)=f_R(t)+if_I(t)$，相应的频域函数 $f(\omega)$ 为复函数 $F(\omega)=F_R(\omega)+iF_I(\omega)$，其中下标 R 和 I 分别指实部和虚部，$F(\omega)=F[f(t)]$，则

$$F(\omega)=\int_{-\infty}^{+\infty}[f_R(t)\cos\omega t+f_I(t)\sin\omega t]dt+i\int_{-\infty}^{+\infty}[f_I(t)\cos\omega t-f_R(t)\sin\omega t]dt$$

$$F_R(\omega)=\int_{-\infty}^{+\infty}[f_R(t)\cos\omega t+f_I(t)\sin\omega t]dt$$

$$F_I(\omega)=\int_{-\infty}^{+\infty}[f_I(t)\cos\omega t-f_R(t)\sin\omega t]dt$$

$$f(t)=\frac{1}{2\pi}\int_{-\infty}^{+V}[F_R(\omega)\cos\omega t-F_I(\omega)\sin\omega t]d\omega+$$

$$i\frac{1}{2\pi}\int_{-\infty}^{+\infty}[F_I(\omega)\cos\omega t+F_R(\omega)\sin\omega t]d\omega$$

$$f_R(t)=\frac{1}{2\pi}\int_{-\infty}^{+\infty}[F_R(\omega)\cos\omega t-F_I(\omega)\sin\omega t]d\omega$$

$$f_I(t)=\frac{1}{2\pi}\int_{-\infty}^{+\infty}[F_I(\omega)\cos\omega t+F_R(\omega)\sin\omega t]d\omega$$

要注意的是：$F_R(\omega)\neq F[f_R(t)]$，$F_I(\omega)\neq F[f_I(t)]$。

$F_R(\omega)\neq F[f_R(t)]$ 这一性质意味着一个实值函数的傅里叶变换并不等于把此实值函数做成的复值函数的傅里叶变换的实部。这里所谓“做成的”即物理学中常见的“$f(t)\stackrel{df}{=}\mathrm{Re}[g(t)]$”的做法。容易证明如下定理：

若 $f(t)\stackrel{df}{=}\mathrm{Re}[g(t)]$，$F[f(t)]=F(\omega)$，$F[g(t)]=G(\omega)$，则

$$F(\omega)=\frac{1}{2}[G(\omega)+G^*(-\omega)]$$

2.6.13 共轭性质

定理 13：

若 $f(t)$ 是 t 的实函数，则实部 $F_R(\omega)$ 是 ω 的偶函数，虚部 $F_I(\omega)$ 是 ω 的奇函数，模 $|F(\omega)|$ 是 ω 的偶函数，辐角 $\varphi(\omega)$ 是 ω 的奇函数。

$$F[f^*(t)]=F^*(-\omega)$$

$$F[f^*(-t)]=F^*(\omega)$$

$$F[F^*(\omega)]=2\pi f^*(t)$$

$$F[F^*(-\omega)]=2\pi f^*(-t)$$

定理13的证明：

$$F[f^*(t)]=\int_{-\infty}^{+\infty}f^*(t)e^{-i\omega t}dt=\int_{-\infty}^{+\infty}[f(t)e^{-i(-\omega)t}]^*dt=F^*(-\omega)$$

$$\begin{aligned}F[f^*(-t)]&=\int_{-\infty}^{+\infty}f^*(-t)e^{-i\omega t}dt=\int_{-\infty}^{+\infty}[f(-t)e^{-i\omega(-t)}]^*dt=-\int_{+\infty}^{-\infty}[f(t_1)e^{-i\omega t_1}]^*dt_1\\&=\int_{-\infty}^{+\infty}[f(t_1)e^{-i\omega t_1}]^*dt_1\\&=F^*[\omega]\end{aligned}$$

$$F[F^*(\omega)]=\int_{-\infty}^{+\infty}F^*(\omega)e^{-i\omega t}d\omega=\int_{-\infty}^{+\infty}[F(\omega)e^{i\omega t}]^*d\omega=2\pi f^*(t)$$

$$\begin{aligned}F[F^*(-\omega)]&=\int_{-\infty}^{+\infty}F^*(-\omega)e^{-i\omega t}d\omega=\int_{-\infty}^{+\infty}[F(-\omega)e^{i\omega t}]^*d\omega=2\pi[F^{-1}[F(-\omega)]]^*\\&=2\pi f^*(-t)\end{aligned}$$

推论：

若 $f(t)$ 是 t 的实函数，则 $F(\omega)$ 是厄米对称复函数，即 $F(-\omega)=F^*(\omega)$。

若 $f(t)$ 是 t 的纯虚函数，则 $F(\omega)$ 是反厄米对称复函数，即 $F(-\omega)=-F^*(\omega)$。

2.6.14 Parseval 定理

定理14：

若 $F[f_1(t)]=F_1(\omega)$，$F[f_2(t)]=F_2(\omega)$，则

$$\int_{-\infty}^{+\infty}f_1(t)f_2^*(t)dt=\frac{1}{2\pi}\int_{-\infty}^{+\infty}F_1(\omega)F_2^*(\omega)d\omega \tag{A}$$

$$\int_{-\infty}^{+\infty}f_1(t)f_2(-t)dt=\frac{1}{2\pi}\int_{-\infty}^{+\infty}F_1(\omega)F_2(\omega)d\omega \tag{B}$$

$$\int_{-\infty}^{+\infty}|f(t)|^2dt=\frac{1}{2\pi}\int_{-\infty}^{+\infty}|F(\omega)|^2d\omega \tag{C}$$

$$\int_{-\infty}^{+\infty}f(t)f(-t)dt=\frac{1}{2\pi}\int_{-\infty}^{+\infty}|F(\omega)|^2d\omega \tag{D}$$

此性质的(A)式表明：除了一个系数的差别外，傅里叶变换具有保内积性，因为根据内积的定义 $\langle f_1(t),f_2(t)\rangle=\int_{-\infty}^{+\infty}f_1(t)f_2{}^*(t)dt$，(A)式可写成 $\langle f_1(t),f_2(t)\rangle=\frac{1}{2\pi}\langle F_1(\omega),F_2(\omega)\rangle$。此性质的(C)式表明：除了一个系数的差别外，傅里叶变换具有保范数性，因为可分别定义函数 $f(t)$ 和 $F(\omega)$ 的范数为 $\|f(t)\|=\sqrt{\langle f,f\rangle}$ 和 $\|F(\omega)\|=\sqrt{\langle F(\omega),F(\omega)\rangle}$，那么将(C)式开方后就得 $\|f(t)\|=\frac{1}{\sqrt{2\pi}}\|F(\omega)\|$。范数可理解为长度。

(B)式可以看作是(A)式的变形。(C)式和(D)式分别是(A)式和(B)式的特例。通常 Parseval 定理指的是(C)式，而(A)式可被称为广义 Parseval 定理。

实际应用中，积分 $\int_{-\infty}^{+\infty}|f(t)|^2dt$ 和 $\int_{-\infty}^{+\infty}|F(\omega)|^2d\omega$ 都可以表示某种能量，Parseval 定理中的(C)式也表明，对能量的计算既可在时域上进行，也可在频域上进行，两者完全等价。换

言之，在时域上的能量与在频域上的能量相等。所以(C)式有时也称为能量积分定理或瑞利(Rayleigh)定理。

2.6.15 卷积

2.6.15.1 卷积的概念

给定定义在$(-\infty,+\infty)$上的函数$f_1(t)$及$f_2(t)$，称由如下含参变量t的广义积分所确定的函数

$$g(t)=\int_{-\infty}^{+\infty} f_1(\tau)f_2(t-\tau)\mathrm{d}\tau$$

为函数$f_1(t)$与$f_2(t)$的卷积(或褶积)，记为$f_1(t)*f_2(t)$，即

$$f_1(t)*f_2(t)=g(t)=\int_{-\infty}^{+\infty} f_1(\tau)f_2(t-\tau)\mathrm{d}\tau$$

2.6.15.2 卷积的性质

(1) 线性性质

设c_1,c_2为任意常数，则

$$[c_1f_1(t)+c_2f_2(t)]*f_3(t)=c_1f_1(t)*f_3(t)+c_2f_2(t)*f_3(t)$$

(2) 平移不变性

设$f_1(t)$与$f_2(t)$的卷积为$f_1(t)*f_2(t)=g(t)=\int_{-\infty}^{+\infty} f_1(\tau)f_2(t-\tau)\mathrm{d}\tau$，则

$$\begin{aligned}f_1(t-\alpha)*f_2(t-\beta)&=\int_{-\infty}^{+\infty} f_1(\tau-\alpha)f_2(t-\tau-\beta)\mathrm{d}\tau\\&=\int_{-\infty}^{+\infty} f_1(\tau)f_2(t-\tau-\alpha-\beta)\mathrm{d}\tau=g(t-\alpha-\beta)\end{aligned}$$

(3) 可结合性

$$[f_1(t)*f_2(t)]*f_3(t)=f_1(t)*[f_2(t)*f_3(t)]$$

(4) 可交换性

$$f_1(t)*f_2(t)=f_2(t)*f_1(t)$$

证明：

$$\begin{aligned}f_1(t)*f_2(t)&=\int_{-\infty}^{+\infty} f_1(\tau)f_2(t-\tau)\mathrm{d}\tau=\int_{+\infty}^{-\infty} f_1(t-\xi)f_2(\xi)\mathrm{d}(-\xi)\\&=-\int_{+\infty}^{-\infty} f_2(\xi)f_1(t-\xi)\mathrm{d}\xi=\int_{-\infty}^{+\infty} f_2(\xi)f_1(t-\xi)\mathrm{d}\xi=f_2(t)*f_1(t)\end{aligned}$$

(5) 坐标缩放性

设$g(t)=f_1(t)*f_2(t)$，则

$$f_1(at)*f_2(at)=\frac{1}{|a|}g(at)$$

可见，虽然$g(t)=f_1(t)*f_2(t)$，但$g(at)\neq f_1(at)*f_2(at)$。

(6) 微积分性质

$$\frac{\mathrm{d}}{\mathrm{d}t}[f_1(t)*f_2(t)]=\frac{\mathrm{d}f_1(t)}{\mathrm{d}t}*f_2(t)=f_1(t)*\frac{\mathrm{d}f_2(t)}{\mathrm{d}t}$$

$$\int_{-\infty}^{t}[f_1(\lambda)*f_2(\lambda)]\mathrm{d}\lambda=[\int_{-\infty}^{t} f_1(\lambda)\mathrm{d}\lambda]*f_2(\lambda)=f_1(\lambda)*[\int_{-\infty}^{t} f_2(\lambda)\mathrm{d}\lambda]$$

推广：

卷积高阶导数或多重积分的运算规律为：设 $s(t)=f_1(t)*f_2(t)$，则

$$s^{(m)}=f_1^{(n)}(t)*f_2^{(m-n)}(t)$$

m,n 取正整数时为导数的阶数，取负整数时为多重积分的重数。

(7) 卷积的微积分抵消性质

$$f_1(t)*f_2(t)=\frac{\mathrm{d}f_1(t)}{\mathrm{d}t}*\int_{-\infty}^{t}f_2(t)\mathrm{d}\lambda$$

(8) 与 δ 函数的性质

$$f(t)*\delta(t-t_0)=\delta(t-t_0)*f(t)=f(t-t_0)$$

$$f(t)*\delta(t)=\delta(t)*f(t)=f(t)$$

$$f(t)*\delta^{(n)}(t-t_0)=\delta^{(n)}(t-t_0)*f(t)=f^{(n)}(t-t_0)$$

$$f(t)*\delta^{(n)}(t)=\delta^{(n)}(t)*f(t)=f^{(n)}(t)$$

(9) 与单位阶跃函数的性质

$$f(t)*u(t)=\int_{-\infty}^{t}f(\lambda)\mathrm{d}\lambda \quad [u(t)\text{ 为单位阶跃函数}]$$

(10) 卷积定理

若给定两个函数 $f_1(t)$，$f_2(t)$，记 $F_1(\omega)=F[f_1(t)]$，$F_2(\omega)=F[f_2(t)]$，则

$$F[f_1(t)*f_2(t)]=F_1(\omega)\cdot F_2(\omega)$$

$$F[f_1(t)\cdot f_2(t)]=\frac{1}{2\pi}F_1(\omega)*F_2(\omega)$$

2.7　傅里叶变换的应用

2.7.1　用傅里叶变换解常微分方程

用傅里叶变换解常微分方程的基本步骤如下：

(1) 对常微分方程两边取傅里叶变换，得象函数的代数方程。

(2) 解代数方程，得出象函数。

(3) 取象函数的傅里叶逆变换，求出象原函数(即常微分方程的解)。

例 2.1　求 $a\ddot{x}(t)+b\dot{x}(t)+cx(t)=f(t)$ 的解，其中 a,b,c 为常数，$f(t)$ 为已知函数。

解　对方程两边取傅里叶变换得

$$(-a\omega^2+\mathrm{i}b\omega+c)X(\omega)=F(\omega)$$

解出这一代数方程，得象函数：

$$X(\omega)=\frac{F(\omega)}{-a\omega^2+\mathrm{i}b\omega+c}$$

对上式取傅里叶逆变换得

$$x(t)=F^{-1}[X(\omega)]=\frac{1}{2\pi}\int_{-\infty}^{+\infty}\frac{F(\omega)}{-a\omega^2+\mathrm{i}b\omega+c}\mathrm{e}^{\mathrm{i}\omega t}\mathrm{d}\omega$$

当具体给出 $f(t)$ 后，可求得 $F(\omega)$，代入上式就能求得 $x(t)$。

2.7.2 用傅里叶变换解偏微分方程

考虑二元偏微分方程，方程的未知量是二元函数 $u(t,x)$。

用傅里叶变换解偏微分方程的基本步骤如下：

（1）先把未知函数 $u(t,x)$ 的两个自变量的某一个仍看作自变量（称为保留自变量），而把另一个看作参变量，即把二元函数 $u(t,x)$ 看作含参变量的一元函数，例如把 x 看作参变量。

（2）对方程两端关于保留自变量取傅里叶变换。在此过程中，自然假设 $u(t,x)$ 作为 t 的一元函数满足傅里叶变换微分性质的条件，且对 x 的偏导数满足

$$\begin{aligned} F\left[\frac{\partial u(t,x)}{\partial x}\right] &= \int_{-\infty}^{+\infty} \frac{\partial u(t,x)}{\partial x} \mathrm{e}^{-\mathrm{i}\omega t}\,\mathrm{d}t \\ &= \frac{\partial}{\partial x}\int_{-\infty}^{+\infty} u(t,x)\mathrm{e}^{-\mathrm{i}\omega t}\,\mathrm{d}t \\ &= \frac{\partial}{\partial x}F[u(t,x)] \end{aligned}$$

其中第二和第三个等号右边的“$\frac{\partial}{\partial x}$”其实可以改写成“$\frac{\mathrm{d}}{\mathrm{d}x}$”，因为 t 变量已被傅里叶变换这种含参变量 ω 的广义定积分消掉了，虽然积分过程又引入了一个参变量 ω，但这个积分过程不会引入关于 ω 的导数。这样，通过傅里叶变换就把偏微分方程变成了未知函数的象函数的常微分方程。另外，将$\frac{\partial}{\partial x}$ 改写成$\frac{\mathrm{d}}{\mathrm{d}x}$，也可完全依据含参变量积分的一个定理来说明，即关于含参变量积分，有微分性质（也称为积分微分运算可交换性）公式（d、c 为积分上下限）：

$$\frac{\mathrm{d}}{\mathrm{d}x}\int_c^d f(x,y)\,\mathrm{d}y = \int_c^d \frac{\partial}{\partial x}f(x,y)\,\mathrm{d}y$$

（3）利用初始条件及边界条件解常微分方程，得出象函数。

（4）求象函数的傅里叶逆变换，得到原定解问题的解。

2.8 拉普拉斯变换

拉普拉斯变换简称拉氏变换，是常用的积分变换之一。拉氏变换可用于求解常系数线性微分方程，是分析和研究线性系统的有力数学工具。通过拉氏变换，将时域的微分方程变换为复数域的代数方程，可使系统的分析大大简化。

2.8.1 复数与复变函数

2.8.1.1 复数的定义

设 σ 和 ω 是任意两个实数，则 $\sigma+\mathrm{j}\omega$ 称为复数，记为

$$s=\sigma+\mathrm{j}\omega \tag{2.31}$$

式中，σ 和 ω 分别为复数 s 的实部和虚部，记为 $\sigma=\mathbf{Re}(s)$，$\omega=\mathbf{Im}(s)$。$\mathrm{j}=\sqrt{-1}$ 为虚数单位。对于一个复数，只有当实部和虚部均为零时，该复数才为零；对于两个复数，只有当实部和虚部分别相等时，两复数才相等。$\sigma+\mathrm{j}\omega$ 和 $\sigma-\mathrm{j}\omega$ 称为共轭复数。

注意：实数之间有大小的区别，而复数之间却不能比较大小，这是复数域和实数域的一个重要的不同点。

2.8.1.2　复数的表示方法

(1) 平面向量表示法

复数 $s=\sigma+\mathrm{j}\omega$ 可以用从原点指向点 (σ,ω) 的向量来表示，如图 2.2 所示，向量的长度称为复数 $s=\sigma+\mathrm{j}\omega$ 的模，即

$$|s|=r=\sqrt{\sigma^2+\omega^2} \tag{2.32}$$

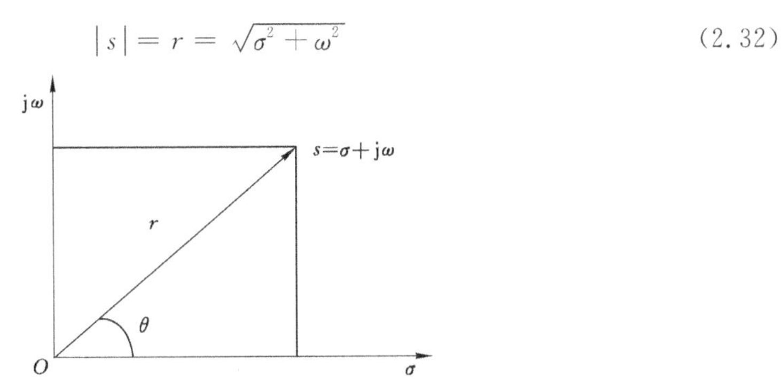

图 2.2　复数的向量表示

向量与 σ 轴的夹角 θ 称为复数 s 的辐角，即

$$\theta=\arctan\frac{\omega}{a} \tag{2.33}$$

(2) 三角表示法

由图 2.2 可知：

$$\sigma=r\cos\theta,\quad \omega=r\sin\theta$$

因此，复数的三角表示法为

$$s=r(\cos\theta+\mathrm{j}\sin\theta) \tag{2.34}$$

(3) 指数表示法

由欧拉公式 $\mathrm{e}^{\mathrm{j}\theta}=\cos\theta+\mathrm{j}\sin\theta$，式(2.31) 可以写成

$$s=r\mathrm{e}^{\mathrm{j}\theta} \tag{2.35}$$

式(2.34) 和式(2.35) 分别称为复数的三角形式和指数形式，式(2.31) 称为复数的代数形式，这三种形式可相互转换。

2.8.1.3　复变函数

以复数 $s=\sigma+\mathrm{j}\omega$ 为自变量，并按某种确定规则构成的函数 $G(s)$ 称为复变函数。复变函数 $G(s)$ 可写成

$$G(s)=u+\mathrm{j}v\quad (s\in E) \tag{2.36}$$

式中，u 和 v 分别称为复变函数的实部和虚部；点集 E 称为函数的定义域，$G(s)$ 取值的全体称为函数的值域。若 E 内的每一个点 s 对应唯一的函数值 $G(s)$，则称函数 $G(s)$ 为单值函数。在线性控制系统中，通常遇到的复变函数 $G(s)$ 是 s 的单值函数。

例 2.2　设复变函数 $G(s)=s^2+1$，当 $s=\sigma+\mathrm{j}\omega$ 时，求其实部 u 和虚部 v。

解　因为 $G(s)=s^2+1=(\sigma+\mathrm{j}\omega)^2+1=\sigma^2-\omega^2+1+\mathrm{j}2\sigma\omega$

所以

$$u = \sigma^2 - \omega^2 + 1, \quad v = 2\sigma\omega$$

若复变函数具有下列形式：

$$G(s) = \frac{K(s - z_1)(s - z_2)\cdots(s - z_m)}{s(s - p_1)(s - p_2)\cdots(s - p_n)} \tag{2.37}$$

当 $s = z_1, z_2, \cdots, z_m$ 时，$G(s) = 0$，则称 $z_1, z_2, \cdots, z_m$ 为 $G(s)$ 的零点。当 $s = p_1, p_2, \cdots, p_n$ 时，$G(s) = \infty$，则称 $p_1, p_2, \cdots, p_n$ 为 $G(s)$ 的极点。

2.8.2 拉普拉斯变换与拉普拉斯逆变换

2.8.2.1 拉普拉斯变换

设函数 $x(t)$ 为当 $t \geqslant 0$ 时有定义的实变量 t 的函数，若积分

$$\int_0^{+\infty} x(t)e^{-st}dt \quad (s = \sigma + j\omega)$$

在 s 的某一区域收敛，则由此积分所确定的 s 的函数

$$X(s) = \int_0^{+\infty} x(t)e^{-st}dt$$

称为函数 $x(t)$ 的拉普拉斯变换，简称拉氏变换，记为

$$X(s) = L[x(t)]$$

即

$$L[x(t)] = X(s) = \int_0^{+\infty} x(t)e^{-st}dt \tag{2.38}$$

$X(s)$ 称为象函数，$x(t)$ 称为原函数。

(1) 当 $t < 0$ 时，$x(t) = 0$。

(2) $x(t)$ 在 $t \geqslant 0$ 的任一有限区间上分段连续，只有有限个第一类间断点。

(3) $x(t)$ 是指数级函数，即有 $|x(t)| \leqslant Me^{at}$ 成立。其中，M, a 是常数，$M > 0, a \geqslant 0$。

工程技术中所遇到的函数一般都存在拉氏变换。

2.8.2.2 拉普拉斯逆变换

拉氏变换讨论的是由已知原函数 $x(t)$ 求其象函数 $X(s)$ 的问题，但在实际应用中，常会碰到与此相反的问题，即已知象函数 $X(s)$ 求其原函数 $x(t)$。

若已知 $X(s)$ 是 $f(t)$ 的拉氏变换，则 $f(t)$ 是 $X(s)$ 的拉普拉斯逆变换（简称拉氏逆变换），记为 $L^{-1}[x(t)] = X(s)$，并定义为如下积分：

$$x(t) = L^{-1}[X(s)] = \frac{1}{2\pi j}\int_{\sigma-j\omega}^{\sigma+j\omega} X(s)e^{st}ds \tag{2.39}$$

对于简单的象函数，通常可以直接查拉氏变换表求得原函数，常用函数拉氏变换表如表 2.2 所示。对于复杂的象函数，可用部分分式法求得。

表 2.2 常用函数拉氏变换表

	$f(t)$	$F(s)$
1	$\delta(t)$	1
2	$\delta'(t)$	s
3	$\delta''(t)$	s^2

表 2.2(续)

	$f(t)$	$F(s)$
4	$\delta_T(t)=\sum_{n=0}^{\infty}\delta(t-nT)$	$\frac{1}{1-e^{-Ts}}$
5	$u(t)$	$\frac{1}{s}$
6	t	$\frac{1}{s^2}$
7	t^2	$\frac{2}{s^3}$
8	e^{-at}	$\frac{1}{s+a}$
9	te^{-at}	$\frac{1}{(s+a)^2}$
10	$\sin\omega t$	$\frac{\omega}{s^2+\omega^2}$
11	$\cos\omega t$	$\frac{s}{s^2+\omega^2}$
12	$e^{-at}\sin\omega t$	$\frac{\omega}{(s+a)^2+\omega^2}$
13	$e^{-at}\cos\omega t$	$\frac{s+a}{(s+a)^2+\omega^2}$
14	$t^n\ (n=1,2,3,\cdots)$	$\frac{n!}{s^{n+1}}$
15	$t^ne^{-at}\ (n=1,2,3,\cdots)$	$\frac{n!}{(s+a)^{n+1}}$
16	$\frac{1}{b-a}(e^{-at}-e^{-bt})$	$\frac{1}{(s+a)(s+b)}$
17	$\frac{1}{b-a}(e^{-bt}-e^{-at})$	$\frac{s}{(s+a)(s+b)}$
18	$\frac{1}{ab}[1+\frac{1}{a-b}(be^{-at}-ae^{-bt})]$	$\frac{1}{s(s+a)(s+b)}$
19	$\frac{1}{a^2}(at-1+e^{-at})$	$\frac{1}{s^2(s+a)}$
20	$\frac{\omega_n}{\sqrt{1-\xi^2}}e^{-\xi\omega_n t}\sin(\omega_n\sqrt{1-\xi^2}\,t)$	$\frac{\omega_n^2}{s^2+2\xi\omega_n s+\omega_n^2}$
21	$\frac{-1}{\sqrt{1-\xi^2}}e^{-\xi\omega_n t}\sin(\omega_n\sqrt{1-\xi^2}\,t-\varphi)$ $\varphi=\arctan\frac{\sqrt{1-\xi^2}}{\xi}$	$\frac{\omega_n^2}{s(s^2+2\xi\omega_n s+\omega_n^2)}$

2.8.3　典型时间函数的拉普拉斯变换

2.8.3.1　单位阶跃函数

单位阶跃函数定义为 $u(t)=\begin{cases}0 & (t<0)\\ u & (t\geqslant 0)\end{cases}$,则其拉氏变换为

$$L[u(t)]=\int_{-\infty}^{+\infty}u(t)e^{-st}dt=-\frac{e^{-st}}{s}\bigg|_0^{\infty}=\frac{1}{s}$$

2.8.3.2　单位脉冲函数

单位脉冲函数 $\delta(t)$ 定义为 $\delta(t)=\begin{cases}\infty & (t=0)\\ 0 & (t\neq 0)\end{cases}$,则其拉氏变换为

$$L[\delta(t)]=\int_0^{\infty}\delta(t)e^{-st}dt=e^{-st}|_{t=0}=1$$

2.8.3.3　单位速度函数(单位斜坡函数)

单位速度函数定义为 $x(t)=\begin{cases}0 & (t<0)\\ t & (t\geqslant 0)\end{cases}$,则其拉氏变换为

$$L[t]=\int_{-\infty}^{+\infty}te^{-st}dt=-t\frac{e^{-st}}{s}\bigg|_0^{\infty}-\int_0^{\infty}\left(-\frac{e^{-st}}{s}\right)dt=\int_0^{\infty}\frac{e^{-st}}{s}dt=-\frac{e^{-st}}{s^2}\bigg|_0^{\infty}=\frac{1}{s^2}$$

2.8.3.4　单位加速度函数(抛物线函数)

单位加速度函数定义为 $x(t)=\begin{cases}0 & (t<0)\\ \dfrac{1}{2}t^2 & (t\geqslant 0)\end{cases}$,则其拉氏变换为

$$L\left[\frac{1}{2}t^2\right]=\frac{1}{s^3}\quad(\mathbf{Re}[s]>0)$$

2.8.3.5　指数函数

指数函数定义为 $x(t)=e^{-at}$,其中 a 是常数,则其拉氏变换为

$$L[e^{-at}]=\int_0^{\infty}e^{-at}e^{-st}dt=\int_0^{\infty}e^{-(s+a)t}dt$$

令 $s_1=s+a$,可求得

$$L[e^{-at}]=\frac{1}{s_1}=\frac{1}{s+a}$$

2.8.3.6　正弦函数与余弦函数

正弦函数为 $x_1(t)=\sin\omega t$,余弦函数为 $x_2(t)=\cos\omega t$,根据欧拉(Euler)公式,$\sin\omega t=\frac{e^{j\omega t}-e^{-j\omega t}}{2j}$,$\cos\omega t=\frac{e^{j\omega t}+e^{-j\omega t}}{2}$,则

$$\begin{aligned}L[\sin\omega t]&=\int_0^{\infty}\sin\omega t\,e^{-st}dt\\&=\frac{1}{2j}\left[\int_0^{\infty}e^{j\omega t}e^{-st}dt-\int_0^{\infty}e^{-j\omega t}e^{-st}dt\right]\\&=\frac{1}{2j}\left[\int_0^{\infty}e^{-(s-j\omega)t}dt-\int_0^{\infty}e^{-(s+j\omega)t}dt\right]\\&=\frac{1}{2j}\left[-\frac{1}{s-j\omega}e^{-(s-j\omega)t}\bigg|_0^{\infty}-\frac{1}{s+j\omega}e^{-(s+j\omega)t}\bigg|_0^{\infty}\right]\\&=\frac{1}{2j}\left(\frac{1}{s-j\omega}-\frac{1}{s+j\omega}\right)=\frac{\omega}{s^2+\omega^2}\end{aligned}$$

同理有

$$L[\cos\omega t]=L\left[\int_0^{\infty}\cos\omega t\right]=\int_0^{\infty}\cos\omega t\,e^{-st}dt=\frac{s}{s^2+\omega^2}$$

2.8.3.7　幂函数

幂函数定义为 $x(t)=t^n$,则其拉氏变换为

$$L[t^n]=\int_0^{\infty}t^ne^{-st}dt=\int_0^{\infty}\frac{u^n}{s^n}e^{-u}\cdot\frac{1}{s}du=\frac{1}{s^{n+1}}\int_0^{\infty}u^ne^{-u}du\quad\left(u=st,dt=\frac{1}{s}du\right)$$

式中:

$$\int_0^{\infty} u^n e^{-u} du = n!$$

$$L[t^n] = \int_0^{\infty} t^n e^{-st} dt = \frac{n!}{s^{n+1}}$$

2.8.4　拉普拉斯变换的基本性质

2.8.4.1　线性定理

设 $f_1(t)$,$f_2(t)$为两个定义在$(0,\infty)$区域内的任意函数,在其定义域内都可以进行拉氏变换,且 $L[f_1(t)] = F_1(s)$,$L[f_2(t)] = F_2(s)$,设 C_1,C_2 为两个任意常数,则有

$$L[C_1 f_1(t) + C_2 f_2(t)] = C_1 F_1(s) + C_2 F_2(s)$$

证明:

$$\begin{aligned} L[C_1 f_1(t) + C_2 f_2(t)] &= \int_0^{\infty} [C_1 f_1(t) + C_2 f_2(t)] e^{-st} dt \\ &= C_1 \int_0^{\infty} f_1(t) e^{-st} dt + C_2 \int_0^{\infty} f_2(t) e^{-st} dt \\ &= C_1 F_1(s) + C_2 F_2(s) \end{aligned}$$

$$C_1 f_1(t) + C_2 f_2(t) + \cdots \rightleftharpoons C_1 F_1(s) + C_2 F_2(s) + \cdots$$

因此,时间函数的线性组合的拉氏变换等于各函数拉氏变换的线性组合。

2.8.4.2　微分定理

设 $L[f(t)] = F(s)$,则

$$L\left[\frac{df(t)}{dt}\right] = sF(s) - f(0)$$

证明:

$$\begin{aligned} L\left[\frac{df(t)}{dt}\right] &= \int_0^{\infty} \frac{df(t)}{dt} e^{-st} dt = f(t)e^{-st}\Big|_0^{\infty} - \int_0^{\infty} f(t) \cdot (-se^{-st}) dt \\ &= -f(0) + s\int_0^{\infty} f(t) e^{-st} dt \\ &= sF(s) - f(0) \end{aligned}$$

$$\frac{df(t)}{dt} \rightleftharpoons sF(s) - f(0)$$

二阶导数的拉氏变换:

$$\begin{aligned} L\left[\frac{d^2 f(t)}{dt^2}\right] &= sL[f'(t)] - f'(0) \\ &= s[sF(s) - f(0)] - f'(0) \\ &= s^2 F(s) - sf(0) - f'(0) \end{aligned}$$

$$L[f'(t)] = s \cdot \frac{s}{s^2 + \omega_0^2} - 1 = \frac{-\omega_0^2}{s^2 + \omega_0^2}$$

$f_2(t) = \varepsilon(t)\cos \omega_0 t$,在 $t = 0$ 处不连续,$f_2(0) = 0$。

$$L[f'_2(t)] = s \cdot \frac{s}{s^2 + \omega_0^2} = \frac{s^2}{s^2 + \omega_0^2}$$

2.8.4.3　积分定理

设 $L[f(t)] = F(s)$,则

$$L\left[\int_0^t f(\tau)\,\mathrm{d}\tau\right] = \frac{1}{s}F(s)$$

证明：

$$L\left[\int_0^t f(\tau)\,\mathrm{d}\tau\right] = \int_0^\infty \left[\int_0^t f(\tau)\,\mathrm{d}\tau\right]\mathrm{e}^{-st}\,\mathrm{d}t$$

令 $u = \int_0^t f(\tau)\,\mathrm{d}\tau, \mathrm{d}V = \mathrm{e}^{-st}\,\mathrm{d}t$，则

$$\mathrm{d}u = f(t)\,\mathrm{d}t,\quad V = -\frac{1}{s}\mathrm{e}^{-st}$$

$$\text{原式} = -\frac{1}{s}\mathrm{e}^{-st}\int_0^t f(\tau)\,\mathrm{d}\tau\Big|_0^\infty + \frac{1}{s}\int_0^\infty f(t)\,\mathrm{e}^{-st}\,\mathrm{d}t$$

$f(t)$为有限函数（有界函数），即为指数级函数。

$$\lim_{t\to\infty}\frac{\mathrm{e}^{-st}}{s}\int_0^t f(\tau)\,\mathrm{d}\tau \leqslant \lim_{t\to\infty}\frac{\mathrm{e}^{-st}}{s}\left[\frac{M}{C}\mathrm{e}^{c\tau}\right]_0^t = 0 \quad [\text{只要 } \mathbf{Re}(s)\text{ 足够大}]$$

而

$$\underset{t\to 0}{1}\int_0^t f(\tau)\,\mathrm{d}\tau = 0$$

所以

$$L\left[\int_0^t f(\tau)\,\mathrm{d}\tau\right] = \frac{F(s)}{s}$$

$$\int_0^t f(\tau)\,\mathrm{d}\tau \rightleftharpoons \frac{F(s)}{s}$$

时间函数积分的拉氏变换等于该函数的拉氏变换除以 s。

2.8.4.4　延时定理

设 $L[f(t)\cdot\varepsilon(t)] = F(s)$，则

$$L[f(t-t_0)\cdot\varepsilon(t-t_0)] = \mathrm{e}^{-st_0}F(s)$$

证明：

$$L[f(t-t_0)\varepsilon(t-t_0)] = \int_0^\infty f(t-t_0)\varepsilon(t-t_0)\,\mathrm{e}^{-st}\,\mathrm{d}t$$

$$= \int_{t_0}^\infty f(t-t_0)\,\mathrm{e}^{-st}\,\mathrm{d}t$$

令 $t-t_0=\tau$，则 $t=\tau+t_0$，$\mathrm{d}t=\mathrm{d}\tau$。

$$\text{原式} = \int_0^\infty f(\tau)\,\mathrm{e}^{-s(\tau+t_0)}\,\mathrm{d}\tau = \mathrm{e}^{-st_0}\int_0^\infty f(\tau)\,\mathrm{e}^{-s\tau}\,\mathrm{d}\tau = \mathrm{e}^{-st_0}F(s)$$

$$f(t-t_0)\varepsilon(t-t_0) \rightleftharpoons \mathrm{e}^{-st_0}F(s)$$

而一个时间函数在时域中延时 t_0，则在复频域中相当于它原来的象函数乘以 e^{-st_0}。

注意：$f(t-t_0)$ 不一定等于 $f(t-t_0)\varepsilon(t-t_0)$，所以 $L[f(t-t_0)]$ 不一定等于 $L[f(t-t_0)\varepsilon(t-t_0)]$。

例 2.3　$f(t)$为一单锯齿波，如图 2.3 所示，求其拉氏变换。

解

$$f(t) = \frac{E}{T}t\varepsilon(t) - E\varepsilon(t-T) - \frac{E}{T}(t-T)\varepsilon(t-T)$$

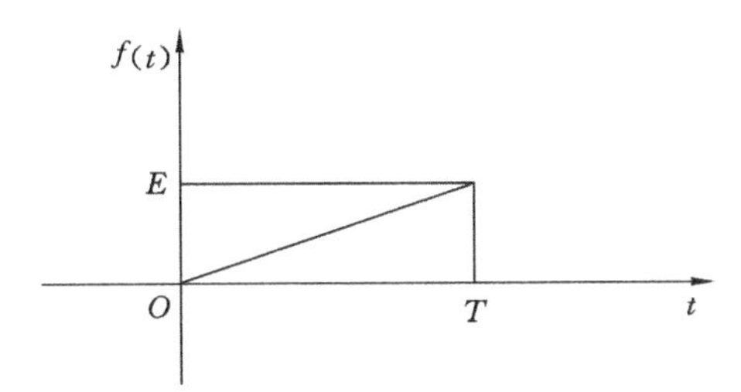

图 2.3　例 2.3 图

$$\begin{aligned}L[f(t)]&=L\left[\frac{E}{T}t\varepsilon(t)\right]+L[-E\varepsilon(t-T)]+L\left[-\frac{E}{T}(t-T)\varepsilon(t-T)\right]\\&=\frac{E}{Ts^2}-E\frac{1}{s}e^{-sT}-\frac{E}{T}\cdot\frac{1}{s^2}e^{-sT}\\&=\frac{E}{Ts^2}(1-Tse^{-sT}-e^{-sT})=\frac{E}{Ts^2}[1-(T_s+1)e^{-sT}]\end{aligned}$$

由此可总结周期函数的拉氏变换如下：

一个周期函数 $f(t)$，若其从 $t\geqslant 0$ 起始的第一个周期波形的解析式为 $f_1(t)$，其拉氏变换为 $F_1(s)$。

当 $t\geqslant 0$ 时，$f(t)=f_1(t)\varepsilon(t)+f_1(t-T)\varepsilon(t-T)+f_1(t-2T)\varepsilon(t-2T)$，则

$$L[f(t)]=F(s)=(1+e^{-Ts}+e^{-2Ts}+\cdots)F_1(s)=\frac{1}{1-e^{-Ts}}F_1(s)$$

因此，周期为 T 的周期函数拉氏变换为

$$f(t)=f(t+T)\rightleftharpoons F(s)=\frac{1}{1-e^{-sT}}F_1(s)$$

$F_1(s)$ 为第一周期波形函数的拉氏变换。

2.8.4.5　平移定理

设 $L[f(t)]=F(s)$，则 $f(t)e^{-at}$ 的象函数为

$$L[f(t)e^{-at}]=F(s+a)$$

证明：

$$\begin{aligned}L[f(t)e^{-at}]&=\int_0^{\infty}f(t)e^{-at}e^{-st}dt\\&=\int_0^{\infty}f(t)e^{-(s+a)t}dt=F(s+a)\end{aligned}$$

$$e^{-at}f(t)\rightleftharpoons F(s+a)$$

一个时间函数乘以因子 e^{-at}，相当于它的象函数在复频域内产生位移 a。

例 2.4　求 e^{-at}，$e^{-2t}\sin 10t$，$5te^{3t}$ 的拉氏变换。

解

$$L[e^{-at}]=L[\varepsilon(t)e^{-at}]=\frac{1}{s+a}$$

$$L[e^{-2t}\sin 10t]=\frac{10}{(s+2)^2+10^2}=\frac{10}{s^2+4s+104}$$

$$L[5te^{3t}]=5\cdot\frac{1}{(s-3)^2}=\frac{5}{s^2-6s+9}$$

2.8.4.6 复频域中的微分和积分

(1) 微分

设 $L[f(t)]=F(s)$,则有

$$L[f(t)]=-\frac{\mathrm{d}}{\mathrm{d}s}F(s)$$

证明:

$$\frac{\mathrm{d}}{\mathrm{d}s}F(s)=\frac{\mathrm{d}}{\mathrm{d}s}\int_0^{\infty}f(t)\mathrm{e}^{-st}\mathrm{d}t$$

$$=\int_0^{\infty}f(t)(-t\mathrm{e}^{-st})\mathrm{d}t$$

$$=\int_0^{\infty}-tf(t)\mathrm{e}^{-st}\mathrm{d}t=-L[tf(t)]$$

$$-tf(t)\rightleftharpoons\frac{\mathrm{d}}{\mathrm{d}s}F(s)$$

时域中 $f(t)$ 乘以 t 的拉氏变换相当于在复频域中 $f(t)$ 的象函数 $F(s)$ 对 s 微分的负值。

(2) 积分

设 $L[f(t)]=F(s)$,则有

$$L\left[\frac{f(t)}{t}\right]=\int_s^{\infty}F(s_1)\mathrm{d}s_1$$

2.8.4.7 尺度变换

若 $L[f(t)]=F(s)$,如果将 $f(t)$ 的时间变量 t 乘以常数 a,则其象函数 $F(s)$ 的复频率变量 s 将除以 a,且整个变换也将除以 a,即

$$L[f(at)]=\frac{1}{a}F\left(\frac{s}{a}\right)$$

证明:

$$L[f(at)]=\int_0^{\infty}f(at)\mathrm{e}^{-st}\mathrm{d}t$$

令 $at=\tau$,则 $t=\frac{\tau}{a}$,$\mathrm{d}t=\frac{1}{a}\mathrm{d}\tau$,有

$$L[f(at)]=\frac{1}{a}\int_0^{\infty}f(\tau)\mathrm{e}^{-\left(\frac{s}{a}\right)\tau}\mathrm{d}\tau=\frac{1}{a}F\left(\frac{s}{a}\right)$$

$$f(at)\rightleftharpoons\frac{1}{a}F\left(\frac{s}{a}\right)$$

2.8.4.8 初值定理、终值定理

设 $L[f(t)]=F(s)$,且 $F(s)$ 是真分式,则

$$f(0)=\lim_{t\to 0}f(t)=\lim_{s\to\infty}sF(s)$$

设 $L[f(t)]=F(s)$,且 $f(t)$ 在 $t\to\infty$ 时的极限存在,则

$$f(\infty)=\lim_{t\to\infty}f(t)=\lim_{s\to 0}sF(s)$$

2.8.4.9 卷积定理

在拉氏变换中,设 $t<0$ 时,$f_1(t)=f_2(t)=0$,则拉氏变换中的卷积定义如下:

$$f_1(t)*f_2(t)=\int_0^t f_1(\tau)f_2(t-\tau)\mathrm{d}\tau$$

若 $F_1(s)=L[f_1(t)]$，$F_2(s)=L[f_2(t)]$，则

$$L[f_1(t)*f_2(t)]=L[f_1(t)]*L[f_2(t)]=F_1(s)F_2(s)$$

那么

$$f_1(t)*f_2(t)=L^{-1}[F_1(s)F_2(s)]=\int_0^t f_1(\tau)f_2(t-\tau)\mathrm{d}\tau$$

拉氏变换的基本性质如表 2.3 所示，掌握这些性质，就可方便地求得一些函数的拉氏变换。

表 2.3　拉氏变换的基本性质

<table>
<tr><td rowspan="2">线性定理</td><td>齐次性</td><td>$L[af(t)]=aF(s)$</td></tr>
<tr><td>叠加性</td><td>$L[f_1(t)\pm f_2(t)]=F_1(s)\pm F_2(s)$</td></tr>
<tr><td rowspan="2">微分定理</td><td>一般形式</td><td>$L\left[\frac{\mathrm{d}f(t)}{\mathrm{d}t}\right]=sF(s)-f(0)$
$L\left[\frac{\mathrm{d}^2f(t)}{\mathrm{d}t^2}\right]=s^2F(s)-sf(0)-f'(0)$
⋮
$L\left[\frac{\mathrm{d}^nf(t)}{\mathrm{d}t^n}\right]=s^nF(s)-\sum_{k=1}^{n}s^{n-k}f^{(k-1)}(0)$
$f^{(k-1)}(t)=\frac{\mathrm{d}^{k-1}f(t)}{\mathrm{d}t^{k-1}}$</td></tr>
<tr><td>初始条件为 0 时</td><td>$L\left[\frac{\mathrm{d}^nf(t)}{\mathrm{d}t^n}\right]=s^nF(s)$</td></tr>
<tr><td rowspan="2">积分定理</td><td>一般形式</td><td>$L\left[\int f(t)\mathrm{d}t\right]=\frac{F(s)}{s}+\frac{\int f(t)\mathrm{d}t\big|_{t=0}}{s}$
$L\left[\iint f(t)(\mathrm{d}t)^2\right]=\frac{F(s)}{s^2}+\frac{\int f(t)\mathrm{d}t\big|_{t=0}}{s^2}+\frac{\iint f(t)(\mathrm{d}t)^2\big|_{t=0}}{s}$
⋮
$L\left[\overbrace{\int\cdots\int}^{共n个}f(t)(\mathrm{d}t)^n\right]=\frac{F(s)}{s^n}+\sum_{k=1}^{n}\frac{1}{s^{n-k+1}}\overbrace{\int\cdots\int}^{共n个}f(t)(\mathrm{d}t)^n\Big|_{t=0}$</td></tr>
<tr><td>初始条件为 0 时</td><td>$L\left[\overbrace{\int\cdots\int}^{共n个}f(t)(\mathrm{d}t)^n\right]=\frac{F(s)}{s^n}$</td></tr>
<tr><td colspan="2">时移定理</td><td>$L[f(t-T)]=\mathrm{e}^{-Ts}F(s)$</td></tr>
<tr><td colspan="2">平移定理</td><td>$L[f(t)\mathrm{e}^{-at}]=F(s+a)$</td></tr>
<tr><td colspan="2">终值定理</td><td>$\lim\limits_{t\to\infty}f(t)=\lim\limits_{s\to 0}sF(s)$</td></tr>
<tr><td colspan="2">初值定理</td><td>$\lim\limits_{t\to 0}f(t)=\lim\limits_{s\to\infty}sF(s)$</td></tr>
<tr><td colspan="2">卷积定理</td><td>$L\left[\int_0^t f_1(t-\tau)f_2(\tau)\mathrm{d}\tau\right]=L\left[\int_0^t f_1(t)f_2(t-\tau)\mathrm{d}\tau\right]=F_1(s)*F_2(s)$</td></tr>
</table>

2.8.5　拉普拉斯逆变换的求法

已知象函数 $F(s)$，对于常见的函数进行拉氏逆变换的求法可以直接采用表 2.2 进行

计算。

例 2.5　已知 $X(s)=\dfrac{1}{s^2(s+1)}$，求 $x(t)=L^{-1}[X(s)]$。

解　因为$\dfrac{1}{s^2(s+1)}=\dfrac{1}{s^2}-\dfrac{1}{s}+\dfrac{1}{s+1}$，所以

$$x(t)=L^{-1}[X(s)]=L^{-1}\left[\frac{1}{s^2(s+1)}\right]=L^{-1}\left[\frac{1}{s^2}-\frac{1}{s}+\frac{1}{s+1}\right]$$
$$=t-1+e^{-t}$$

例 2.6　质量为 m 的物体挂在劲度系数为 k 的弹簧一端(图 2.4)，作用在物体上的外力为 $f(t)$，若物体自静止平衡位置 $x=0$ 处开始运动，求该物体的运动方程。

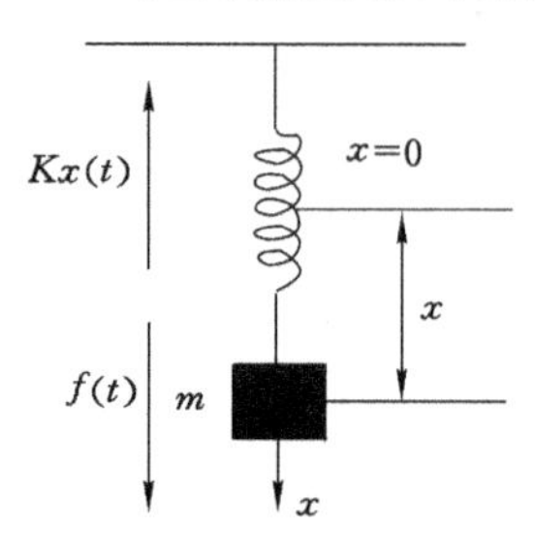

图 2.4　例 2.6 图

解　由牛顿定律及胡克定律有

$$mx''(t)=f(t)-kx(t)$$

物体运动的微分方程为 $mx''(t)+kx(t)=f(t)$，且 $x(0)=x'(0)=0$；$X(s)=L[x(t)]$，$F(s)=L[f(t)]$。

对方程组两边取拉普拉斯变换，并代入初值得

$$ms^2X(s)+kX(s)=F(s)$$

$$\omega_0^2=\frac{k}{m},X(s)=\frac{1}{m\omega_0}\cdot\frac{\omega_0}{s^2+\omega_0{}^2}\cdot F(s),L^{-1}\left[\frac{\omega_0}{s^2+\omega_0{}^2}\right]=\sin\omega_0 t$$

利用卷积定理有

$$x(t)=L^{-1}[X(s)]=\frac{1}{m\omega_0}[\sin\omega_0 t*f(t)]$$

当 $f(t)$ 具体给出时，即可以求得运动方程。

设物体在 $t=0$ 时受到冲击力 $f(t)=A\delta(t)$，A 为常数，则

$$x(t)=\frac{A}{m\omega_0}\sin\omega_0 t$$

可见，在冲击力的作用下，物体运动为正弦振动，振幅为$\dfrac{A}{m\omega_0}$；角频率为 ω_0，称为该系统的自然频率或固有频率。

对于一般的象函数 $F(s)$ 用查表法求得拉氏逆变换，首先通过代数运算，将一个复杂的象函数转化为几个简单的部分分式之和，再分别求出各个分式的原函数，最后将它们求和即得总的原函数。用查表法求拉氏逆变换的关键在于将变换式进行部分分式展开，然后逐项查表进行逆变换。设 $F(s)$ 是 s 的有理真分式，有

$$F(s)=\frac{B(s)}{A(s)}=\frac{b_m s^m+b_{m-1}s^{m-1}+\cdots+b_1 s+b_0}{a_n s^n+a_{n-1}s^{n-1}+\cdots+a_1 s+a_0}\quad (n>m)$$

2.9　思考与练习

1. 已知：$L[f(t)]=F(s)$，证明 $L[f(t)\mathrm{e}^{-at}]=F(s+a)$，其中 a 为实数。

2. 求如图 2.5 所示矩形波的拉氏变换。

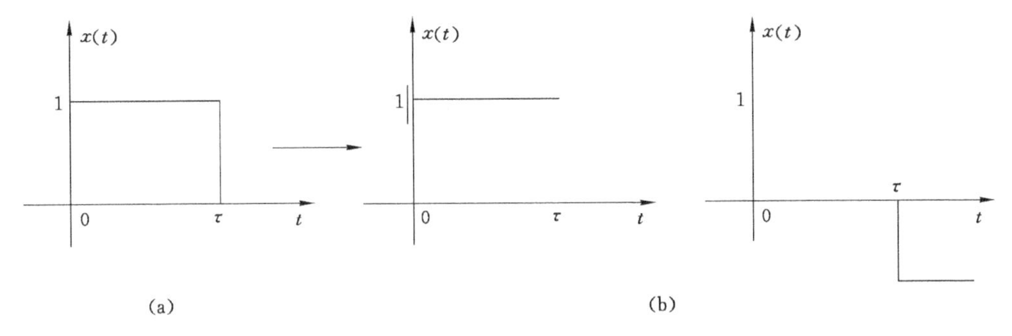

图 2.5　矩形波

3. 求如图 2.6 所示周期函数的拉氏变换。

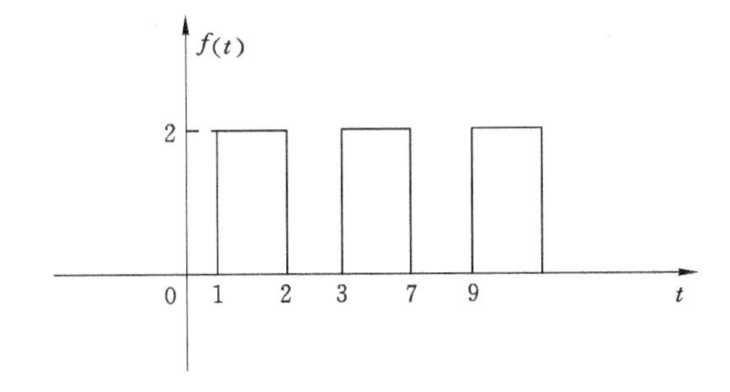

图 2.6　某周期函数

4. 周期函数 $f(t)=\begin{cases}E_0 & (0<t<\tau)\\ -E_0 & (\tau<t<2\tau)\end{cases}$，如图 2.7 所示，求 $f(t)$的拉普拉斯变换。

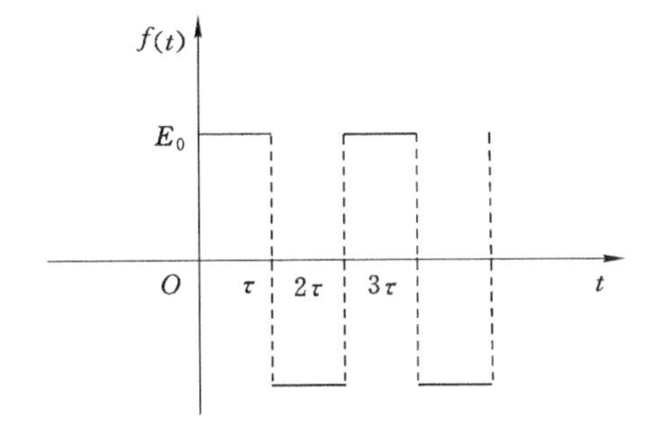

图 2.7　E_0 的矩形脉冲变化

5. 设锯齿波 $f(t)=\frac{t}{T}\quad(0\leqslant t\leqslant T)$，如图 2.8 所示，求 $f(t)$ 的拉普拉斯变换。

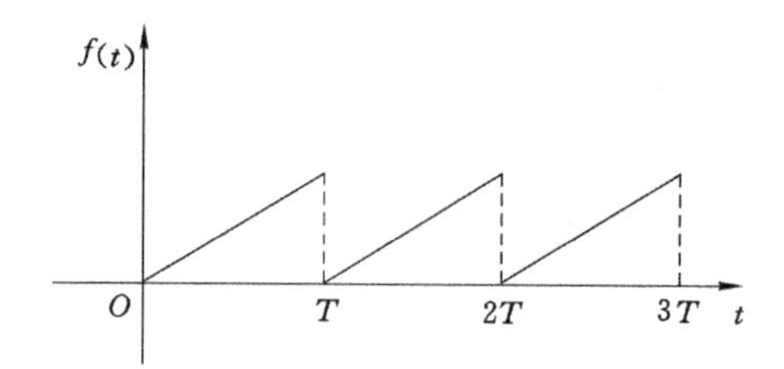

图 2.8 $f(t)$ 的锯齿脉冲变化

6. 求函数 $\cos(\omega_0 t+\varphi)$ 和 $\sin(\omega_0 t+\varphi)$ 的拉普拉斯变换。

7. 证明：$L(t^n)=\frac{n!}{S^{n+1}}$。

第 3 章　微分型本构关系

黏弹性材料在外力作用下,弹性和黏性特征同时存在的力学行为称为黏弹性。其力学特点是应变总是落后于应力,也就是说应变对应力的响应不是瞬时完成的,需要有一个弛豫过程,且应力与应变之间的关系均与时间相关。因此黏弹性材料一个重要特点就是其力学性质与时间有关,具有力学松弛的特征。工程实际中任何材料基本都会同时显示弹性和黏性两种性质,但是由于其细观结构不同,黏弹性的显化程度不同,其中比较典型的是高分子材料,一些非晶体,有时甚至多晶体,在比较小的应力时均会表现黏弹性现象,它也是典型的黏弹性材料。

对于线黏弹性材料,其应力-应变-时间之间的关系,主要有微分型和积分型两大类,分别在本章和下一章中讨论。其中微分型本构关系在求解某些问题时会比较方便,因此在黏弹性理论的早期发展中有着比较广泛的应用。这种应力-应变关系的数学表达直接与我们所采用的力学模型相关,比如在单轴压力下黏弹性材料的性质类似于由弹性元件和黏性元件按一定规则构成的模型所具有的性质。下面我们将讨论如何应用这样一些力学模型来描述黏弹性材料的力学行为以及如何建立微分型本构方程等问题。

3.1　基本元件:弹簧、阻尼器和滑块

生活中和工程上遇到的大多数材料通常既具有弹性,又具有黏性,这类材料称为黏弹性材料。其特点是具有蠕变、松弛及迟滞现象。有的材料还可发生塑性变形,材料经受永久变形的性质称为塑性。在模型理论中采用下述三个基本元件进行串联、并联等各种组合,用以近似地描述真实材料。当然,物理学家采用模型理论并不是因为他们认为材料真是由这种数学模型结构所构成的,而是因为根据这些模型导出的本构方程在一定程度上能与实验吻合。这三个基本元件分别是理想弹性元件、黏性元件、理想塑性体,我们下面将分别介绍。

3.1.1　理想弹性元件

弹簧是一种利用弹性来工作的机械零件。用弹性材料制成的零件在外力作用下发生形变,除去外力后又恢复原状,亦称为“弹簧”。对于螺旋形弹簧(图 3.1),当某一个力 F 作用到弹簧上时,弹簧的长度伸长或缩短 x。两者满足如下线性关系

$$F = kx \tag{3.1}$$

其中,F 为弹力,k 为劲度系数(旧称倔强系数),x 为弹簧拉长(或压短)的长度。

当把外力移去的时候,弹簧就会回复到原来的长度。同样的现象在弹性杆的拉伸实验中也可以观察得到,如图 3.2 所示。在这种情况下可以采用应力和应变的表达方法来描述材料在载荷作用下的变形,因为这样可以把杆的长度和横截面积的影响消除掉,从而使讨论更具普遍性。

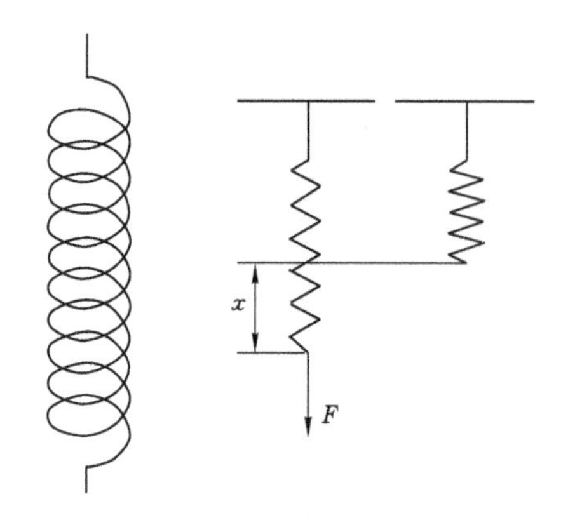

图 3.1　理想弹簧

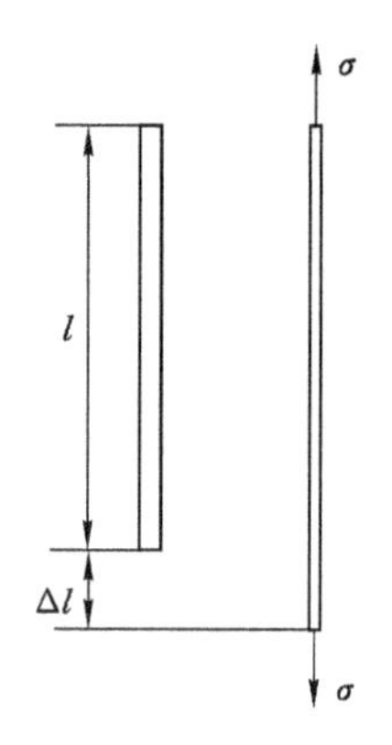

图 3.2　弹性杆件

如图 3.1 所示模型显然满足公式(3.1),因此,我们常用一个符合胡克定律的弹簧来很好地描述理想弹性体。如果材料是线弹性的,则满足如下公式

$$\sigma = E\varepsilon \tag{3.2}$$

或

$$\tau = G\gamma \tag{3.3}$$

其中,σ、τ、ε 和 γ 分别是正应力、剪应力、正应变和剪应变,E 是拉压弹性模量(也称杨氏模量),G 为剪切弹性模量。

3.1.2　黏性元件

黏性元件俗称黏壶,有时也称阻尼器,是一种提供运动阻力、耗减运动能量的装置,可以用来描述理想流体的力学行为。设有一个活塞在底部穿孔的圆筒内运动,这样可以认为没有空气在其中,在活塞和筒壁之间有着相当黏稠的润滑剂,如图 3.3 所示。因此,要移动活塞需要一个力 P,这个力越强,活塞移动越快。如果这个关系式是线性的,则有 $P = k\dfrac{du}{dt}$。类似的变形在一定材料杆的拉伸过程中也可以发现。当载荷加上之后,杆被拉长,然而此时不是伸长 εl,而是伸长的时间变化率$\dfrac{\mathrm{d}(\varepsilon l)}{\mathrm{d}t}$与作用力成正比。用应力、应变表示,则有

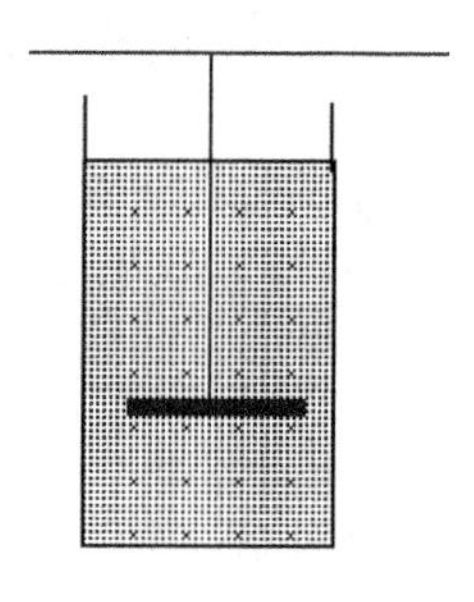
图 3.3　理想黏壶

$$\sigma = \eta\frac{\mathrm{d}\varepsilon}{\mathrm{d}t} = \eta\dot{\varepsilon} \tag{3.4}$$

或

$$\tau = \eta_1\frac{\mathrm{d}\gamma}{\mathrm{d}t} = \eta_1\dot{\gamma} \tag{3.5}$$

其中,η 和 η_1 为黏性系数,$\dot{\varepsilon}$ 和 $\dot{\gamma}$ 为应变率。

阻尼器的流变特性,可用等应力和等应变作用下的响应来说明。其中在应力 $\sigma = \sigma_0 H(t)$ 作用下,应变响应为 $\varepsilon = \sigma_0 t/\eta$,即呈稳态流动,如图 3.4(b) 所示。其中 $H(t)$ 是单位阶跃函数,定义为

$$H(t) = \begin{cases} 1 & t > 0 \\ 0 & t < 0 \end{cases} \tag{3.6}$$

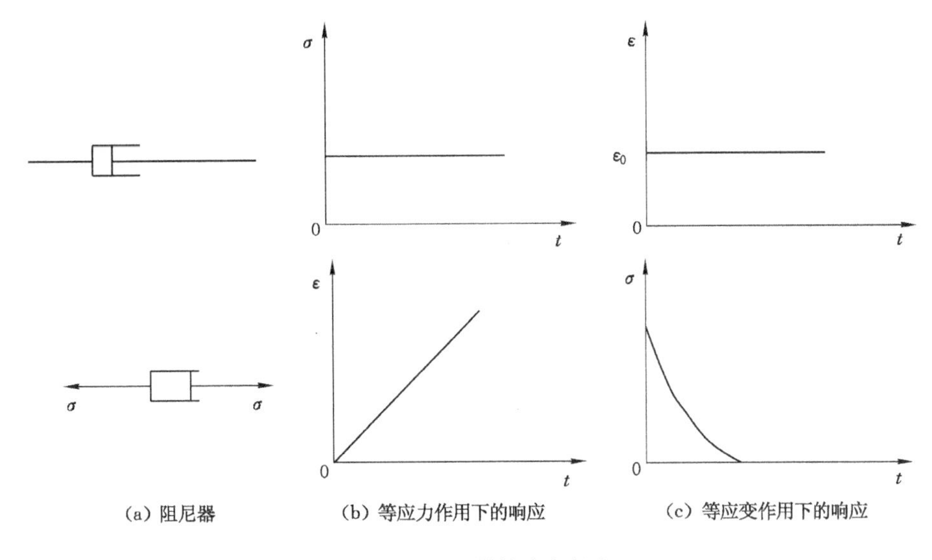

图 3.4　阻尼器的流变行为

关于 $t=0$ 时的数值，将在后面具体问题中加以说明。

蠕变的变形特点是受力作用后，应力与应变速率呈线性关系，如图 3.5 所示，受力时，应变随时间线性发展，外力去除后，应变不能回复(不可逆)。

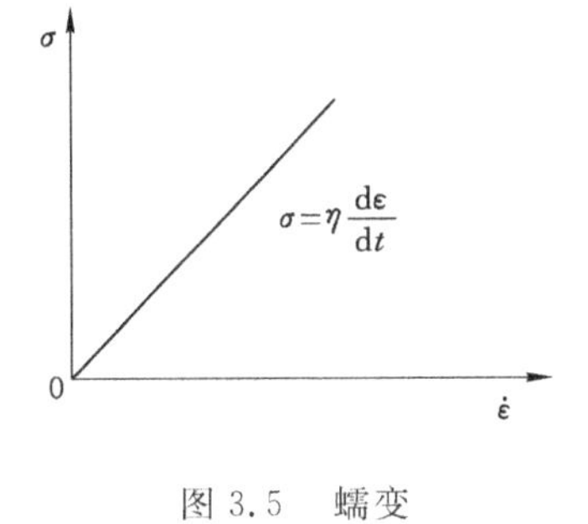

图 3.5　蠕变

在等应变 $\varepsilon=\varepsilon_0 H(t)$ 的作用下，有

$$\dot{H}(t)=\delta(t) \tag{3.7}$$

式中，$\delta(t)$ 为单位脉冲函数，它满足两个条件：

$$\delta(t)=0 \qquad t\neq 0 \tag{3.8a}$$

$$\int_{-\infty}^{+\infty}\delta(t)\mathrm{d}t=\int_{-\zeta}^{+\zeta}\delta(t)\mathrm{d}t=1 \qquad \zeta>0 \tag{3.8b}$$

式中，ζ 为大于零的任意非零数值，由公式(3.4) 可知应力为 $\sigma=\eta\varepsilon_0\delta(t)$，在 $t=0$ 时为无穷大，稍后瞬即为零。

因此，阻尼器受阶跃应变作用时，应力为无限大而后瞬即为零，如图 3.4(c) 所示。由于不可能产生一个数值为无限大的力，所以实际上是不能瞬时地使黏性元件产生有限应变的。

3.1.3　理想塑性体(圣维南体，滑块)

理想塑性(perfectly plastic behaviour)，是变形体的一种力学模型，是忽略材料加工硬化性质的固体力学模型，可分为弹塑性和刚塑性两类。

弹塑性体是指其弹性变形和塑性变形量级接近，刚塑性体是指弹性变形比塑性变形小得多，可以忽略不计。理想弹塑性假定应力-应变的线性阶段之后是完全塑性流动，拉伸和压缩完全对称。塑性变形不影响弹性性质，可用简单拉伸压缩时的应力 σ 和应变 ε 的坐标图说明，如图 3.6 所示，σ_s 为屈服应力，直线 LM 和 PQ 都平行于 ε 轴，LOQ 的斜率等于杨氏模量 E，且 $LO=OQ$。其加卸载曲线均是平行于 LOQ 的直线，任意可能的 ε 和 σ 总在这类折线上。例如从自然状态拉伸时，则沿 OL 变动，当 $\sigma>\sigma_s$ 时，则沿 LM 流动。若从 M 卸荷，则沿 MN 到

N，保留有塑性变形 ON。若再拉伸，则沿 NM 变形。反之，若压缩，则沿 NP 进行，当压应力达到 σ_s，则沿 PQ 流动。若令线段 LM 和 QP 中的点 L 和 Q 都平移到 σ 轴则模型就变为刚塑性体，如图 3.7 所示。在构造这类力学模型时常常采用称作滑块的元件表示，如图 3.8 所示。这些模型都突出了问题的核心，简化了计算，便于建立塑性力学的理论而指导实践，例如在结构分析、金属加工等方面得到广泛应用。

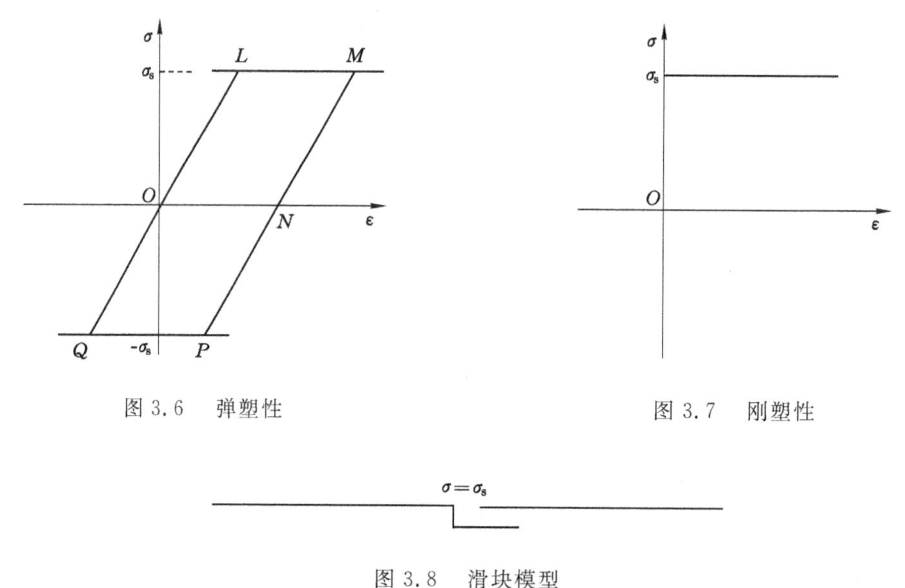

图 3.6　弹塑性

图 3.7　刚塑性

图 3.8　滑块模型

通过前面各元件的介绍，我们明确研究的对象及其力学性质如下：

牛顿体：具有黏性流动的特点，黏性流动是指只要受微小的力就会发生的流动。

塑性元件：具有刚塑性体变形的特点，其塑性变形也称塑性流动，且塑性流动只有当应力 σ 达到或超过屈服极限 σ_s 时才会发生。

黏弹性/弹黏性体：研究应力小于屈服极限时的应力、应变与时间的关系。

黏弹塑性体：研究应力大于屈服极限时的应力、应变与时间的关系。

3.2　Maxwell 流体模型

线性黏弹性是可由服从胡克定律的线性弹性行为和服从牛顿定律的线性黏性行为的组合来描述的黏弹性。最简单的模型常用一个弹簧与一个黏壶串联组成，即 Maxwell（麦克斯韦）模型，如图 3.9 所示。该模型由弹性元件和黏性元件串联而成，可模拟变形随时间增长而无限增大的力学介质。

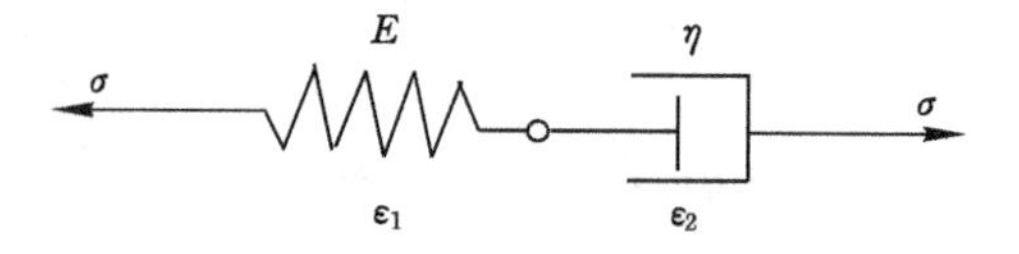

图 3.9　Maxwell 模型

设弹簧和黏性元件的应力、应变分别为 σ_1、ε_1 和 σ_2、ε_2 的组合模型的总应力、总应变分别为 σ 和 ε。

根据模型特点可知，该模型由于是两个元件串联而成的，外力作用在此模型上时，弹簧和黏壶所受的外力相同，即

$$\sigma_1 = \sigma_2 = \sigma \tag{3.9}$$

$$\varepsilon_1 + \varepsilon_2 = \varepsilon \tag{3.10}$$

弹簧有：

$$\varepsilon_1 = \frac{\sigma_1}{E} \tag{3.11}$$

对式(3.11) 进行微分有

$$\frac{\mathrm{d}\varepsilon_1}{\mathrm{d}t} = \frac{1}{E}\frac{\mathrm{d}\sigma_1}{\mathrm{d}t} = \frac{1}{E}\frac{\mathrm{d}\sigma}{\mathrm{d}t} \tag{3.12}$$

对黏壶有：

$$\frac{\mathrm{d}\varepsilon_2}{\mathrm{d}t} = \frac{\sigma_2}{\eta} = \frac{\sigma}{\eta} \tag{3.13}$$

则由式(3.10) 可知

$$\frac{\mathrm{d}\varepsilon}{\mathrm{d}t} = \frac{\mathrm{d}\varepsilon_1}{\mathrm{d}t} + \frac{\mathrm{d}\varepsilon_2}{\mathrm{d}t} = \frac{1}{E}\frac{\mathrm{d}\sigma}{\mathrm{d}t} + \frac{\sigma}{\eta} \tag{3.14}$$

即

$$\dot{\varepsilon} = \frac{\dot{\sigma}}{E} + \frac{\sigma}{\eta} \tag{3.15}$$

还可表示为

$$\sigma + p_1\dot{\sigma} = q_1\dot{\varepsilon} \tag{3.16}$$

其中，$p_1 = \dfrac{\eta}{E}$，$q_1 = \eta$，均为材料参数。公式(3.14)、(3.15)、(3.16) 即为 Maxwell 模型的应力 - 应变微分关系，也称为 Maxwell 本构方程。如果这些材料参数均已知，则可根据该微分关系分析材料的蠕变、回复及应力松弛现象。

3.2.1　蠕变

当 σ 保持不变，即 $\sigma = \sigma_0 =$ 常数，即 $\dfrac{\mathrm{d}\sigma}{\mathrm{d}t} = 0$ 时，代入式(3.14) 得：

$$\frac{\mathrm{d}\varepsilon}{\mathrm{d}t} = \frac{\sigma_0}{\eta} \tag{3.17}$$

则积分可得其通解为

$$\varepsilon(t) = \frac{\sigma_0}{\eta}t + c \tag{3.18}$$

其中，c 为积分常数。

由初始条件，即加载瞬间 $t = 0$ 时，$\varepsilon = \varepsilon(0) = \dfrac{\sigma_0}{E}$，可得

$$c = \varepsilon(0) = \frac{\sigma_0}{E} \tag{3.19}$$

将式(3.19) 代入式(3.18)，可得蠕变方程为

$$\varepsilon = \varepsilon_0 + \frac{\sigma_0}{\eta}t = \frac{\sigma_0}{E} + \frac{\sigma_0}{\eta}t \tag{3.20}$$

在 $t=0$ 附近对公式(3.15) 进行积分,可得

$$\int_{-\xi}^{\xi}\frac{d\varepsilon}{dt}dt=\frac{1}{E}\int_{-\xi}^{\xi}\frac{d\sigma}{dt}dt+\frac{1}{\eta}\int_{-\xi}^{\xi}\sigma dt \tag{3.21}$$

即

$$\varepsilon(\xi)-\varepsilon(-\xi)=\frac{1}{E}[\sigma(\xi)-\sigma(-\xi)]+\frac{1}{\eta}\int_{-\xi}^{\xi}\sigma dt \tag{3.22}$$

对于材料的自然状态,当 $t<0$ 时,$\varepsilon(t)=\sigma(t)=0$,在公式(3.22) 中,如令 $t\to 0$,可得

$$\varepsilon(0)=\frac{\sigma_0}{E} \tag{3.23}$$

由在恒定应力作用下的蠕变方程(3.20) 可知,Maxwell 模型有瞬时弹性变形,另外模型总应变随时间线性增长,在一定应力作用下,应变可以无限增长,即材料可以产生无限变形,这与流体特性相符,因此,Maxwell 模型也称为 Maxwell 流体模型。

3.2.2 回复

若模型从 $t=t_0$ 时开始加载到 $t=t_1$ 时卸载,如图 3.10(a) 所示,则在原来 $\sigma=\sigma_0$ 作用下产生的稳态流动即终止,已产生的弹性变形 ε_0 立即恢复,即瞬时弹性变形回复 ε_0,材料余下的只有永久变形部分,为$\dfrac{\sigma_0(t_1-t_0)}{\eta}$,如图 3.10(b) 所示。

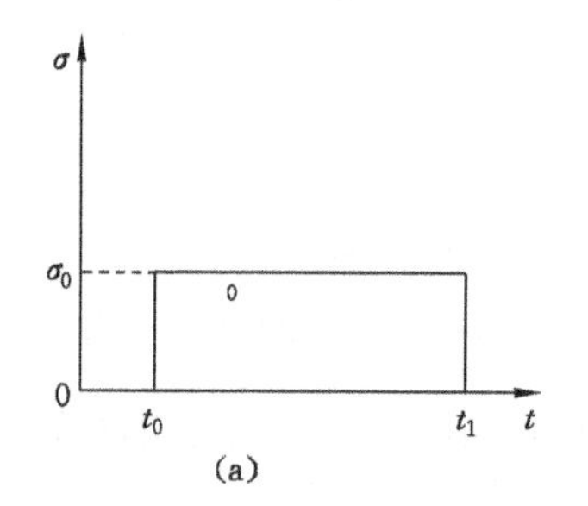

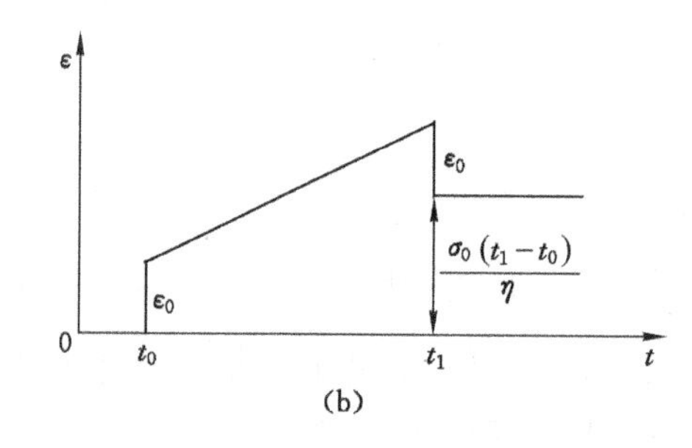

图 3.10 Maxwell 模型的蠕变曲线

3.2.3 应力松弛

在 ε 保持不变,即 $\varepsilon(t)=\varepsilon_0 H(t)$ 作用下,当 $t>0$ 时,$\dfrac{d\varepsilon}{dt}=0$,代入 Maxwell 本构方程 $\dfrac{d\varepsilon}{dt}=\dfrac{1}{E}\dfrac{d\sigma}{dt}+\dfrac{\sigma}{\eta}$ 得:

$$\frac{1}{E}\frac{d\sigma}{dt}+\frac{\sigma}{\eta}=0 \tag{3.24}$$

通解为:

$$\ln\sigma=-\frac{E}{\eta}t+c \tag{3.25}$$

当 $t=0$ 时,由初始条件 $\sigma(0)=\sigma_0=E\varepsilon_0$,代入式(3.25) 得

$$c=\ln\sigma_0 \tag{3.26}$$

根据式(3.25) 和式(3.26) 可得松弛方程为:

$$\sigma=E\varepsilon_0 e^{-\frac{E}{\eta}t} \tag{3.27}$$

即
$$\sigma = E\varepsilon_0 e^{-\frac{t}{p_1}} \tag{3.28}$$

其中，$p_1 = \dfrac{\eta}{E}$。式(3.28)用来描述Maxwell模型的应力松弛现象，应变一旦作用，材料内即产生瞬时应力 $E\varepsilon_0$，当应变保持为 ε_0 时，应力不断减小，随着时间的增长，应力逐渐衰减到0。这一松弛过程中应力变化率为

$$\frac{d\sigma}{dt} = -\frac{\sigma(0)}{p_1} e^{-\frac{t}{p_1}} \tag{3.29}$$

由式(3.29)可知，松弛刚开始时，应力变化率最大，即 $t = t_0$ 时，$\dfrac{d\sigma(0)}{dt} = -\dfrac{\sigma(0)}{p_1}$，如果一直按这一比率变化，则应力为

$$\sigma(t) = \sigma(0) - \frac{\sigma(0)}{p_1} t \tag{3.30}$$

如图3.11(b)中 AB 所示，当 $t = \tau = p_1$ 时，应力松弛为零，因此记 $\tau = p_1 = \dfrac{\eta}{E}$ 为松弛时间。由图可知，当 $t = \tau$ 时，$\sigma = 0.37\sigma(0)$，这说明如果保持作用的应变 ε_0 直到 $t = \tau$ 时，大部分的初始应力已经衰减了。松弛时间是由不同材料的性质所决定的，一般来说，黏度越小，松弛时间越少；黏度越高，松弛时间越多；而弹性固体则无应力松弛现象。

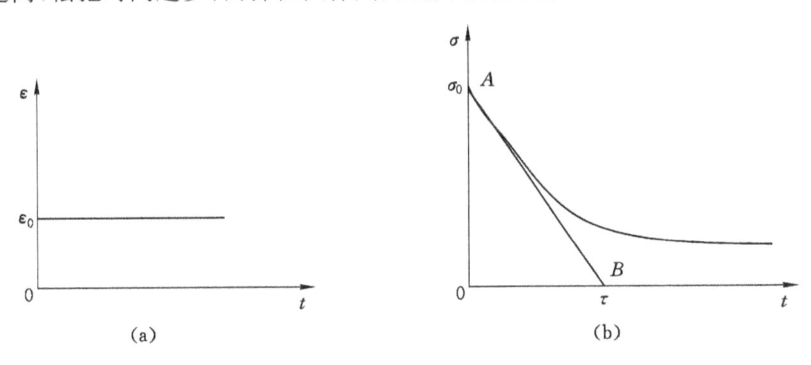

图3.11　Maxwell模型的松弛曲线

由此可见，麦克斯韦模型具有瞬时变形、蠕变和松弛的性质，可模拟变形随时间增长而无限增大的力学介质。

例3.1　某聚合物受外力后，其形变按照下式发展

$$\varepsilon(t) = \frac{\sigma_0}{E}(1 - e^{-\frac{t}{\tau}}) \tag{3.31}$$

式中，σ_0 为最大应力，$E(t)$ 为拉伸到 t 时的模量。已知对聚合物加外力8 s后，其应变为极限应变值的 $\dfrac{1}{3}$。求此聚合物的松弛时间。

解　由于

$$\varepsilon(t) = \frac{\sigma_0}{E}(1 - e^{-\frac{t}{\tau}})$$

当 $t = \infty$ 时，有

$$\varepsilon(\infty) = \frac{\sigma_0}{E(t)}$$

$$\varepsilon(t)=\varepsilon(\infty)(1-\mathrm{e}^{-t/\tau})$$

$$\frac{\varepsilon(t)}{\varepsilon(\infty)}=1-\mathrm{e}^{-t/\tau}$$

$$\frac{1}{3}=1-\mathrm{e}^{-8/\tau}$$

可得

$$t=20\ \mathrm{s}$$

3.3 Kelvin 固体模型

Kelvin(开尔文) 模型(图 3.12) 是由一个弹簧和一个黏壶并联而成的，又称为 Kelvin-Voigt(开尔文-沃伊特) 模型。

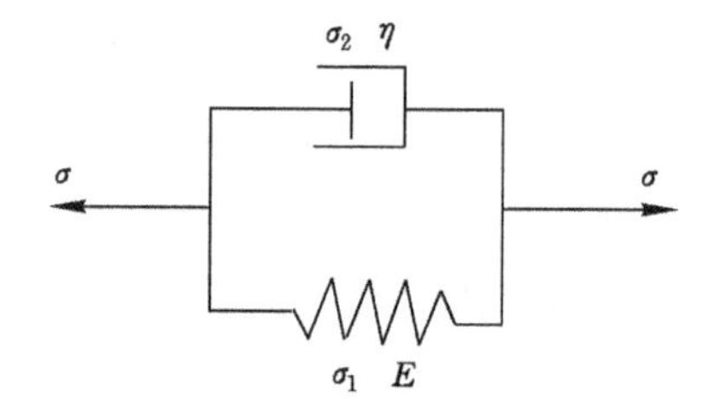

图 3.12 Kelvin 模型

设弹簧和黏性元件的应力、应变分别为 σ_1、ε_1 和 σ_2、ε_2 的组合模型的总应力、总应变分别为 σ 和 ε。

根据图 3.12 Kelvin 模型可知，两个元件的应变分别等于模型的应变，而模型的总应力等于两个元件的应力之和，即

$$\varepsilon_1=\varepsilon_2=\varepsilon \tag{3.32}$$

$$\sigma_1+\sigma_2=\sigma \tag{3.33}$$

对于弹簧，其应力-应变关系为：

$$\sigma_1=E\varepsilon_1=E\varepsilon \tag{3.34}$$

对于阻尼元件，其应力-应变关系为：

$$\sigma_2=\eta\frac{\mathrm{d}\varepsilon_2}{\mathrm{d}t}=\eta\frac{\mathrm{d}\varepsilon}{\mathrm{d}t} \tag{3.35}$$

将式(3.34)、式(3.35) 代入式(3.33) 可得：

$$\sigma=E\varepsilon+\eta\frac{\mathrm{d}\varepsilon}{\mathrm{d}t} \tag{3.36a}$$

或

$$\sigma=q_0\varepsilon+q_1\frac{\mathrm{d}\varepsilon}{\mathrm{d}t} \tag{3.36b}$$

其中 $q_0=E$，$q_1=\eta$，均为材料参数。

公式(3.36) 即为 Kelvin 模型的应力-应变微分关系，也称为 Kelvin 本构关系。在材料给定的情况下，可根据该微分关系分析材料的蠕变、回复及应力松弛现象。

3.3.1　蠕变

当作用的 σ 保持不变，即 $\sigma = \sigma_0 =$ 常数，有 $\frac{\mathrm{d}\sigma}{\mathrm{d}t} = 0$ 时，代入式(3.36) 得：

$$\sigma_0 = E\varepsilon + \eta \frac{\mathrm{d}\varepsilon}{\mathrm{d}t} \tag{3.37}$$

对上式进行积分，则可得其通解为：

$$\varepsilon(t) = \frac{\sigma_0}{E} + C\mathrm{e}^{-\frac{E}{\eta}t} \tag{3.38}$$

如令 $\tau_{\mathrm{d}} = \frac{\eta}{E}$，则式(3.38) 可写为

$$\varepsilon(t) = \frac{\sigma_0}{E} + C\mathrm{e}^{-\frac{t}{\tau_{\mathrm{d}}}} \tag{3.39}$$

材料蠕变的初始条件为：在加载瞬间，黏性元件不发生变形，即当 $t = 0$ 时，$\varepsilon(0) = \varepsilon_0 = 0$。

根据初始条件，$\varepsilon(0^-) = 0$，由式(3.38)，$\varepsilon(0^+)$ 为一定值，则有当 $t = 0$ 时，$\dot{\varepsilon} \to \infty$，这与式(3.37) 相矛盾，因此必有 $\varepsilon(0^+) = 0$。代入式(3.38)，可求得 $C = -\frac{\sigma_0}{E}$，因此 Kelvin 模型的蠕变方程为

$$\varepsilon = \frac{\sigma_0}{E}(1 - \mathrm{e}^{-\frac{t}{\tau_{\mathrm{d}}}}) \tag{3.40}$$

由此可知，应变随着时间的增加而增加，当 $t \to \infty$ 时，$\varepsilon \to \frac{\sigma_0}{E}$，与弹性固体的性质相似。因此，Kelvin 模型所描述的材料也称为 Kelvin 固体，但是 Kelvin 固体没有瞬时弹性，而是按照 $\frac{\mathrm{d}\varepsilon}{\mathrm{d}t} = \frac{\sigma_0}{\eta}\mathrm{e}^{-\frac{t}{\tau_{\mathrm{d}}}}$ 的变化规律发生形变，逐渐趋向于 $\frac{\sigma_0}{E}$。

另外，初始的应变率为 $\frac{\mathrm{d}\varepsilon(0)}{\mathrm{d}t} = \frac{\sigma_0}{\eta}$，如果按此应变率发生变形，则如图 3.13(b) 中 OA 所示，当 $t = \frac{\eta}{E}$ 时，应变达到 $\frac{\sigma_0}{E}$，通常称 $\tau_{\mathrm{d}} = \frac{\eta}{E}$ 为延滞时间或延迟时间。

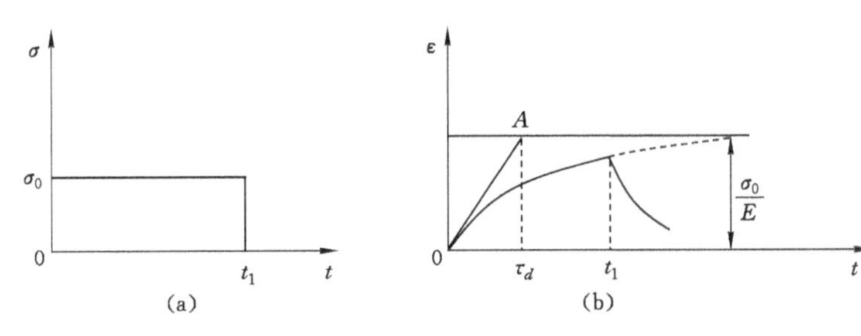

图 3.13　Kelvin 模型的蠕变曲线

3.3.2　回复

公式(3.40) 给出在恒定应力 σ_0 作用下任一时刻 t 的应变值，当 $t = t_1$ 时，则有

$$\varepsilon(t)=\frac{\sigma_0}{E}(1-e^{-\frac{t}{\tau_d}}) \tag{3.41}$$

若在 $t=t_1$ 时卸载，即令 $\sigma_0=0$，由图 3.13 可知，应变开始减小回复至某一数值。

由本构方程(3.36b) 可知，卸载后可得描述 Kelvin 模型回复过程的方程为

$$E\varepsilon+\eta\frac{d\varepsilon}{dt}=0 \quad (t\geqslant t_1) \tag{3.42}$$

其通解为：

$$\varepsilon(t)=Ce^{-\frac{t}{\tau_d}} \tag{3.43}$$

由回复初始条件式(3.41) 可知

$$\frac{\sigma_0}{E}(1-e^{-\frac{t}{\tau_d}})=Ce^{-\frac{t}{\tau_d}} \tag{3.44}$$

可得

$$C=\varepsilon_{t_1}e^{\frac{t_1}{\tau_d}} \tag{3.45}$$

代入式(3.43)，可得卸载曲线：

$$\varepsilon(t)=\varepsilon_{t_1}e^{\frac{(t_1-t)}{\tau_d}} \tag{3.46}$$

即

$$\varepsilon(t)=\frac{\sigma_0}{E}(e^{\frac{t_1}{\tau_d}}-1)e^{-\frac{t}{\tau_d}} \tag{3.47}$$

当 $t\to\infty$ 时，有 $\varepsilon\to 0$，与弹性固体的性质相似，即卸载后，变形慢慢恢复到 0(弹性后效)。

式(3.47) 可以由两个不同时间开始的蠕变过程叠加而得，即在式(3.40) 表示的蠕变过程中，叠加一个在 $t=t_1$ 时刻开始作用的 $-\sigma_0H(t-t_1)$ 所产生的蠕变。此蠕变可根据式(3.47) 表示为

$$\varepsilon(t)=-\frac{\sigma_0}{E}(1-e^{-\frac{(t-t_1)}{\tau_d}}) \tag{3.48}$$

将公式(3.48) 和公式(3.40) 叠加后即可得到回复过程中的应变-时间曲线。

在上述分析结果中，虽然当 $t\geqslant t_1$ 时，应力为零，但材料中的应变并不为零，其与时间有关，和加载历史息息相关。

3.3.3 应力松弛

Kelvin 模型本构方程为：

$$\sigma=E\varepsilon+\eta\frac{d\varepsilon}{dt} \tag{3.49}$$

由图 3.14 可见，当 ε 保持不变，即 $\varepsilon=\varepsilon_0=$ 常数时，若 $t>0$，$\frac{d\varepsilon}{dt}=0$，代入 Kelvin 模型本构方程可得

$$\sigma=E\varepsilon_0 \tag{3.50}$$

由此可见，Kelvin 模型不表现应力松弛过程，因为阻尼器发生变形需要时间，要有应变率 $\frac{d\varepsilon}{dt}\neq 0$，才有应力 σ，所以当应变维持常数时，$\frac{d\varepsilon}{dt}=0$，阻尼器不受力，全部应力最终由弹簧承担($\sigma=E\varepsilon_0$)，应变就停止发展了。该模型反映了弹性后效现象和稳定蠕变性质。

另外，若作用一阶跃应变 $\varepsilon_0 H(t)$，则 $\frac{\mathrm{d}\varepsilon(t)}{\mathrm{d}t} = \varepsilon_0 \delta(t)$，由应力应变关系可得：

$$\sigma = E\varepsilon_0 H(t) + \eta\varepsilon_0\delta(t) \tag{3.51}$$

其中，等号右边第一项表示弹簧所受的应力，第二项则表示 $t = 0$ 时有无限大的应力脉冲。因此在 $t = 0$ 时突加应变 ε_0，对 Kelvin 模型并没有力学意义。

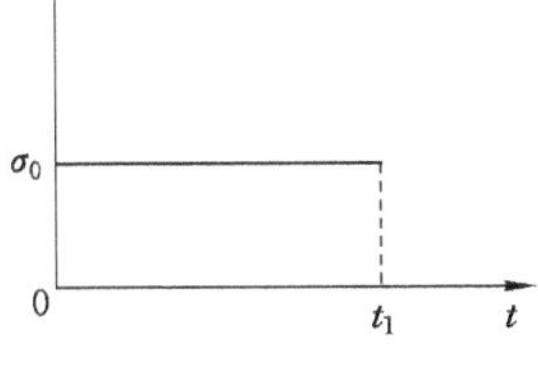

图 3.14　恒应变作用

由上述分析可知，Maxwell 模型能体现松弛现象，但不表示蠕变，只有稳态的流动；而 Kelvin 模型可体现蠕变过程，却不能表示应力松弛。同时，它们反映的松弛或蠕变过程都只是时间的一个指数函数，而大多数聚合物等材料的流变过程均较为缓慢，因此为了更好地描述实际材料的黏弹性性质，常应用更多的基本元件组合成其他模型。

3.4　三参量固体

单独两个弹簧串联或并联均可以由一个等效的弹簧所代替，因此一般模型都应避免出现两个弹簧或阻尼器单独串联或并联的情况。三参量固体又称为标准线性固体，它的模型通常由一个 Kelvin 模型和一个弹簧串联而成，如图 3.15 所示。

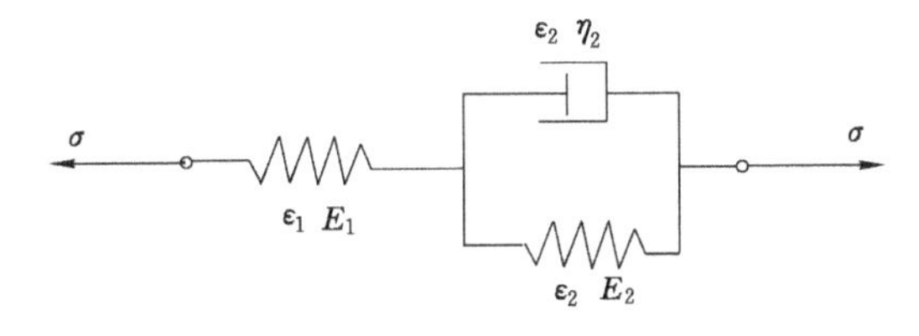

图 3.15　弹簧与 Kelvin 模型串联

在两串联部分，应力 σ 是一样的，而总应变 ε 为两部分之和，即

$$\varepsilon = \varepsilon_1 + \varepsilon_2 \tag{3.52}$$

对于弹簧有：

$$\sigma = E_1\varepsilon_1 \tag{3.53}$$

对于 Kelvin 模型，其本构方程为：

$$\sigma = E_2\varepsilon_2 + \eta_2 \frac{\mathrm{d}\varepsilon_2}{\mathrm{d}t} \tag{3.54}$$

为了消去 ε_1 和 ε_2，对式(3.52) 微分可得

$$\frac{\mathrm{d}\varepsilon}{\mathrm{d}t} = \frac{\mathrm{d}\varepsilon_1}{\mathrm{d}t} + \frac{\mathrm{d}\varepsilon_2}{\mathrm{d}t} \tag{3.55}$$

对式(3.53) 和式(3.54) 微分代入上式可得

$$\begin{aligned} \frac{\mathrm{d}\varepsilon}{\mathrm{d}t} &= \frac{1}{E_1}\frac{\mathrm{d}\sigma}{\mathrm{d}t} + \frac{\sigma - E_2\varepsilon_2}{\eta_2} \\ &= \frac{1}{E_1}\frac{\mathrm{d}\sigma}{\mathrm{d}t} + \frac{\sigma}{\eta_2} - \frac{E_2}{\eta_2}\left(\varepsilon - \frac{\sigma}{E_1}\right) \end{aligned}$$

$$= \frac{1}{E_1}\frac{d\sigma}{dt} + \frac{\sigma}{\eta_2} - \frac{E_2\varepsilon}{\eta_2} + \frac{E_2\sigma}{E_1\eta_2} \tag{3.56}$$

即

$$E_1\eta_2\frac{d\varepsilon}{dt} + E_1E_2\varepsilon = (E_1 + E_2)\sigma + \eta_2\frac{d\sigma}{dt} \tag{3.57}$$

或写作

$$\sigma + p_1\frac{d\sigma}{dt} = q_0\varepsilon + q_1\frac{d\varepsilon}{dt} \tag{3.58}$$

其中，$p_1 = \dfrac{\eta_2}{E_1 + E_2}$；$q_0 = \dfrac{E_1E_2}{E_1 + E_2}$；$q_1 = \dfrac{E_1\eta_2}{E_1 + E_2}$。

式(3.58)即为三参量固体的本构方程。

为了讨论模型的蠕变行为，考虑恒定应力 $\sigma(t) = \sigma_0 H(t)$ 的作用，根据拉氏变换及逆变换，可得此三参量固体的应变，可表示为

$$\varepsilon(t) = \frac{\sigma_0}{E_2} + \frac{\sigma_0}{E_1}(1 - e^{-\frac{t}{\tau_1}}) \tag{3.59}$$

其中 $\tau_1 = \dfrac{E_1}{\eta_1}$。可见三参量固体有瞬时弹性和平衡态的渐近值：

$$\varepsilon(0) = \frac{\sigma_0}{E_2} \tag{3.60}$$

$$\varepsilon(\infty) = \frac{E_1 + E_2}{E_1E_2}\sigma_0 \equiv \frac{\sigma_0}{E_\infty} \tag{3.61}$$

三参量固体的蠕变表达式(3.59)，实际上是由弹簧和 Kelvin 两模型的应变相加而得的，如图 3.16 所示。

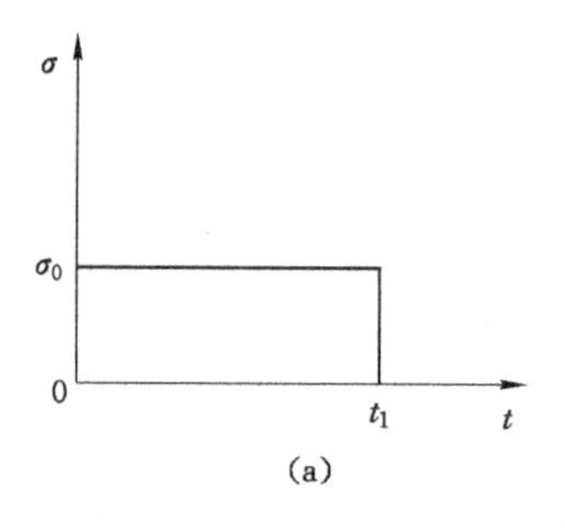

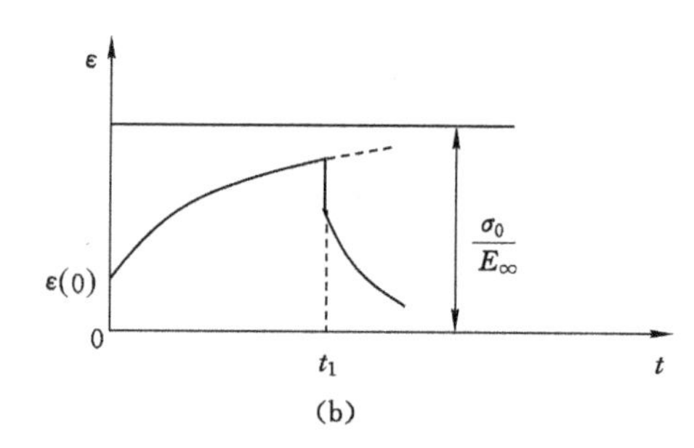

图 3.16　三参量固体的蠕变曲线

在 $t = t_1$ 时刻作用一个应力 $-\sigma_0 H(t - t_1)$，则它所产生的应变响应为

$$\varepsilon'(t) = \frac{-\sigma_0}{E_\infty} + \frac{\sigma_0}{E_1}(1 - e^{-\frac{(t-t_1)}{\tau_1}}) \tag{3.62}$$

因此，在 $t = t_1$ 时刻卸除应力后，回复过程的应变为

$$\varepsilon''(t) = \varepsilon(t) + \varepsilon'(t) = \frac{\sigma_0}{E_1}(e^{-\frac{(t-t_1)}{\tau_1}} - e^{-\frac{t}{\tau_1}}) \tag{3.63}$$

值得注意的是，此应变与描述 Kelvin 体回复过程相似。这是因为单个弹簧的瞬时应变 $\dfrac{\sigma_0}{E_2}$ 消失以后，三参量固体模型已等效于 Kelvin 模型。

为了讨论应力松弛现象，作用一阶跃应变 $\varepsilon(t) = \varepsilon_0 H(t)$，通过拉氏变换和逆变换可知应力松弛过程中应力表达式为

$$\sigma(t) = E_2\varepsilon_0 - \frac{E_1 E_2 \varepsilon_0}{E_1 + E_2}(1 - \mathrm{e}^{-\frac{t}{p_1}}) \tag{3.64}$$

其中 $p_1 = \dfrac{\eta_1}{E_1 + E_2}$，是反映材料松弛特性的参量。可见当 $t = 0^+$ 时，$\sigma(0^+) = E_2\varepsilon_0$，当 $t = \infty$ 时，$\sigma(\infty) = \dfrac{E_1 E_2 \varepsilon_0}{E_1 + E_2} \equiv E_\infty \varepsilon_0$，为稳态应力，均呈现固体的特性。

另外，三参量模型也可由一个 Maxwell 模型和一个弹簧并联而成，如图 3.17 所示，

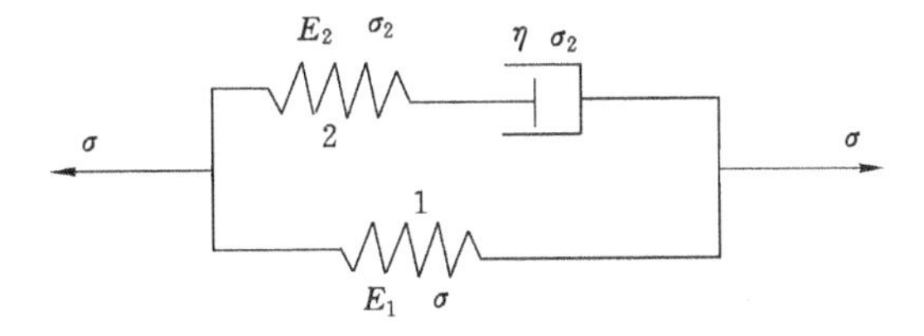

图 3.17　弹簧与 Maxwell 模型并联

由模型可见，两并联部分 ε 相同，而应力为两并联部分之和，即

$$\sigma = \sigma_1 + \sigma_2 \tag{3.65}$$

Maxwell 模型之伸长 ε 由弹簧应变 ε' 和阻尼器应变 ε'' 共同构成，即

$$\varepsilon = \varepsilon' + \varepsilon'' \tag{3.66}$$

下面分别给出各元件的应力-应变关系。

弹簧 1：

$$\sigma_1 = E_1\varepsilon \tag{3.67}$$

弹簧 2：

$$\sigma_2 = E_2\varepsilon' \tag{3.68}$$

阻尼器：

$$\sigma_2 = \eta_2 \frac{\mathrm{d}\varepsilon''}{\mathrm{d}t} \tag{3.69}$$

因为：

$$\frac{\mathrm{d}\varepsilon}{\mathrm{d}t} = \frac{\mathrm{d}\varepsilon'}{\mathrm{d}t} + \frac{\mathrm{d}\varepsilon''}{\mathrm{d}t} \tag{3.70}$$

根据式(3.69) 和式(3.70)，有

$$\begin{aligned}\sigma_2 &= \eta_2 \frac{\mathrm{d}\varepsilon''}{\mathrm{d}t} = \eta_2\left(\frac{\mathrm{d}\varepsilon}{\mathrm{d}t} - \frac{\mathrm{d}\varepsilon'}{\mathrm{d}t}\right) \\ &= \eta_2 \frac{\mathrm{d}\varepsilon}{\mathrm{d}t} - \eta_2 \frac{\mathrm{d}\varepsilon'}{\mathrm{d}t} \\ &= \eta_2 \frac{\mathrm{d}\varepsilon}{\mathrm{d}t} - \eta_2 \frac{1}{E_2}\frac{\mathrm{d}\sigma_2}{\mathrm{d}t} \\ &= \eta_2 \frac{\mathrm{d}\varepsilon}{\mathrm{d}t} - \frac{\eta_2}{E_2}\left(\frac{\mathrm{d}\sigma}{\mathrm{d}t} - E_1\frac{\mathrm{d}\varepsilon}{\mathrm{d}t}\right)\end{aligned} \tag{3.71}$$

因此有：

$$\sigma=\sigma_1+\sigma_2=E_1\varepsilon+\eta_2\frac{d\varepsilon}{dt}-\frac{\eta_2}{E_2}\frac{d\sigma}{dt}+\frac{E_1}{E_2}\eta_2\frac{d\varepsilon}{dt} \tag{3.72}$$

上式乘以$\frac{E_2}{\eta_2}$，化简得

$$\frac{d\sigma}{dt}+\frac{E_2}{\eta_2}\sigma=(E_1+E_2)\frac{d\varepsilon}{dt}+\frac{E_1E_2}{\eta_2}\varepsilon \tag{3.73}$$

式(3.73)即弹簧与 Maxwell 模型并联后的三参量模型的本构方程。方程(3.58)和式(3.73)分别为两种模型所描述材料的本构方程。

3.5 蠕变柔量与松弛模量

材料基本模型的蠕变或松弛过程表明，应变或应力响应都可表示为时间的函数，它反映了材料受到简单载荷作用时的黏弹性力学行为。由此可定义两个重要的函数——蠕变函数和松弛函数，又称为蠕变柔量和松弛模量。

线黏弹性材料在 $\sigma(t)=\sigma_0H(t)$ 的作用下，随时间而变化的应变响应可表示为

$$\varepsilon(t)=J(t)\sigma_0 \tag{3.74}$$

式中，$J(t)$ 称为蠕变柔量。它表示单位应力作用下 t 时刻的应变值，一般是随时间而单调增加的函数。根据前述内容，可得出几个基本模型的蠕变柔量如下：

对于 Maxwell 模型，蠕变柔量为：

$$J(t)=\frac{1}{E}+\frac{t}{\eta} \tag{3.75}$$

对于 Kelvin 模型，蠕变柔量为：

$$J(t)=\frac{1}{E}(1-e^{-\frac{t}{\tau_d}}) \tag{3.76}$$

对于三参量固体模型，蠕变柔量为：

$$J(t)=\frac{1}{E_2}+\frac{1}{E_1}(1-e^{-\frac{t}{\tau_1}}) \tag{3.77}$$

当我们研究应力松弛时，作用一恒应变 ε_0 后的应力响应表示为：

$$\sigma(t)=Y(t)\sigma_0 \tag{3.78}$$

这里引进的 $Y(t)$ 称为松弛模量。它表示单位应变作用时的应力，一般是随时间增加而减小的函数。前面所述几个模型的松弛函数可分别表示如下：

对于 Maxwell 模型，松弛函数为：

$$\sigma=E\varepsilon_0e^{-\frac{t}{p_1}} \tag{3.79}$$

对于 Kelvin 模型，松弛函数为：

$$\sigma=E\varepsilon_0H(t)+\eta\varepsilon_0\delta(t) \tag{3.80}$$

对于三参量固体模型，松弛函数为：

$$\sigma=E_2\varepsilon_0-\frac{E_1E_2\varepsilon_0}{E_1+E_2}(1-e^{-\frac{t}{p_1}}) \tag{3.81}$$

作为特例，弹性固体和黏性流体的松弛模量分别是 E 和 $\eta\delta(t)$。若干简单模型的本构方程及一些黏弹性性能可参见表 3.1。

表 3.1　几种模型的蠕变柔量和松弛模量

模型	名称	本构关系微分方程	蠕变柔量	松弛模量
	弹性固体	$\sigma=q_0\varepsilon$	$\frac{1}{q_0}$	q_0
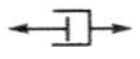	黏性液体	$\sigma=\eta\dot{\varepsilon}$	$\frac{t}{\eta}$	$\eta\delta(t)$
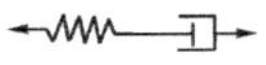	Maxwell 液体	$\sigma+p_1\dot{\sigma}=q_1\dot{\varepsilon}$，其中 $p_1=\frac{\eta}{E}$，$q_1=\eta$	$\frac{1}{E}+\frac{t}{\eta}$	$\frac{q_1}{p_1}e^{-\frac{t}{p_1}}$
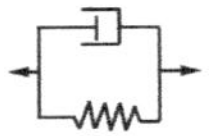	Kelvin 固体	$\sigma=q_0\varepsilon+q_1\dot{\varepsilon}$，其中 $q_0=E$，$q_1=\eta$	$\frac{1}{E}(1-e^{-\frac{Et}{\eta}})$	$q_0+q_1\delta(t)$
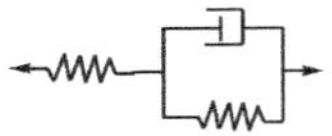	三元件固体	$\sigma+p_1\dot{\sigma}=q_0\varepsilon+q_1\dot{\varepsilon}$ 其中 $p_1=\frac{\eta_1}{E_1+E_2}$，$q_0=\frac{E_1E_2}{E_1+E_2}$，$q_1=\frac{E_2\eta_1}{E_1+E_2}$	$-\frac{1}{E_2}+\frac{1}{E_1}(1-e^{-\frac{t}{\tau_1}})$，其中 $\tau_1=\frac{\eta_1}{E_1}$	$\frac{q_1}{p_1}e^{-\frac{t}{p_1}}+q_0(1-e^{-\frac{t}{p_1}})$
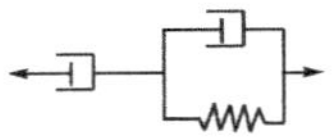	三元件液体	$\sigma+p_1\dot{\sigma}=q_1\dot{\varepsilon}+q_2\ddot{\varepsilon}$	$\frac{t}{q_1}+\frac{p_1q_1-q_2}{q_1^2}(1-e^{-\lambda t})+\frac{p_2}{q_2}e^{-\lambda t}$，其中 $\lambda=\frac{q_1}{q_2}$	$\frac{q_2}{p_1}\delta(t)+\frac{1}{p_1}\left(q_1-\frac{q_2}{p_1}\right)e^{-\frac{t}{p_1}}$
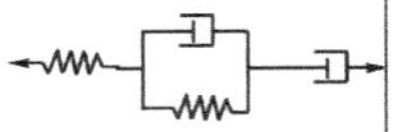	四元件液体	$\sigma+p_1\dot{\sigma}+p_2\ddot{\sigma}=q_1\dot{\varepsilon}+q_2\ddot{\varepsilon}$ 其中 $p_1=\frac{\eta_2}{E_1}+\frac{\eta_2+\eta_3}{E_3}$， $p_2=\frac{\eta_2\eta_3}{E_1E_3}$， $q_1=\eta_2$，$q_2=\frac{\eta_2\eta_3}{E_3}$	$\frac{1}{E_1}+\frac{t}{\eta_2}+\frac{1}{E_3}(1-e^{-\frac{t}{\tau}})$，其中 $\tau=\frac{\eta_3}{E_3}$	$\frac{1}{\sqrt{p_1^2-4p_2}}[(q_1-\alpha q_2)e^{-\alpha t}-(q_1-\beta q_2)e^{-\beta t}]$ 其中，$\alpha=\frac{1}{2p_2}(p_1+\sqrt{p_1^2-4p_2})$， $\beta=\frac{1}{2p_2}(p_1-\sqrt{p_1^2-4p_2})$
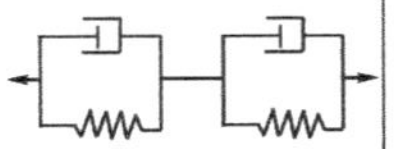	四元件固体	$\sigma+p_1\sigma=q_0\varepsilon+q_1\dot{\varepsilon}+q_2\ddot{\varepsilon}$	$\frac{1-p_1\lambda_1}{q_2\lambda_1(\lambda_2-\lambda_1)}(1-e^{-\lambda_1 t})+$ $\frac{1-p_1\lambda_2}{q_2\lambda_2(\lambda_1-\lambda_2)}(1-e^{-\lambda_2 t})$ 其中 λ_1 和 λ_2 为下面方程的根：$q_2\lambda^2-q_1\lambda+q_0=0$	$\frac{q_2}{p_1}\delta(t)+\frac{q_1p_1-q_2}{p_1^2}-$ $\frac{1}{p_1^2}(q_1p_1-q_0p_1^2-q_2)(1-e^{-\frac{t}{p_1}})$

对于实际工程材料，其函数 $Y(t)$ 和 $J(t)$ 的确定往往是比较复杂的。例如，有学者在论述生物软组织受简单拉伸的应力-应变关系时，引进折减松弛函数。若伸长度自 1 到 λ，则应力将是时间和伸长变形(真) 的函数：

$$K(\lambda, t) = G(t) T^{e}(\lambda) \tag{3.82}$$

其中，$K(\lambda, t)$ 称为松弛函数；$G(t)$ 称为折减松弛函数；仅与变形量有关的 $T^{e}(\lambda)$ 称为弹性响应。

3.6 广义 Maxwell 和 Kelvin 模型

由上节可知，多个 Maxwell 模型串联后的性质与单个 Maxwell 模型相同，其本构关系为

$$\frac{\mathrm{d}\varepsilon}{\mathrm{d}t} = \frac{\mathrm{d}\sigma}{\mathrm{d}t}\sum_{i=1}^{n}\frac{1}{E_i} + \sigma\sum_{i=1}^{n}\frac{1}{\eta_i} \tag{3.83}$$

式中，n 为串联的 Maxwell 单元数，E_i 和 η_i 分别为第 i 个单元弹簧的弹性模量和阻尼器的黏性系数。

如果若干个 Kelvin 模型并联，也呈现单一 Kelvin 模型的性能，其本构方程为

$$\sigma = \varepsilon\sum_{i=1}^{n}E_i + \frac{\mathrm{d}\varepsilon}{\mathrm{d}t}\sum_{i=1}^{n}\eta_i \tag{3.84}$$

除了上节三元件组成的黏弹性模型外，当然还可以有更多的元件组合。图 3.18 所示为几种四元件组合方式。

图 3.18(a) 为 Maxwell 模型和 Kelvin 模型串联，称为 Burgers 模型。显然，系统变形包括三部分：弹性变形 ε_1、黏性流变 ε_2 和黏弹性变形 ε_3。系统总应变与各元件应变之间有如下关系：

$$\varepsilon = \varepsilon_1 + \varepsilon_2 + \varepsilon_3 \tag{3.85}$$

而应力 σ 在三个串联环节是相等的，即

$$\sigma = E_1\varepsilon_1 + \eta_2\frac{\mathrm{d}\varepsilon_2}{\mathrm{d}t} = E_3\varepsilon_3 + \eta_3\frac{\mathrm{d}\varepsilon_3}{\mathrm{d}t} \tag{3.86}$$

利用上面的关系，消掉 $\varepsilon_1, \varepsilon_2, \varepsilon_3$，即可得到三个串联环节应力-应变的本构关系

$$\frac{\mathrm{d}\varepsilon_1}{\mathrm{d}t} = \frac{1}{E_1}\frac{\mathrm{d}\sigma}{\mathrm{d}t} \tag{3.87}$$

$$\frac{\mathrm{d}\varepsilon_2}{\mathrm{d}t} = \frac{\sigma}{\eta_2} \tag{3.88}$$

$$\frac{\mathrm{d}\varepsilon_3}{\mathrm{d}t} = \frac{\sigma}{\eta_3} - \frac{E_3}{\eta_3}\varepsilon_3 \tag{3.89}$$

因为

$$\varepsilon_3 = \varepsilon - \varepsilon_1 - \varepsilon_2 \tag{3.90}$$

所以

$$\begin{aligned}\frac{\mathrm{d}^2\varepsilon_3}{\mathrm{d}t^2} &= \frac{1}{\eta_3}\frac{\mathrm{d}\sigma}{\mathrm{d}t} - \frac{E_3}{\eta_3}\frac{\mathrm{d}\varepsilon_3}{\mathrm{d}t} \\ &= \frac{1}{\eta_3}\frac{\mathrm{d}\sigma}{\mathrm{d}t} - \frac{E_3}{\eta_3}\left(\frac{\mathrm{d}\varepsilon}{\mathrm{d}t} - \frac{\mathrm{d}\varepsilon_1}{\mathrm{d}t} - \frac{\mathrm{d}\varepsilon_2}{\mathrm{d}t}\right) \\ &= \frac{1}{\eta_3}\frac{\mathrm{d}\sigma}{\mathrm{d}t} - \frac{E_3}{\eta_3}\left(\frac{\mathrm{d}\varepsilon}{\mathrm{d}t} - \frac{1}{E_1}\frac{\mathrm{d}\sigma}{\mathrm{d}t} - \frac{\sigma}{\eta_2}\right)\end{aligned} \tag{3.91}$$

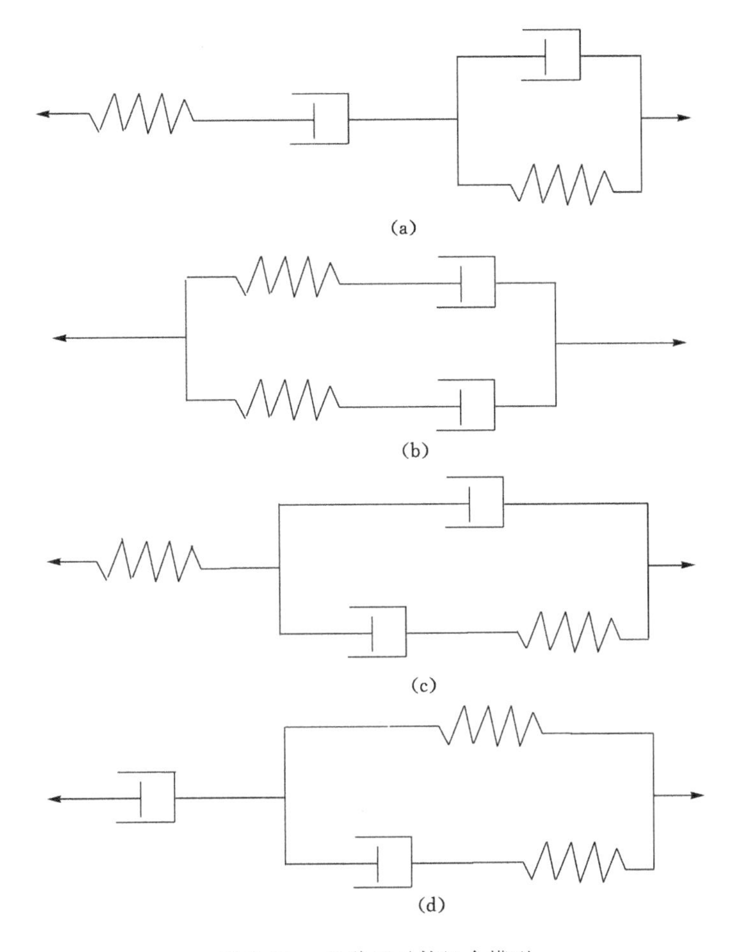

图 3.18　几种四元件组合模型

则

$$\frac{\mathrm{d}^2\varepsilon}{\mathrm{d}t^2}=\frac{\mathrm{d}^2\varepsilon_1}{\mathrm{d}t^2}+\frac{\mathrm{d}^2\varepsilon_2}{\mathrm{d}t^2}+\frac{\mathrm{d}^2\varepsilon_3}{\mathrm{d}t^2}$$

$$=\frac{1}{E_1}\frac{\mathrm{d}^2\sigma}{\mathrm{d}t^2}+\frac{1}{\eta_2}\frac{\mathrm{d}\sigma}{\mathrm{d}t}+\frac{1}{\eta_3}\frac{\mathrm{d}\sigma}{\mathrm{d}t}-\frac{E_3}{\eta_3}\left(\frac{\mathrm{d}\varepsilon}{\mathrm{d}t}-\frac{1}{E_1}\frac{\mathrm{d}\sigma}{\mathrm{d}t}-\frac{\sigma}{\eta_2}\right) \tag{3.92}$$

整理后可得

$$\frac{\mathrm{d}^2\sigma}{\mathrm{d}t^2}+\left(\frac{E_1}{\eta_2}+\frac{E_1}{\eta_3}+\frac{E_3}{\eta_3}\right)\frac{\mathrm{d}\sigma}{\mathrm{d}t}+\frac{E_1E_3}{\eta_2\eta_3}\sigma=E_1\frac{\mathrm{d}^2\varepsilon}{\mathrm{d}t^2}+\frac{E_1E_3}{\eta_3}\frac{\mathrm{d}\varepsilon}{\mathrm{d}t} \tag{3.93}$$

或写作

$$\sigma+p_1\frac{\mathrm{d}\sigma}{\mathrm{d}t}+p_2\frac{\mathrm{d}^2\sigma}{\mathrm{d}t^2}=q_1\frac{\mathrm{d}\varepsilon}{\mathrm{d}t}+q_2\frac{\mathrm{d}^2\varepsilon}{\mathrm{d}t^2} \tag{3.94}$$

其中，$p_1=\frac{\eta_3}{E_3}+\frac{\eta_2}{E_3}+\frac{\eta_2}{E_1}$，$p_2=\frac{\eta_2\eta_3}{E_1E_3}$，$q_1=\eta_2$，$q_2=\frac{\eta_2\eta_3}{E_3}$。

上式即为 Burgers 模型的本构方程，它代表一种四参量流体，虽然这个模型所体现的黏弹性行为与实际材料仍不太符合，但它可以表示非晶态聚合物黏弹性行为的主要特征，乃至可以近似地描述金属材料蠕变曲线的前两个阶段。总之组成的元件越多就越能更加逼真地描述实际黏弹材料的特性，而组成形式也越复杂。对于定性地研究一般标准线性黏弹性固体，多采用三元件或四元件的组合模型。

对于某种黏弹性材料，常组合成特定的模型。多个 Maxwell 单元并联或多个 Kelvin 单元串联所组成的模型，可以表示材料比较复杂的性质，这就是图 3.19、图 3.20 分别所示的广义 Maxwell 模型和广义 Kelvin 模型，后者有时也称为 Kelvin 链。

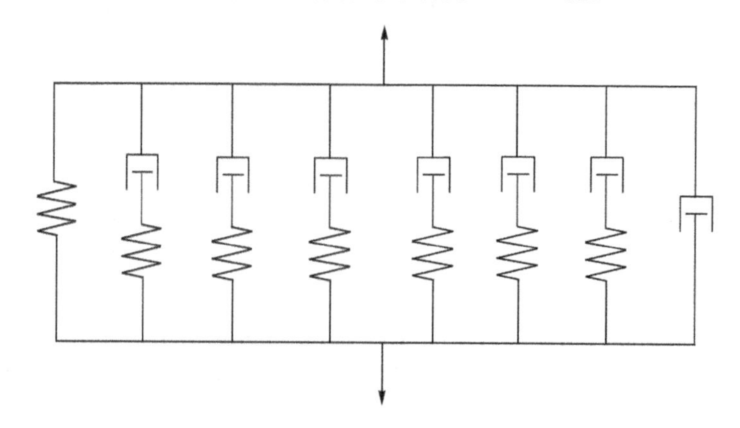

图 3.19　广义 Maxwell 模型

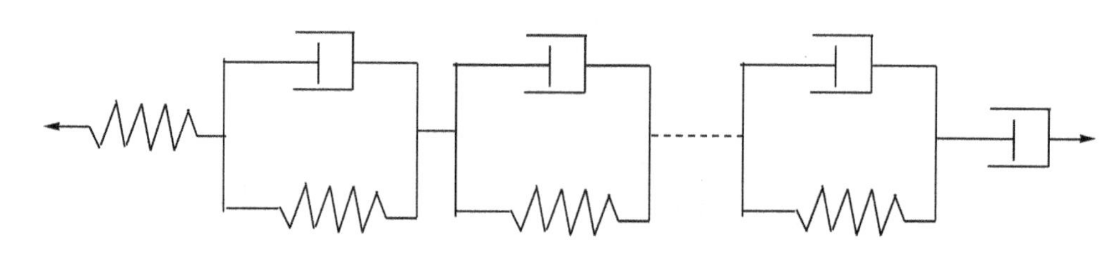

图 3.20　广义 Kelvin 模型

利用微分算子，用导出式(3.92) 的方法，可得这种一般模型的本构方程。例如，对于 Kelvin 链，设第 i 个 Kelvin 单元中弹簧的弹性模量和阻尼器的黏性系数分别为 E_i 和 η_i，该单元的应变为 ε_i，则由 Kelvin 模型本构 $\sigma = E\varepsilon + \eta \frac{\mathrm{d}\varepsilon}{\mathrm{d}t}$ 有：

$$\sigma_i = E_i\varepsilon_i + \eta_i \frac{\mathrm{d}\varepsilon_i}{\mathrm{d}t} \tag{3.95}$$

由此可得

$$\varepsilon_i = \frac{\sigma}{E_i + \eta_i D} \tag{3.96}$$

由 n 个 Kelvin 单元组成的广义 Kelvin 模型的总应变为

$$\varepsilon = \sum_{i=1}^{n}\varepsilon_i = \sum_{i=1}^{n}\frac{\sigma}{E_i + \eta_i D} \tag{3.97}$$

将此式展开整理后可得一般模型的本构方程为：

$$p_0\sigma + p_1\frac{\mathrm{d}\sigma}{\mathrm{d}t} + p_2\frac{\mathrm{d}^2\sigma}{\mathrm{d}t^2} + \cdots = q_0\varepsilon + q_1\frac{\mathrm{d}\varepsilon}{\mathrm{d}t} + q_2\frac{\mathrm{d}^2\varepsilon}{\mathrm{d}t^2} + \cdots \tag{3.98a}$$

即

$$\sum_{k=0}^{n} p_k\frac{\mathrm{d}^k\sigma}{\mathrm{d}t^k} = \sum_{k=0}^{n} q_k\frac{\mathrm{d}^k\varepsilon}{\mathrm{d}t^k} \tag{3.98b}$$

或
$$P\sigma = Q\varepsilon \tag{3.98c}$$
其中微分算子
$$P = \sum_{k=0}^{n} p_k \frac{\mathrm{d}^k}{\mathrm{d}t^k} \tag{3.99a}$$
$$Q = \sum_{k=0}^{n} q_k \frac{\mathrm{d}^k}{\mathrm{d}t^k} \tag{3.99b}$$

式(3.98)即为线黏弹性微分型本构方程的一般表达,其中 p_k 和 q_k 为材料常数,一般取 $p_0 = 1$。前面讲过的简单模型和基本元件的本构关系都是一般式(3.98)的特殊情形。例如(3.98a)左右两边各只取第一项,即为弹簧的应力-应变关系式。如果等式两边各取前三项,且 $p_0 = 1, q_0 = 0$ 便是四参量流体模型的本构方程(3.94)。

将微分方程(3.98)进行拉氏变换,并考虑 $t = 0^-$ 时,σ 和 ε 以及它们的各阶导数取零值的初始条件,或者说在 $t = 0$ 处满足光滑化假定,则得到代数方程为
$$\sum_{k=0}^{n} p_k s^k \bar{\sigma}(s) = \sum_{k=0}^{n} q_k s^k \bar{\varepsilon}(s) \tag{3.100a}$$
或
$$\bar{P}(s)\bar{\sigma}(s) = \bar{Q}(s)\bar{\varepsilon}(s) \tag{3.100b}$$
式中,s 为变换参量。p_k 和 q_k 与式(3.98)中的数值相同,决定于材料性质而与应力应变值无关。$\bar{P}$ 和 $\bar{Q}$ 是 s 的多项式:
$$\bar{P}(s) = \sum_{k=0}^{n} p_k s^k,\quad \bar{Q}(s) = \sum_{k=0}^{n} q_k s^k \tag{3.101}$$

为了求出蠕变柔量,将 $\sigma(t) = \sigma_0 H(t)$ 代入方程(3.100b),并考虑蠕变函数的定义式(3.74),得
$$\bar{\varepsilon}(s) = \frac{\bar{P}(s)}{\bar{Q}(s)} \frac{\sigma_0}{s} = \bar{J}(s)\sigma_0$$
其中 $\bar{J}(s)$ 即为蠕变柔量的象函数
$$\bar{J}(s) = \frac{\bar{P}(s)}{s\bar{Q}(s)} \tag{3.102a}$$

将此式做逆变换,便得到蠕变柔量
$$J(t) = F^{-1}[\bar{J}(s)] = F^{-1}[\bar{P}/(s\bar{Q})] \tag{3.102b}$$
为了得到松弛模量,令 $\varepsilon(t) = \varepsilon_0 H(t)$,并将 $\bar{\varepsilon}(s) = \varepsilon_0/s$ 代入式(3.100b),得
$$\bar{\sigma}(s) = \frac{\bar{Q}(s)}{\bar{P}(s)} \frac{\varepsilon_0}{s} = \bar{Y}(s)\varepsilon_0$$

因而
$$\bar{Y}(s) = \frac{\bar{Q}}{s\bar{P}} \tag{3.103a}$$

求逆变换得到
$$Y(t) = F^{-1}[\bar{Y}(s)] = F^{-1}[\bar{Q}/(s\bar{P})] \tag{3.103b}$$
根据蠕变柔量和松弛模量的变换关系式(3.102a)和式(3.103a),有
$$\frac{\bar{J}(s)}{\bar{Y}(s)} = \frac{1}{s^2} \tag{3.104}$$

这是蠕变柔量和松弛模量在拉氏象空间的数学关系，做逆变换后得到两函数关系式：

$$\int_0^t J(t-\zeta)Y(\zeta)\mathrm{d}\zeta = t \tag{3.105a}$$

$$\int_0^t J(\zeta)Y(t-\zeta)\mathrm{d}\zeta = t \tag{3.105b}$$

3.7 思考与练习

1. 试讨论 Kelvin 模型和 Maxwell 模型的蠕变、回复和应力松弛现象。
2. 试求图 3.21 所示两模型的应力应变关系，并讨论其蠕变、回复和应力松弛。

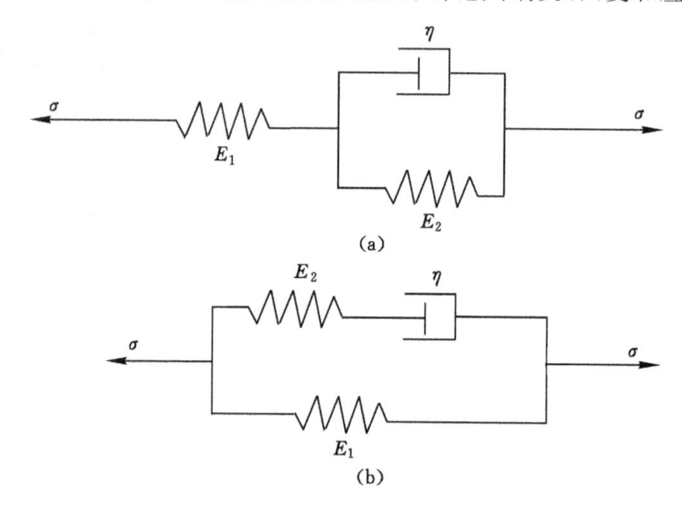

图 3.21 题 2 图

3. 试求图 3.22 所示模型的本构方程，并讨论它与图 3.21 所示材料的异同。

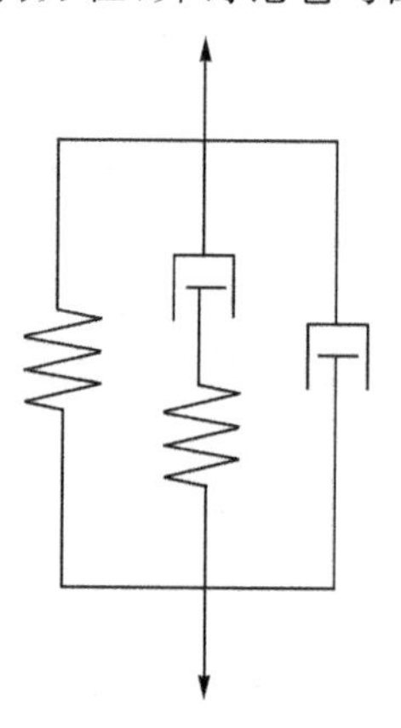

图 3.22 题 3 图

4. 试求 Kelvin 模型和 Maxwell 的蠕变柔量和松弛模量。
5. 设三参量固体受载为 $\sigma(t)=\sigma_0 H(t)$，试求其蠕变与回复方程。
6. 如图 3.23 所示，模型受应变率为 $\dot{\varepsilon}_0$ 的拉伸作用，试求其应力响应。

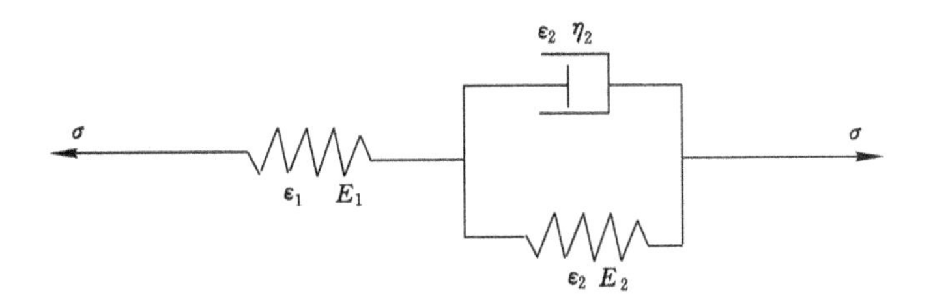

ε_2 η_2
σ
σ
ε_1 E_1
ε_2 E_2

图 3.23　题 6 图

第4章　积分型本构关系

4.1　概　述

黏弹性材料的微分方程是建立以弹簧和阻尼器为基础而组合成的不同需求的机械模型，具有物理意义明确、形式简单、直观的优点，在实际工程中发挥了巨大的作用。但是，用有限个弹簧和阻尼器的材料常数来描述材料的黏弹性时，相当于在数学中用有限个参数构建一条曲线来近似模拟材料的真实蠕变曲线或松弛曲线，而通过实验得出的蠕变曲线或松弛曲线才真实地记录了实验材料的黏弹性。从实验来看，不论是蠕变的积累还是松弛的积累，都应满足真实的、连续的过程。因此，不论是蠕变曲线还是松弛曲线，能以积分形式建立本构关系，都应与基于实验得到的蠕变曲线或松弛曲线函数相一致，这样获得的本构方程称为积分型本构关系。目前大量有限元软件提供的黏弹性材料模型都是以积分形式给出的。

在阐述积分型本构关系之前，再来说明一下线性叠加原理：若干个应力作用下的总应变等于这些应力分别作用时所产生的应变之和，数学上表示为：

$$\varepsilon\left\{\sum_{i=1}^{k}\sigma_i(t-t_i)\right\}=\varepsilon_1\{\sigma_1(t-t_1)\}+\varepsilon_2\{\sigma_2(t-t_2)\}+\cdots+\varepsilon_k\{\sigma_k(t-t_k)\} \tag{4.1}$$

其中，ε 为总应变；σ_i 表示第 i 个应力（t_i 时刻作用于物体的应力）；ε_i 为第 i 个应力所产生的应变。

因而可推得：

$$\varepsilon\{C\sigma(t)\}=C\varepsilon\{\sigma(t)\} \tag{4.2}$$

上式表示 C 个应力 $\sigma(t)$ 作用下的应变响应。

同理，多个应变作用下的总应力响应也可由线性叠加得出。总之，线黏弹性问题中，多个起因的总效应等于各起因的效应之和。这是下面要讨论的 Boltzmann（波兹曼）叠加原理和遗传积分的基础与实质。

4.2　积分型本构模型

4.2.1　Boltzmann 叠加原理

材料的黏弹性能可用蠕变函数（柔量）或松弛函数（模量）表示。当应力 $\sigma(t)=\sigma_0 H(t)$ 时，应变响应表示为：

$$\varepsilon(t)=J(t)\sigma_0 \tag{4.3}$$

一般的受载过程虽比较复杂，但可以看作许多作用力的叠加。例如，若在 ζ_1 时刻有附加应力 $\Delta\sigma_1$ 作用，它所产生的应变值则为：

$$\Delta\varepsilon_1=J(t-\zeta_1)\Delta\sigma_1 \tag{4.4}$$

因此 ζ_1 以后的某一时刻 t，在 σ_0 和 $\Delta\sigma_1$ 作用下的应变值为这两应力分别产生的应变之和，即：

$$\varepsilon(t) = \sigma_0 J(t) + \Delta\sigma_1 J(t - \zeta_1) \tag{4.5}$$

类似地，若有 r 个应力增量[图 4.1(a)] 顺次在 ζ_1 时刻分别作用于物体，则在 ζ_r 以后某时刻 t 的总应变为：

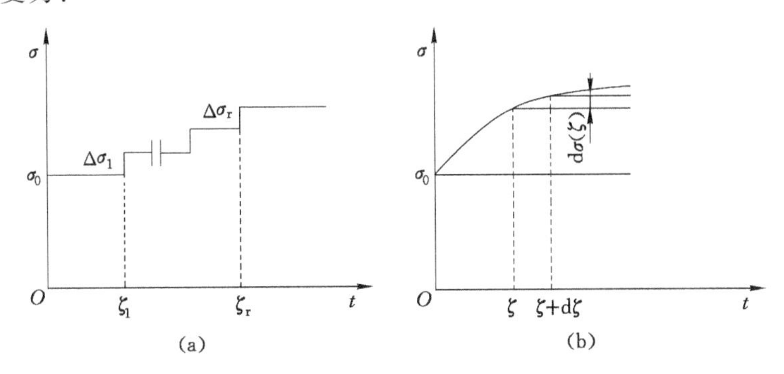

图 4.1　叠加原理示意图

$$\varepsilon(t) = \sigma_0 J(t) + \sum_{i=1}^{r} \Delta\sigma_i J(t - \zeta_i) \tag{4.6}$$

这就是 Boltzmann 叠加原理。

4.2.2　蠕变型本构方程

设作用于物体的应力 $\sigma(t)$ 为一连续可微函数[图 4.1(b)]，将它分解成 $\sigma_0 H(t)$ 和无数个非常小的应力 $\mathrm{d}\sigma(\zeta)H(t-\zeta)$ 的作用，其中：

$$\mathrm{d}\sigma(\zeta) = \left.\frac{\mathrm{d}\sigma}{\mathrm{d}t}\right|_{t-\zeta} \mathrm{d}\zeta = \frac{\mathrm{d}\sigma(\zeta)}{\mathrm{d}\zeta} - \mathrm{d}\zeta \tag{4.7}$$

于是，t 时刻的应变响应为：

$$\varepsilon(t) = \sigma_0 J(t) + \int_0^t J(t-\zeta)\frac{\mathrm{d}\sigma(\zeta)}{\mathrm{d}\zeta}\mathrm{d}\zeta \tag{4.8}$$

这是 Boltzmann 叠加原理的积分表达式，常称之为继承积分或遗传积分。

将式(4.8) 右边第二项分部积分，即有：

$$\int_0^t J(t-\zeta)\frac{\mathrm{d}\sigma(\zeta)}{\mathrm{d}\zeta}\mathrm{d}\zeta = J(0)\sigma(t) - J(t)\sigma(0) + \int_0^t \sigma(\zeta)\frac{\mathrm{d}J(t-\zeta)}{\mathrm{d}(t-\zeta)}\mathrm{d}\zeta \tag{4.9}$$

代入式(4.8)，得：

$$\varepsilon(t) = J(0)\sigma(t) + \int_0^t \sigma(\zeta)\frac{\mathrm{d}J(t-\zeta)}{\mathrm{d}(t-\zeta)}\mathrm{d}\zeta \tag{4.10}$$

可以看出：式(4.8) 表示的应变是应力初值 σ_0 产生的应变加上应力变化过程产生的应变响应；式(4.10) 则表示 t 时刻应力产生的应变值与应力历史(过程) 引起的蠕变之和。两式是等效的。

如果 $\sigma_0 = 0$，即应力初值为零(图 4.2)，则式(4.8) 中第一项不存在。

若在 t_1 时刻应力不连续而有突跃值 $\Delta\sigma$，则将贡献一应变值：

$$\Delta\varepsilon(t) = J(t-t_1)\Delta\sigma H(t-t_1) \tag{4.11}$$

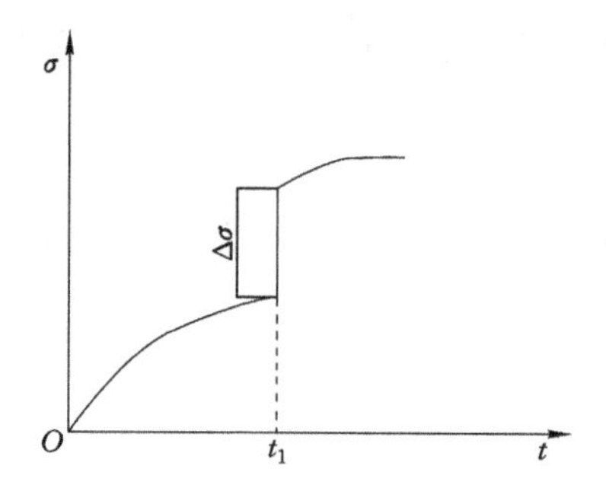

图 4.2　应力初值为零时的示意图

由于 $t<0$ 时，$\sigma(t)=0$，$J(t)=0$，因此有：

$$
\begin{aligned}
\varepsilon(t) &= \sigma_0 J(t)+\int_0^t\left[J(t-\zeta)\frac{\mathrm{d}\sigma(\zeta)}{\mathrm{d}\zeta}\right]\mathrm{d}\zeta \\
&= \int_{-\infty}^{0^-}[J(t-\zeta)\sigma(\zeta)]\mathrm{d}\zeta+\int_{0^-}^{0^+}[J(t-\zeta)\sigma(\zeta)]\mathrm{d}\zeta+ \\
&\quad \int_{0^+}^{t}[J(t-\zeta)\sigma(\zeta)]\mathrm{d}\zeta+\int_{t}^{\infty}[J(t-\zeta)\sigma(\zeta)]\mathrm{d}\zeta
\end{aligned}
\tag{4.12}
$$

于是，式(4.8) 可写成：

$$
\varepsilon(t)=\int_{-\infty}^{\infty}J(t-\zeta)\frac{\mathrm{d}\sigma(\zeta)}{\mathrm{d}\zeta}\mathrm{d}\zeta \tag{4.13}
$$

或

$$
\varepsilon(t)=\int_{-\infty}^{t}J(t-\zeta)\frac{\mathrm{d}\sigma(\zeta)}{\mathrm{d}\zeta}\mathrm{d}\zeta \tag{4.14}
$$

积分型本构关系可以采用斯蒂尔切斯(Stieltjes) 卷积缩写形式来表达。

一般，设 φ、ψ 和 θ 为定义在 $t\in(-\infty,+\infty)$ 的函数，记：

$$
\varphi * \mathrm{d}\psi \equiv \varphi(t)\psi(0)+\int_0^t\varphi(t-\zeta)\frac{\mathrm{d}\psi(\zeta)}{\mathrm{d}\zeta}\mathrm{d}\zeta \tag{4.15}
$$

则可证明有下列性质。

交换律：

$$
\varphi * \mathrm{d}\psi=\psi * \mathrm{d}\varphi \tag{4.16}
$$

分配律：

$$
\varphi * \mathrm{d}(\psi+\theta)=\varphi * \mathrm{d}(\psi)+\varphi * \mathrm{d}(\theta) \tag{4.17}
$$

结合律：

$$
\varphi * \mathrm{d}(\psi * \mathrm{d}\theta)=(\varphi * \mathrm{d}\psi) * \mathrm{d}\theta=\varphi * \mathrm{d}\psi * \mathrm{d}\theta \tag{4.18}
$$

Titchmarsh(蒂奇马什) 定理：若 $\varphi * \mathrm{d}\psi\equiv 0$，则 $\varphi\equiv 0$ 或 $\psi\equiv 0$。

例如，交换律证明如下。

$$
\begin{aligned}
\varphi * \mathrm{d}\psi &= \varphi(t)\psi(0)+\int_0^t\varphi(t-\zeta)\frac{\mathrm{d}\psi(\zeta)}{\mathrm{d}\zeta}\mathrm{d}\zeta \\
&= \varphi(0)\psi(t)-\int_0^t\psi(\zeta)\frac{\mathrm{d}\varphi(t-\zeta)}{\mathrm{d}\zeta}\mathrm{d}\zeta \\
&= \psi(t)\varphi(0)+\int_0^t\psi(t-\zeta)\frac{\mathrm{d}\varphi(\zeta)}{\mathrm{d}\zeta}\mathrm{d}\zeta=\psi * \mathrm{d}\varphi
\end{aligned}
\tag{4.19}
$$

因此，积分型本构关系式(4.8) 又可写作：

$$\varepsilon(t)=J(t)*\mathrm{d}\sigma(t)=\sigma*\mathrm{d}J \tag{4.20}$$

式(4.12)、式(4.13)、式(4.14) 及式(4.20) 即是蠕变型本构方程。若材料蠕变函数为已知，且给定随时间变化的应力 $\sigma(t)$，则可以由这些方程求得应变响应，即由此可以明了材料的蠕变过程。不过这里说的蠕变过程不只是恒定应力下的简单蠕变。

4.2.3　松弛型本构方程

设物体受外部作用时产生随时间变化的应变 $\varepsilon(t)$，引用松弛模量函数 $Y(t)$，根据叠加原理可以得到应力公式：

$$\sigma(t)=\varepsilon(0)Y(t)+\int_0^t Y(t-\zeta)\frac{\mathrm{d}\varepsilon(\zeta)}{\mathrm{d}\zeta}\mathrm{d}\zeta \tag{4.21}$$

$$\sigma(t)=Y(0)\varepsilon(t)+\int_0^t \varepsilon(\zeta)\frac{\mathrm{d}Y(t-\zeta)}{\mathrm{d}(t-\zeta)}\mathrm{d}\zeta \tag{4.22}$$

$$\sigma(t)=\int_{-\infty}^{\infty} Y(t-\zeta)\frac{\mathrm{d}\varepsilon(\zeta)}{\mathrm{d}\zeta}\mathrm{d}\zeta \tag{4.23}$$

$$\sigma(t)=\int_{-\infty}^{t} Y(t-\zeta)\frac{\mathrm{d}\varepsilon(\zeta)}{\mathrm{d}\zeta}\mathrm{d}\zeta \tag{4.24}$$

$$\sigma(t)=Y(t)*\mathrm{d}\varepsilon(t)=\varepsilon*\mathrm{d}Y \tag{4.25}$$

这些均是松弛型本构关系。

需要指出的是，积分型本构关系和微分型本构关系是一致的。对同一种材料，它们都应表示出同样的物性关系，只是两者的表现形式不同。已知某一材料函数，可以写出积分型或微分型本构关系。例如，设材料松弛函数为：

$$Y(t)=q_0+\left(\frac{q_1}{p_1}-q_0\right)\mathrm{e}^{-t/p_1} \tag{4.26}$$

则可表示出积分型本构式：

$$\sigma(t)=\int_{-\infty}^{t} Y(t-\zeta)\dot{\varepsilon}(\zeta)\mathrm{d}\zeta=q_0\varepsilon(t)+A\mathrm{e}^{-t/p_1}\int_0^t \mathrm{e}^{t/p_1}\dot{\varepsilon}(\zeta)\mathrm{d}\zeta \tag{4.27}$$

式中，$A=(q_1/p_1)-q_0$。

将式(4.27) 对时间求微商，得：

$$\dot{\sigma}(t)=q_0\dot{\varepsilon}(t)+A\mathrm{e}^{-t/p_1}\mathrm{e}^{t/p_1}\dot{\varepsilon}(t)-\frac{A}{p_1}\mathrm{e}^{-t/p_1}\int_{0^-}^{t}\mathrm{e}^{t/p_1}\dot{\varepsilon}(\zeta)\mathrm{d}\zeta \tag{4.28}$$

或

$$\dot{\sigma}=q_0\dot{\varepsilon}+A\dot{\varepsilon}+\frac{1}{p_1}[q_0\varepsilon-\sigma(t)] \tag{4.29}$$

整理得：

$$\sigma+p_1\dot{\sigma}=q_0\varepsilon+q_1\dot{\varepsilon} \tag{4.30}$$

实际上，式(4.26)、(4.27) 和(4.30) 均表示三参量固体的材料性能。

以上诸式描述应力-应变-时间关系，是线黏弹性积分形式的本构。若已知材料的蠕变函数或松弛函数，则可应用它们求得外力作用下的应变，或在应变条件下的应力响应。

例 4.1　求三参量固体在应力 $\sigma(t)=\sigma_0[H(t)-H(t-t_1)]$ 作用下的应变响应。

解　这是一种蠕变-回复实验的应力作用。三参量固体的蠕变函数为：

$$J(t)=\frac{1}{E_2}+\frac{1}{E_1}(1-e^{-t/\tau_1}),J(0)=\frac{1}{E_2} \tag{4.31}$$

式中，$\tau_1=\eta_1/E_1$。

$0<t<t_1$ 时，$\sigma(t)=\sigma_0$，有：

$$\frac{dJ(t-\zeta)}{d(t-\zeta)}=\frac{1}{E_1\tau_1}e^{-(t-\zeta)/\tau_1} \tag{4.32}$$

代入式(4.10)，得：

$$\varepsilon(t)=\frac{\sigma_0}{E_2}+\int_0^t\sigma_0\frac{1}{E_1}e^{-(t-\zeta)/\tau_1}d(\zeta/\tau_1)=\frac{\sigma_0}{E_2}+\frac{\sigma_0}{E_1}(1-e^{-t/\tau_1}) \tag{4.33}$$

$t>t_1$ 时，$\sigma(t)=0$，有：

$$\sigma(\zeta)=\begin{cases}\sigma_0, & \zeta<t_1\\ 0, & \zeta>t_1\end{cases} \tag{4.34}$$

代入式(4.10)得：

$$\varepsilon(t)=\int_0^{t_1}\frac{\sigma_0}{E_1}e^{-(t-\zeta)/\tau_1}d\left(\frac{\zeta}{\tau_1}\right)=\frac{\sigma_0}{E_1}(e^{t_1/\tau_1}-1)e^{-t_1/\tau_1} \tag{4.35}$$

例 4.2 求 Maxwell 和 Kelvin 材料在图 4.3 所示应力作用下的流变过程。

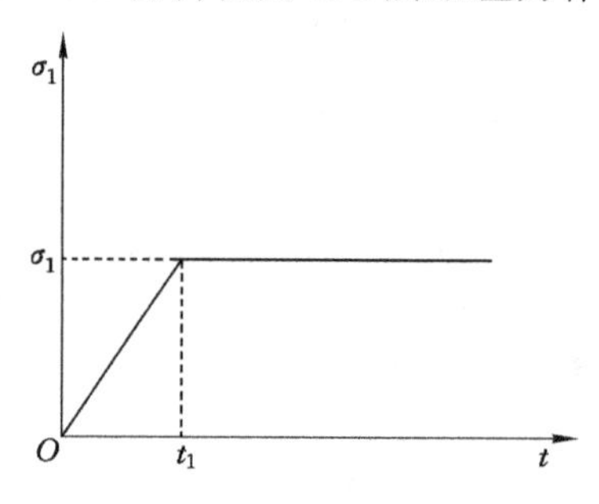

图 4.3 材料流变过程图

解 对于 Maxwell 材料，有

$$J(t)=\frac{1}{B}+\frac{t}{\eta} \tag{4.36}$$

$t<t_1$ 时，$\sigma_0=0,\frac{d\sigma(\zeta)}{d\zeta}=\frac{\sigma_1}{t_1}$，由式(4.8)得：

$$\varepsilon(t)=\int_0^t\left(\frac{1}{E}+\frac{t-\zeta}{\eta}\right)\frac{\sigma_1}{t_1}d\zeta=\frac{\sigma_1}{\eta t_1}\left[\frac{\eta}{E}t+\frac{t^2}{2}\right] \tag{4.37}$$

$t>t_1$ 时：

$$\varepsilon(t)=\int_0^{t_1}\left(\frac{1}{E}+\frac{t-\zeta}{\eta}\right)\frac{\sigma_1}{t_1}d\zeta=\frac{\sigma_1}{\eta}\left[\frac{\eta}{E}+t-\frac{t_1}{2}\right] \tag{4.38}$$

如果应力为 $\sigma(t)=\sigma_1H(t)$，则 $\varepsilon_1=\left(\frac{1}{E}+\frac{t}{\eta}\right)\sigma_1$。

若 $\sigma(t)=\sigma_1H(t-t_1)$，则 $\varepsilon_2=\left(\frac{1}{E}+\frac{t-t_1}{\eta}\right)\sigma_1$。

由此可以比较出不同应力历程的应变响应，有 $\varepsilon_1>\varepsilon>\varepsilon_2$。

对于 Kelvin 材料，$J(t)=(1-e^{-t/\tau_d})/E,\tau_d=\eta/E$。

$t < t_1$ 时，$\varepsilon(t) = \dfrac{\sigma_1}{Et_1}[t - \tau_d(1 - e^{-t/\tau_d})]$。

$t > t_1$ 时，$\varepsilon(t) = \dfrac{\sigma_1}{E}\left[1 + \dfrac{\tau_d}{t_1}(1 - \eta^{t_1/\tau_d})e^{-t/\tau_d}\right]$。

显然，当 $t \to \infty$ 时，$\varepsilon = \sigma_1/E$，这和 $\sigma = \sigma_1 H(t)$ 作用下的应变响应有相同的渐进值。

例 4.3　求 Maxwell 材料对于图 4.4(a) 所示循环应变作用的应力响应。

解　Maxwell 模型的松弛模量 $Y(t) = Ee^{-t/p_1}$，$p_1 = \eta/E$。

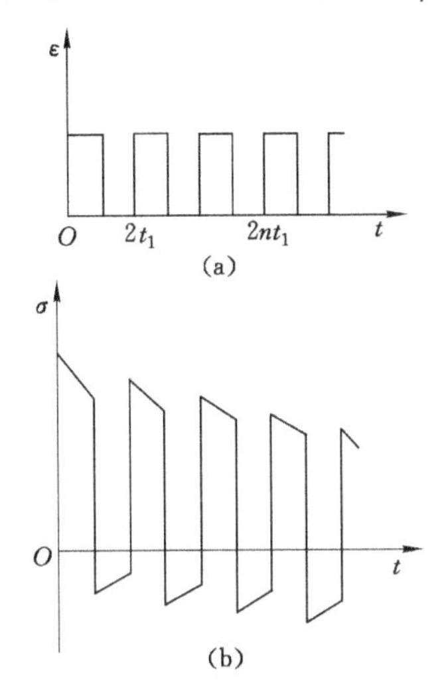

图 4.4　循环应变及应力变化示意图

(1) 第一个循环($0 < t < 2t_1$)的应力

$0 < t < t_1$：$\varepsilon(t) = \varepsilon_0 H(t)$，由式(4.21)有：

$$\sigma(t) = Y(t)\varepsilon_0 = E\varepsilon_0 e^{-t/p_1} \tag{4.39}$$

$t_1 < t < 2t_1$：$\varepsilon(t) = \varepsilon_0 H(t) - \varepsilon_0 H(t - t_1) = \varepsilon' + \varepsilon''$。

由 ε' 所产生的应力响应为 $\sigma' = E\varepsilon_0 e^{-t/p_1}$。

由 ε'' 所产生的应力响应为 $\sigma'' = -E\varepsilon_0 e^{-(t-t_1)/p_1}$。

所以：

$$\sigma(t) = \sigma' + \sigma'' = E\varepsilon_0 e^{-t/p_1}(1 - e^{t_1/p_1}) \tag{4.40}$$

对于 $t = 2nt_1$ 处的应力，必须注意，$t = 2nt_1^-$ 和 $t = 2nt_1^+$ 两个不同时刻的 $\varepsilon(t)$ 完全不同。

对于 $t = 2nt_1^-$，由式(4.22)得：

$$\begin{aligned}
\sigma(2nt_1^-) &= \varepsilon(2nt_1^-)Y(0) + \int_0^{2nt_1} \varepsilon(\zeta)\frac{dY(t-\zeta)}{d(t-\zeta)}d\zeta \\
&= \int_0^{2nt_1}\left[\varepsilon(\zeta)(-E)e^{-(t-\zeta)/p_1}d\left(\frac{\zeta}{p_1}\right)\right] \\
&= -\int_0^{t_1}\left[E\varepsilon_0 e^{-(t-\zeta)/p_1}d\left(\frac{\zeta}{p_1}\right)\right] - \int_{2t_1}^{3t_1}\left[E\varepsilon_0 e^{-(t-\zeta)/p_1}d\left(\frac{\zeta}{p_1}\right)\right] - \cdots - \\
&\quad \int_{2(n-1)t_1}^{(2n-1)t_1}\left[E\varepsilon_0 e^{-(t-\zeta)/p_1}d\left(\frac{\zeta}{p_1}\right)\right] \\
&= -E\varepsilon_0 e^{-2nt_1/p_1}\sum_{r=0}^{n-1}\int_{2rt_1}^{(2r+1)t_1} e^{\zeta/p_1}d\left(\frac{\zeta}{p_1}\right)
\end{aligned}$$

$$= -E\varepsilon_0 e^{-2nt_1/p_1}(e^{t_1/p_1}-1)\sum_{r=0}^{n-1} e^{\zeta r t_1/p_1} \tag{4.41}$$

将几何级数前 $n-1$ 项和代入式(4.41)，最后得

$$\sigma(2nt^-) = -E\varepsilon_0\left[\frac{1-e^{-2nt_1/p_1}}{1+e^{t_1/p_1}}\right] \tag{4.42}$$

对于 $t = 2nt^+$，则在式(4.22)中右边第一项 $\varepsilon(t)Y(0) = E\varepsilon_0$，因而：

$$\sigma(2nt^+) = E\varepsilon_0 + \sigma(2nt^-) = E\varepsilon_0\left[\frac{e^{t_1/p_1}+e^{-2nt_1/p_1}}{1+e^{t_1/p_1}}\right] \tag{4.43}$$

(2) 作用$(n+1)$个循环时的应力响应

$2nt_1 < t < (2n+1)t_1$ 时，则有

$$\begin{aligned}
\sigma(t) &= \varepsilon(t)Y(0) + \int_0^t \varepsilon(\zeta)\frac{dY(t-\zeta)}{d(t-\zeta)}d\zeta \\
&= E\varepsilon_0 + \sum_{r=0}^{n-1}\int_{2rt_1}^{(2r+1)t_1}(-E\varepsilon_0)e^{-(t-\zeta)/p_1}d\frac{\zeta}{p_1} + \int_{2nt_1}^{t}(-E\varepsilon_0)e^{-(t-\zeta)/p_1}d\frac{\zeta}{p_1} \\
&= E\varepsilon_0 e^{-t/p_1}\left[\frac{1-e^{2nt_1/p_1}}{1+e^{t_1/p_1}}\right] + E\varepsilon_0 e^{-(t-2nt_1)/p_1} \\
&= E\varepsilon_0\left[\frac{1+e^{(2n+1)t_1/p_1}}{1+e^{t_1/p_1}}\right]e^{-t/p_1}
\end{aligned} \tag{4.44}$$

显然$\sigma(t)$总是正值，令 $n=0$ 即得第一个前半循环的应力；将 $t = 2nt_1^+$ 代入后，则得 $\sigma(2nt_1^+)$ 的结果。由上式可求得任一前半循环的应力表达式。

若时间足够长，可得到稳态情况下前半循环的应力公式，即：

$$\sigma(t) = E\varepsilon_0\left[\frac{e^{(2n+1)t_1/p_1}}{1+e^{t_1/p_1}}\right]e^{-t/p_1} \tag{4.45}$$

当 $t = 2nt_1^+$ 时，$\sigma_a(t) = E\varepsilon_0\dfrac{e^{t_1/p_1}}{1+e^{t_1/p_1}}$。

当 $t = (2n+1)t_1^-$ 时，$\sigma_b(t) = E\varepsilon_0/1+e^{t_1/p_1}$。

可见，这时的 σ_a 和 σ_b 都取稳态值(与 n 无关)，且 $\sigma_a > \sigma_b$。

同理能求出$(2n+1)t_1$ 至 $2(n+1)t_1$ 时间内即后半循环的应力表达式。

显然，上述应变作用下的应力响应可直接用叠加法求得。

应力响应可用图 4.4(b) 表示，它决定于材料性质，受 t_1/p_1 值的影响很大。

4.3 蠕变函数和松弛函数的积分表达

本构方程式(4.12)～式(4.14)和式(4.20)～式(4.25)中的材料函数 $J(t)$ 和 $Y(t)$ 可以用微分算子以拉氏变换形式表达。

将式(4.8)进行拉氏变换，得：

$$\bar{\varepsilon}(s) = \sigma_0\bar{J}(s) + \bar{J}(s)(s\bar{\sigma}-\sigma_0) \tag{4.46}$$

由此得出：

$$\bar{J}(s) = \frac{\bar{\varepsilon}(s)}{s\bar{\sigma}(s)} \tag{4.47}$$

同理，变换式(4.21)，有：

$$\bar{Y}(s) = \bar{\sigma}(s)/s\bar{\varepsilon}(s) \tag{4.48}$$

虽然这些公式给出了蠕变函数和松弛函数之间的数学关系，知道其中之一，便可求出另一函数，但在两个量的实际数据变换中，往往还要引用松弛时间谱和延迟时间谱的概念。

4.3.1　松弛时间谱

对于多个 Maxwell 单元并联的模型，拉压松弛模量为：

$$E(t) = E_c + \lim_{n\to\infty}\sum_{i=1}^{n} E_i e^{-t/\tau_i} = E_c + \int_0^{\infty} F(\tau) e^{-t/\tau} d\tau \tag{4.49}$$

常采用对数坐标：

$$E(t) = E_c + \int_{-\infty}^{\infty} H(\tau) e^{-t/\tau} d\ln\tau \tag{4.50}$$

其中，$H(\tau)$ 称为松弛时间谱。$H(\tau) d\ln\tau$ 表示自 $\ln\tau$ 到 $\ln\tau + d\ln\tau$ 之间对刚性的贡献，说明对应力松弛的影响。由式(4.49) 和式(4.50) 可以看出 $H(\tau) = \tau F(\tau)$。

式(4.50) 是用松弛时间谱表示的模量函数，即松弛模量的积分型表达。若为剪切情形，则可用 G 代替上述诸式中的 E。

4.3.2　延迟时间谱

若串联多个 Kelvin 模型，则柔量函数为：

$$J(t) = \sum_{i=1}^{n} J_i (1 - e^{-t/\tau_i}) \tag{4.51}$$

式中，τ_i 表示第 i 个单元的延迟时间，当 $n \to \infty$，延迟时间 τ 自零至无限值连续地分布时，则可得：

$$J(t) = J_0 + \int_{-\infty}^{\infty} L(\tau)(1 - e^{-t/\tau}) d\ln\tau \tag{4.52}$$

其中，附加项 J_0 是瞬时弹性柔量，$L(\tau)$ 称为延滞时间谱或延迟时间谱。

在研究材料尤其是高聚物的黏弹性能中，松弛时间谱 $H(\tau)$ 和延迟时间谱 $L(\tau)$ 是两个重要的函数，由它们可以计算出蠕变函数和松弛模量等。可是，为得到材料的 $H(\tau)$ 或 $L(\tau)$，还是要依靠实验结果，或采用经验函数以及分子理论来预测估算。

4.4　三维的积分型本构模型

现将简单应力状态的应力-应变关系推广到三维情形。讨论应变作用的响应，可分别考虑应变增量 $d\varepsilon_{ij}(\zeta)$ 对 t 时刻的应力贡献 $d\sigma_{ij}(t)$，$t > \zeta$，然后总括自 0 到 t 时间内的效应。即由：

$$d\sigma_{ij}(t) = Y_{ijkl}(t-\zeta) d\varepsilon_{kl}(\zeta) \tag{4.53}$$

积分得：

$$\sigma_{ij}(t) = \int_0^t Y_{ijkl}(t-\zeta) \frac{d\varepsilon_{kl}(\zeta)}{d\zeta} d\zeta \tag{4.54}$$

式中，Y_{ijkl} 为四阶张量。式(4.54) 表明，任一时刻 t 的应力分量值决定于所有应变分量(应变张量) 的作用过程。

如果材料是各向同性的，对于弹性体有：

$$\sigma_{ij} = \lambda\varepsilon_{kk}\delta_{ij} + 2G\varepsilon_{ij} \tag{5.55}$$

对于线黏弹性体则有：

$$\mathrm{d}\sigma_{ij} = \lambda(t-\zeta)\delta_{ij}\,\mathrm{d}\varepsilon_{kk}(\zeta) + 2G(t-\zeta)\,\mathrm{d}\varepsilon_{ij}(\zeta) \tag{4.56}$$

因而：

$$\sigma_{ij}(t) = \int_0^t \left[\lambda(t-\zeta)\delta_{ij}\frac{\mathrm{d}\varepsilon_{kk}(\zeta)}{\mathrm{d}\zeta} + 2G(t-\zeta)\frac{\mathrm{d}\varepsilon_{ij}(\zeta)}{\mathrm{d}\zeta}\right]\mathrm{d}\zeta \tag{4.57}$$

分别考虑球张量和偏张量部分的黏弹性效应，可得到偏量部分的应力应变关系以及体积应力体积应变的关系：

$$S_{ij} = \int_0^t 2G(t-\zeta)\frac{\mathrm{d}e_{ij}(\zeta)}{\mathrm{d}\zeta}\mathrm{d}\zeta \tag{4.58}$$

$$\sigma_{kk} = \int_0^t 3K(t-\zeta)\frac{\mathrm{d}\varepsilon_{kk}(\zeta)}{\mathrm{d}\zeta}\mathrm{d}\zeta \tag{4.59}$$

式中，$G(t)$ 为剪切松弛函数，$K(t)$ 为体积松弛函数，它们之间存在关系式 $K(t) = \lambda(t) + 2G(t)/3$。$e_{ij}(\zeta)$ 为偏量部分的应变。

式(4.58) 和式(4.59) 同样可写作：

$$S_{ij} = 2G * \mathrm{d}e_{ij} \tag{4.60}$$

$$\sigma_{kk} = 3K * \mathrm{d}\varepsilon_{kk} \tag{4.61}$$

由黏弹性本构式容易看出，当 λ、G 和 K 为常数时，则退化为弹性情形。

表达三维应力应变-时间关系的另一种方法是从材料的蠕变和松弛性质出发，直接在弹性应力-应变关系的基础上描绘材料与时间有关的行为。

由式(4.55)，考虑松弛现象，黏弹材料的应力可表示为：

$$\sigma_{ij}(t) = \delta_{ij}\left[\lambda\varepsilon_{kk}(t) - \int_0^t \psi_1(t-\zeta)\frac{\partial\varepsilon_{kk}(\zeta)}{\partial\zeta}\mathrm{d}\zeta\right] + 2G\varepsilon_{ij}(t) - \int_0^t \psi_2(t-\zeta)\frac{\partial\varepsilon_{ij}(\zeta)}{\partial\zeta}\mathrm{d}\zeta \tag{4.62}$$

式中，λ 和 G 是描述线弹性的常数；$\psi_1(t)$ 和 $\psi_2(t)$ 分别为相应于体应变 $\varepsilon_{kk}(t)$ 和切应变 $\varepsilon_{ij}(t)$ 的松弛函数，它们为零时即没有松弛现象，式(4.62) 变为线弹性固体的应力-应变关系。

为表达蠕变型本构关系，由弹性应力-应变关系式(4.55) 有：

$$\sigma_{ij} = 3\lambda\varepsilon_{kk} + 2G\varepsilon_{ii} \tag{4.63}$$

即 $\varepsilon_{kk} = \sigma_{ii}/(3\lambda + 2G)$，代回式(4.55)，可得：

$$\varepsilon_{ij} = \frac{-\lambda}{2G(3\lambda + 2G)}\delta_{ij}\sigma_{kk} + \frac{1}{2G}\sigma_{ij} \tag{4.64}$$

用得到式(4.62) 的类似方法，把弹性本构方程(4.64) 推广到黏弹性情况，写作：

$$\varepsilon_{ij}(t) = \delta_{ij}\left[A_0\sigma_{kk}(t) + \int_0^t \varphi_2(t-\zeta)\frac{\partial\sigma_{kk}(\zeta)}{\partial\zeta}\mathrm{d}\zeta\right] + B_0\sigma_{ij}(t) + \int_0^t \varphi_1(t-\zeta)\frac{\partial\sigma_{ij}(\zeta)}{\partial\zeta}\mathrm{d}\zeta \tag{4.65}$$

其中，$A_0 = -\lambda/[2G(3\lambda + 2G)]$ 和 $B_0 = 1/(2G)$，是材料常数；$\varphi_1(t)$ 和 $\varphi_2(t)$ 为蠕变函数。

值得注意的是，式(4.65) 中的材料常数和蠕变函数，可由普通拉伸和纯剪切实验来求得。

例如，许多材料特别是硬塑料的应变，往往是时间 t 的幂函数，通过拉伸和扭转实验可得：

$$\varepsilon_{11}(t) = a_0\sigma + b_0 t^r \sigma \tag{4.66}$$

$$\varepsilon_{12}(t) = a_1\tau + b_1 t^s \tau \tag{4.67}$$

其中，a_0、b_0 和 r 为拉伸时的材料常数；a_1、b_1 和 s 为扭转剪切的材料常数。

另一方面，在 $\sigma_0 H(t)$ 和 $\tau_0 H(t)$ 作用下，式(4.65) 可分别表示为：

$$\varepsilon_{11}(t) = A_0\sigma_0 + \varphi_1(t)\sigma_0 + B_0\sigma_0 + \varphi_2(t)\sigma_0 \tag{4.68}$$

$$\varepsilon_{12}(t) = B_0\tau_0 + \varphi_2(t)\tau_0 \tag{4.69}$$

比较式(4.69) 和 $\tau = \tau_0$ 情况的式(4.67)，取 $\varphi_2(0) = 0$ 则有：

$$B_0 = a_1,\quad \varphi_2(t) = b_1 t^s \tag{4.70}$$

将式(4.70) 代入式(4.68) 得：

$$\varepsilon_{11}(t) = (A_0 + a_1)\sigma_0 + [\varphi_1(t) + b_1 t^s]\sigma_0 \tag{4.71}$$

令 $\varphi_1(0) = 0$，比较式(4.71) 和式(4.66)，有：

$$\begin{aligned} A_0 &= a_0 - a_1 \\ \varphi_1(t) &= b_0 t^r - b_1 t^s \end{aligned} \tag{4.72}$$

通过式(4.70) 和式(4.72) 可确定式(4.65) 中的材料常数和蠕变函数。如果需要，还可把应力和应变分解成球张量和偏张量，得到类似于式(4.58) 和式(4.59) 的形式。

4.5　各向异性与各向同性材料的积分型黏弹性本构模型

当我们把推导一维黏弹性本构方程的方法用于推导三维本构方程时，只需记住 Boltzmann 叠加原理仍然是适用的，即不同时刻的作用效果互不干涉，可以叠加。其不同点在于输出(响应) 函数 $\sigma_{ij}(t)$ 不仅与对应的应变分量 $\varepsilon_{ij}(t)$ 有关，而且与其他应变分量 $\varepsilon_{kl}(t)$ 有关，这与各向异性弹性材料一样是由材料本身的结构性质决定的。由此，很容易从叠加的概念出发，得出等温非老化各向异性黏弹性材料的本构方程：

$$\sigma_{ij}(t) = \int_{-\infty}^{t} E_{ijkl}(t-\tau)\frac{\partial \varepsilon_{kl}(\tau)}{\partial \tau}\mathrm{d}\tau \tag{4.73}$$

$$\varepsilon_{ij}(t) = \int_{-\infty}^{t} J_{ijkl}(t-\tau)\frac{\partial \sigma_{kl}(\tau)}{\partial \tau}\mathrm{d}\tau \tag{4.74}$$

式中，$J_{ijkl}(t)$ 和 $E_{ijkl}(t)$ 分别是张量蠕变柔度和松弛模量函数，它们也应遵守非回退公理和衰减记忆原理。$J_{ijkl}(t)$ 和 $E_{ijkl}(t)$ 是四阶张量，每一个下标可以从 1 变至 3。仿照线弹性力学中的步骤，可以证明它们中的独立数远小于 3^4。首先由于应变和应力张量的对称性，我们有：

$$E_{ijkl} = E_{ijlk} = E_{jikl} = E_{jilk} \tag{4.75}$$

即每对下标(i,j) 和(k,l) 之内的标号可以交换顺序，这使独立的下标只有 6 对，即(1,1)，(1,2)，(1,3)，(2,2)，(2,3)，(3,3)。这意味着对与对之间的独立组合只有 36(6^2) 个。其次，对黏弹性体这样的不可逆系统，同样存在 Helmholtz(亥姆霍兹) 自由能密度 ψ，它起着应力势函数的作用，使得：

$$\sigma_{ij}(t) = \frac{\partial \psi(t)}{\partial \varepsilon_{ij}(t)} \tag{4.76}$$

从含内变量的不可逆热力学方法出发，可以证明松弛模量 $E_{ijkl}(t)$ 的前后两对指标同样可以交换，即：

$$E_{ijkl}(t) = E_{klij}(t) \tag{4.77}$$

若将 36 个系数排成 6×6 的矩阵，则式(4.77) 意味着该矩阵是对称的。

其中 $\begin{bmatrix} E_{1111} & E_{1122} & E_{1133} & E_{1112} & E_{1113} & E_{1123} \\ & E_{2222} & E_{2233} & E_{2212} & E_{2213} & E_{2223} \\ & & E_{3333} & E_{3312} & E_{3313} & E_{3323} \\ & & & E_{1212} & E_{1213} & E_{1223} \\ & & & & E_{1313} & E_{1323} \\ & & & & & E_{2323} \end{bmatrix}$ 为极端各向异性黏弹性体。

这表明即使对各个方向弹性性质都不相同的极端各向异性黏弹性体，也只有 21 个独立常数。若假定黏弹性体存在一个材料对称面，且在任意两个与此面对称的方向上材料的本构特性都相同，则与此面垂直的轴称为材料主轴，并记为轴 3，如图 4.5(a) 所示。若将轴 3 反号，则引起 ε_{13}，ε_{23}（或 γ_{13}，γ_{23}）反号，同时应力张量 σ_{13} 和 σ_3 也应反号，但其余的应力和应变分量不变，如图 4.5(b) 所示。由于轴 3 正负向的材料性质相同，因而轴的反号不会改变材料黏弹性常数各分量的值，在此条件下唯一的可能性就是使与 E_{1123} 类似的常数为零，即：

$$E_{1123} = E_{1113} = E_{2223} = E_{2213} = E_{3313} = E_{1223} = E_{1213} = E_{3323} = 0 \tag{4.78}$$

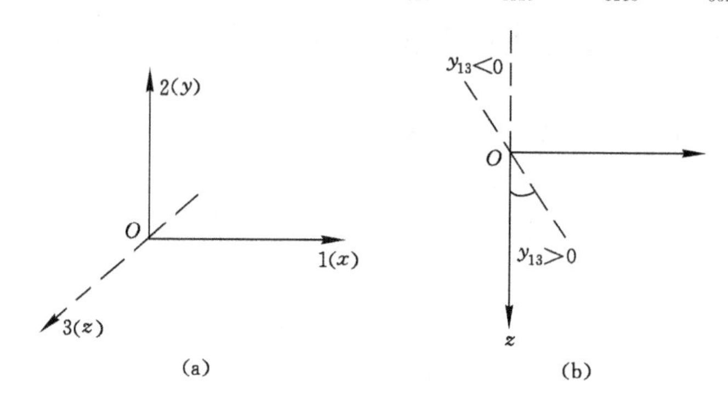

图 4.5　具有一个对称轴的情况

这样具有一个对称面的材料，只有 13 个独立常数。进一步考虑正交各向异性黏弹性材料，即有三个相互垂直的材料主轴 1，2 和 3 的情况。设用同一方法分别倒转轴 2 和轴 3，并使弹性常数各量值 E_{ijkl} 不变，则容易确认除式(4.78) 结果以外，还有：

$$E_{1112} = E_{2212} = E_{3312} = E_{2313} = 0 \tag{4.79}$$

因而正交各向异性黏弹性材料只有 9 个独立的材料常数。常数矩阵变为：

$$\begin{bmatrix} E_{1111} & E_{1122} & E_{1133} & 0 & 0 & 0 \\ & E_{2222} & E_{2233} & 0 & 0 & 0 \\ & & E_{3333} & 0 & 0 & 0 \\ & & & E_{1212} & 0 & 0 \\ & & & & E_{1313} & 0 \\ & & & & & E_{2323} \end{bmatrix}$$

其为正交各向异性黏弹体。

若进一步考虑横观各向同性体，即在平行于平面 1O3 的各个方向都具有相同材料特性的黏弹性体（见图 4.6），例如成层的黏弹性岩体就属于这一类，此时层面 1O3 是横向的，而轴 2 是纵向的，由于方向 1 与方向 3 的材料特性相同，当把 σ_{33} 表达式［参见式(4.73) 并考虑式(4.78)］中的 ε_{11} 和 ε_{33} 的数值对调时（轴的方向和其余应变值都不变），对调后的 σ_{33} 应等于 σ_{11}，即有：

$$\begin{aligned}&\int E_{3311}\frac{\partial\varepsilon_{33}}{\partial_{\tau}}\mathrm{d}\tau+\int E_{3322}\frac{\partial\varepsilon_{22}}{\partial_{\tau}}\mathrm{d}\tau+\int E_{3333}\frac{\partial\varepsilon_{11}}{\partial_{\tau}}\mathrm{d}\tau=\\&\int E_{1111}\frac{\partial\varepsilon_{11}}{\partial_{\tau}}\mathrm{d}\tau+\int E_{1122}\frac{\partial\varepsilon_{22}}{\partial_{\tau}}\mathrm{d}\tau+\int E_{1133}\frac{\partial\varepsilon_{33}}{\partial_{\tau}}\mathrm{d}\tau\end{aligned}\tag{4.80}$$

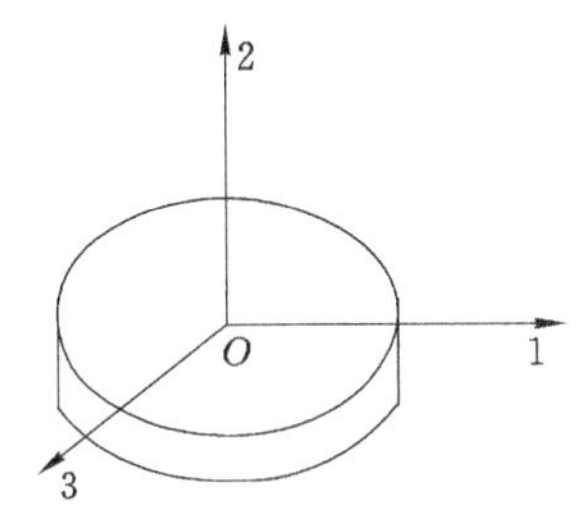

图 4.6　横观各向同性体

式(4.80) 对任意的 ε_{11}，ε_{22} 和 ε_{33} 都成立，故必有：

$$E_{1111}=E_{3333}，\quad E_{1122}=E_{3322}\tag{4.81}$$

同理，若将 ε_{12} 和 ε_{32} 的数值对调还可得：

$$E_{1122}=E_{2233}，\quad E_{1212}=E_{2323}\tag{4.82}$$

考虑到由式(4.81) 与式(4.82) 提供的 3 个条件，以及平面 1O3 面内各向同性特征提供的一个条件，则横观各向同性体的独立弹性常数只有 5 个。

对于各向同性体，沿任一方向的材料性质都相同，故方向 2 的性质也应与方向 1、3 相同，这样又可附加三个条件，即：

$$E_{1111}=E_{2222}，\quad E_{1122}=E_{1133}，\quad E_{1212}=E_{1313}\tag{4.83}$$

因此，各向同性黏弹性体的独立常数进一步下降到两个。这一结论也可直接从四阶各向同性张量的下述表达式得到：

$$E_{ijkl}(t)=\lambda(t)\delta_{ij}\delta_{kl}+\mu(t)(\delta_{ik}\delta_{jt}+\delta_{it}\delta_{jk})\tag{4.84}$$

式中，$\lambda(t)$ 和 $\mu(t)$ 就是两个独立的黏弹性材料常数。

将式(4.84) 代入式(4.73) 可得：

$$\sigma_{ij}(t)=\delta_{ij}\int_{-\infty}^{t}\lambda(t-\tau)\frac{\partial\varepsilon_{kk}}{\partial\tau}\mathrm{d}\tau+2\int_{-\infty}^{t}\mu(t-\tau)\frac{\partial\varepsilon_{ij}}{\partial\tau}\mathrm{d}\tau\tag{4.85}$$

式中，$\lambda(t)$ 和 $\mu(t)$ 分别为拉梅松弛模量和剪切松弛模量。利用有关应力、应变的全量与偏量关系，式(4.85) 还可进一步写成：

$$S_{ij}(t)=2\int_{-\infty}^{t}\mu(t-\tau)\frac{\partial e_{ij}}{\partial\tau}\mathrm{d}\tau\tag{4.86}$$

$$\sigma_{kk}(t)=3\int_{-\infty}^{t}K(t-\tau)\frac{\partial\varepsilon_{kk}}{\partial\tau}\mathrm{d}\tau\tag{4.87}$$

$$K(t) = \lambda(t) + \frac{2}{3}\mu(t) \tag{4.88}$$

由式(4.86)和式(4.87)也可得到其反演关系：

$$e_{ij}(t) = \int_{-\infty}^{t} J_1(t-\tau)\frac{\partial s_{ij}}{\partial \tau}\mathrm{d}\tau \tag{4.89}$$

$$\varepsilon_{kk}(t) = 3\int_{-\infty}^{t} J_2(t-\tau)\frac{\partial \sigma_{kk}}{\partial \tau}\mathrm{d}\tau \tag{4.90}$$

式中，J_1 和 J_2 分别是剪切与体积蠕变柔量。

式(4.85)～式(4.90)是很重要的公式，胡克定律和牛顿黏性流体定律都可作为其特例而得到。事实上，若取 $\lambda(t)$，$\mu(t)$ 和 $K(t)$ 为常数，并分别记为 λ，μ 和 K，则式(4.86)～式(4.88)分别变为：

$$\sigma_{ij} = \lambda\varepsilon_{kk}\delta_{ij} + 2\mu\varepsilon_{ij} \tag{4.91}$$

$$s_{ij} = 2\mu e_{ij} \tag{4.92}$$

$$\sigma_{kk} = 3K\varepsilon_{kk} \tag{4.93}$$

显然式(4.91)～式(4.93)表达了胡克固体的特性。若令 $\lambda(t) = \lambda\delta(t)$，$\mu(t) = \mu\delta(t)$，并将其代入式(4.86)、式(4.87)和式(4.88)，则得：

$$s_{ij} = 2\mu\frac{\mathrm{d}e_{ij}}{\mathrm{d}t} \tag{4.94}$$

$$\sigma_{kk} = (3\lambda + 2\mu)\frac{\mathrm{d}\varepsilon_{kk}}{\mathrm{d}t} \tag{4.95}$$

式中，λ 和 μ 不再是拉梅常数，而是黏性系数。式(4.95)表示的是体积黏性，在大多数实际问题中，它的影响是可以忽略的。

以上关于非各向同性的黏弹性体的讨论中，本构方程是相对于材料主轴写出的。如果不是主轴，则其表达式虽然复杂一些，但可以通过坐标变换，由主轴的表达式变换得到。这个问题在复合材料等正交异性体中有重要的实际意义，例如单向纤维增强复合材料板，由于基体多为塑形等有机高分子材料组成，因而应看成正交各向异性体，且常关心与主轴12成某一偏角 θ 的轴 $1'2'$ 下的响应(见图4.7)，在这种条件下剪应变 $\varepsilon_{1'2'}$ 也引起正应力，有：

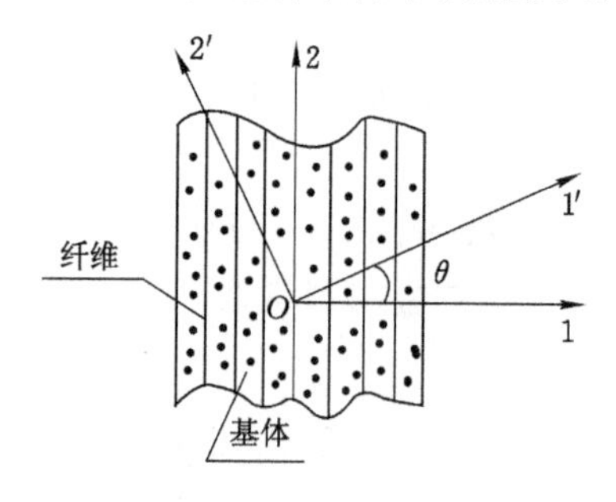

图 4.7　单向纤维增强复合材料

$$\sigma'_{11} = \int_{-\infty}^{t} E'_{1111}(t-\tau)\frac{\partial \varepsilon'_{11}}{\partial \tau}\mathrm{d}\tau + \int_{-\infty}^{t} E'_{1122}(t-\tau)\frac{\partial \varepsilon'_{22}}{\partial \tau}\mathrm{d}\tau + \int_{-\infty}^{t} E'_{1112}(t-\tau)\frac{\partial \varepsilon'_{12}}{\partial \tau}\mathrm{d}\tau \tag{4.96}$$

$$\sigma'_{22}=\int_{-\infty}^{t}E'_{2211}(t-\tau)\frac{\partial\varepsilon'_{11}}{\partial\tau}d\tau+\int_{-\infty}^{t}E'_{2222}(t-\tau)\frac{\partial\varepsilon'_{22}}{\partial\tau}d\tau+\int_{-\infty}^{t}E'_{2212}(t-\tau)\frac{\partial\varepsilon'_{12}}{\partial\tau}d\tau \tag{4.97}$$

$$\sigma'_{12}=\int_{-\infty}^{t}E'_{1211}(t-\tau)\frac{\partial\varepsilon'_{11}}{\partial\tau}d\tau+\int_{-\infty}^{t}E'_{1222}(t-\tau)\frac{\partial\varepsilon'_{22}}{\partial\tau}d\tau+\int_{-\infty}^{t}E'_{1212}(t-\tau)\frac{\partial\varepsilon'_{12}}{\partial\tau}d\tau \tag{4.98}$$

其中，带上标“′”者是在轴 $1'2'$ 上写出的量，若记轴 $1'$ 与 1 之间的夹角为 θ，并令 $m=\cos\theta$，$n=\sin\theta$，根据张量变换规则，容易由主轴中的 E_{ijkl} 确定 E'_{ijkl}，其变换公式为：

$$\begin{bmatrix}E'_{1111}\\E'_{2222}\\E'_{1122}\\E'_{1212}\\E'_{1112}\\E'_{2212}\end{bmatrix}=\begin{bmatrix}m^4 & 2m^2n^2 & n^4 & 2m^2n^2\\ n^4 & 2m^2n^2 & m^4 & 2m^2n^2\\ m^2n^2 & m^4+n^4 & m^2n^2 & -2m^2n^2\\ 2m^2n^2 & -4m^2n^2 & 2m^2n^2 & (m^2-n^2)^2\\ -2m^3n & 2(m^3n-mn^3) & 2mn^3 & 2(m^3n-mn^3)\\ -2mn^3 & 2(mn^3-m^3n) & 2m^3n & 2(mn^3-m^3n)\end{bmatrix}\begin{bmatrix}E_{1111}\\E_{1122}\\E_{2222}\\E_{1212}\end{bmatrix} \tag{4.99}$$

4.6　思考与练习

1. 设试件在 $t=0$ 时，受到突加应力 σ_0，此后保持恒定。试由积分表达式：$F(t)=\int_{-\infty}^{t}F(t-\tau)\frac{d\sigma}{d\tau}d\tau$ 导出 $F(t)$。

2. 设某材料具有 Maxwell 流体模型的松弛模数 $E(t)=Ee^{-\frac{t}{t_a}}$。对该材料进行一般的应力松弛实验，即在 $t=0$ 时，开始维持恒定的应变 ε_0，在此之后的某一时刻 τ，突然撤出应力。求 $t>\tau$ 时的应变 $\varepsilon(t)$。

3. 已知某材料松弛模数 $E(t)=Ee^{-\frac{t}{t_a}}$。根据蠕变柔量与松弛模数的关系，求蠕变柔量表达式。

第5章　动态性能及温度效应

在前面中讨论线黏弹性体的本构方程时，引进了表示材料性能的蠕变函数和松弛函数。一般来说，它们是由蠕变和应力松弛等准静态实验来确定的。这些实验所提供的是从10 s到10 a左右时间的数据，而工程中许多材料所受外载荷作用的时间却很短，或受到随时间交替变化的外部作用，因此，必须研究材料的动态力学性能。

关于黏弹材料的蠕变、应力松弛、振动、冲击和对温度的依赖性等方面的实验研究内容，可参阅的论著较多。本章着重讨论黏弹性动态性能的描述与表达、各材料函数之间的一些重要关系以及与动态性能密切相关的能量耗散问题。

为了研究材料受动载荷作用的黏弹行为，常用振动实验。虽然为适应各种频率以及温度等条件而有许多不同的振动实验方法，但是它们的共同点是：测定黏弹体在交变应力或交变应变应用下的响应，研究动态黏弹性能有关物理量的表达。

5.1　复模量和复柔量

研究材料受振动之类随时间变化的载荷作用时，与讨论蠕变和应力松弛相仿，可用两种方式进行：一是求物体在交变应力作用下所产生的应变；一是求在交变应变条件下的应力响应。

大家知道，当弹性体受到呈正（余）弦变化的应力作用时，应变与应力同相地做正（余）弦波的变化[图5.1(a)]。对黏性流体，应变则滞后 $\pi/(2\omega)$ 时间[图5.1(b)]，其中 ω 为频率。一般黏弹性材料的应变响应介于上述两者之间，若用 δ 表示相位差，则 $0<\delta<\frac{\pi}{2}$，应变滞后的时间为 δ/ω，如图5.1(c)所示。

为方便起见，设材料所受到的振荡应变为

$$\varepsilon(t)=\varepsilon_0\mathrm{e}^{\mathrm{i}\omega t}=\varepsilon_0(\cos\omega t+\mathrm{i}\sin\omega t) \tag{5.1}$$

式中，ε_0 是应变幅；ω 为角速度。任一时刻的应变可分为实部 $\varepsilon_0\cos\omega t$ 和虚部 $\varepsilon_0\sin\omega t$，我们可以求出它们相应的应力响应表达式。

考虑稳态条件下一周期内的情形。由式(3.98c)有：

$$P\sigma=Q\varepsilon$$

因为 P 和 Q 均为线性实数算子，当 $\varepsilon(t)=\varepsilon_0\mathrm{e}^{\mathrm{i}\omega t}$ 时，应力亦必有公因子 $\mathrm{e}^{\mathrm{i}\omega t}$，即应力响应为

$$\sigma(t)=\sigma^*\mathrm{e}^{\mathrm{i}\omega t}=\sigma_0\mathrm{e}^{\mathrm{i}(\omega t+\delta)} \tag{5.2}$$

其中，σ^* 是复应力幅。

将式(5.1)和(5.2)代入式(3.98c)，得到

$$\sum_{k=0}^{\infty}p_k(\mathrm{i}\omega)^k\sigma^*\mathrm{e}^{\mathrm{i}\omega t}=\sum_{k=0}^{n}q_k(\mathrm{i}\omega)^k\varepsilon_0\mathrm{e}^{\mathrm{i}\omega t}$$

或

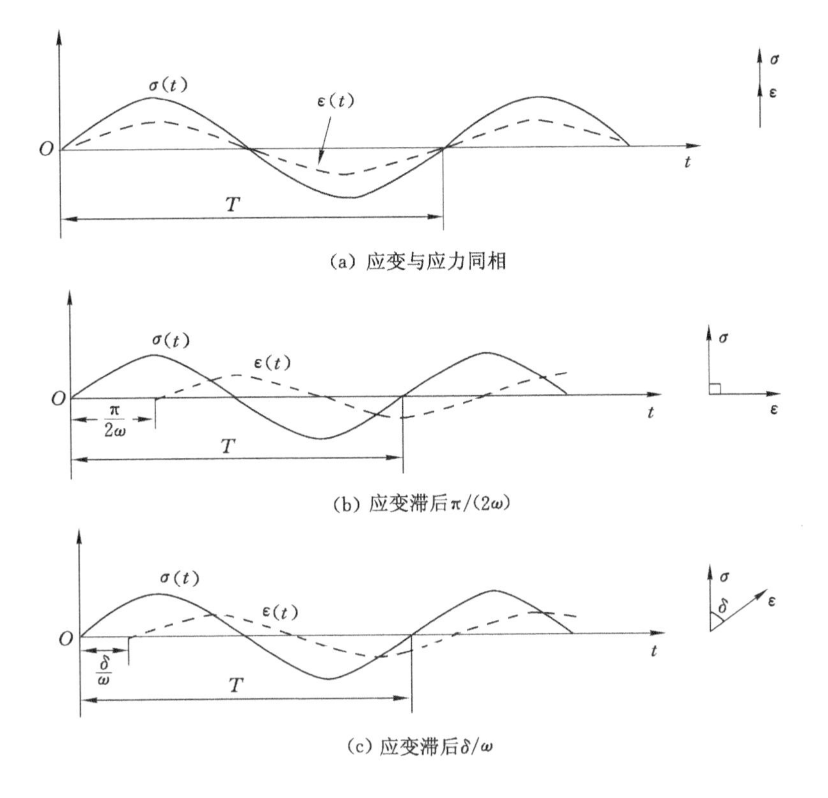

(a) 应变与应力同相

(b) 应变滞后π/(2ω)

(c) 应变滞后δ/ω

图 5.1　正(余)弦载荷下应力与应变关系

$$\sigma^* = \varepsilon_0 \frac{\sum_{k=0}^{n} q_k (\mathrm{i}\omega)^k}{\sum_{k=0}^{\infty} p_k (\mathrm{i}\omega)^k} = \varepsilon_0 \bar{Q}(\mathrm{i}\omega)/\bar{P}(\mathrm{i}\omega) \tag{5.3}$$

式中，$\bar{P}(\mathrm{i}\omega)$和$\bar{Q}(\mathrm{i}\omega)$是关于 $\mathrm{i}\omega$ 的多项式，见式(3.101)，只是其中的 s 变成了 $\mathrm{i}\omega$。

令

$$\frac{\sigma(t)}{\varepsilon(t)} = \frac{\sigma^*}{\varepsilon_0} = \frac{\bar{Q}(\mathrm{i}\omega)}{\bar{P}(\mathrm{i}\omega)} = Y^*(\mathrm{i}\omega) = Y_1 + \mathrm{i}Y_2 \tag{5.4}$$

则 $Y^*(\mathrm{i}\omega)$即为动态模量，常称为复模量，它是频率 ω 的函数，与应力和应变幅值无关，且不随时间而变化。拉压复模量可写作 $E^* = E_1(\omega) + \mathrm{i}E_2(\omega)$；剪切复模量用 $G^* = G_1(\omega) + \mathrm{i}G_2(\omega)$来表示。

将复应力幅分成实部和虚部，即

$$\sigma^* = q' + \mathrm{i}\sigma'' = \varepsilon_0(Y_1 + \mathrm{i}Y_2)$$

则应力响应表示为

$$\sigma(t) = \sigma^* \mathrm{e}^{\mathrm{i}\omega t} = (\sigma'\cos\omega t - \sigma''\sin\omega t) + \mathrm{i}(\sigma''\cos\omega t + \sigma'\sin\omega t) \tag{5.5}$$

式中的应力实部对应于应变的实部$\varepsilon_0\cos\omega t$，而应力虚部对应于应变的虚部$\varepsilon_0\sin\omega t$，这可用几何图形说明(图5.2)。在$R$、$I$直角坐标系中，应变和复应力幅分别为$\varepsilon(\varepsilon_0, 0)$和$\sigma^*(\sigma', \sigma'')$，它们的相差为 δ，因而有

$$\sigma' = |\sigma^*|\cos\delta = \varepsilon_0 Y_1$$

$$\sigma'' = |\sigma^*| \sin\delta = \varepsilon_0 Y_2$$

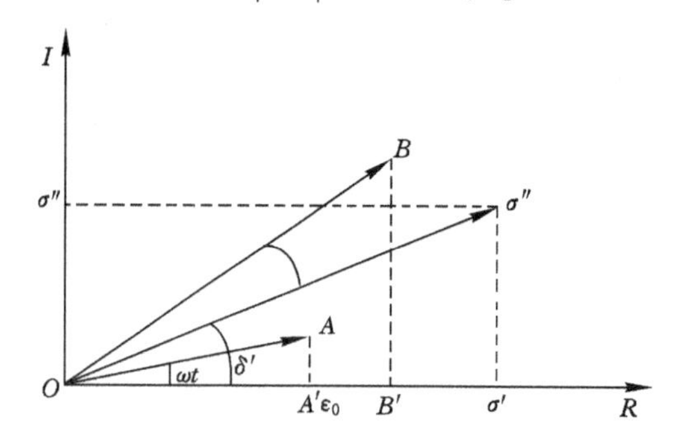

图 5.2　复应力-复应变

任一时刻 t 的应变和应力值，即式(5.1)和式(5.5)分别用 OA 和 OB 来表示，它们以同一角频率 ω 做等速旋转，其夹角(相角差 δ)不变。因此，t 时刻的应变实部和应力实部分别用 OA' 和 OB' 表示，有：

$$OA' = \varepsilon_0 \cos\omega t$$

$$\begin{aligned} OB' &= |\sigma^*| \cos(\omega t + \delta) = (|\sigma^*| \cos\delta)\cos\omega t - (|\sigma^*| \sin\delta)\sin\omega t \\ &= \sigma' \cos\omega t - \sigma'' \sin\omega t \end{aligned}$$

它们分别对应于式(5.1)和式(5.5)的实部。亦可从图中说明应变和应力的虚部相对应。

由上述可见，给定应变 OA'，则应力响应由两部分组成：一是与应变同相的值 $\sigma' \cos\omega t$；一是与应变有相差的 $\sigma'' \sin\omega t$。

显然，δ 越大即应变与应力的相差越大，说明材料的黏滞性越大，且有

$$\tan\delta = \sigma''/\sigma' = Y_2/Y_1 \tag{5.6}$$

若材料受到振荡应力作用，即当

$$\sigma(t) = \sigma_0 e^{i\omega t} \tag{5.7}$$

时，应变响应为

$$\varepsilon(t) = \varepsilon^* e^{i\omega t} = \varepsilon_0 e^{i(\omega t - \delta)} \tag{5.8}$$

式中，ε^* 为复应变幅。

将式(5.7)和式(5.8)代入微分关系式(3.98c)，整理后得

$$\frac{\varepsilon(t)}{\sigma(t)} = \frac{\varepsilon^*}{\sigma_0} = \frac{\bar{P}(i\omega)}{\bar{Q}(i\omega)} \equiv J^*(i\omega) \equiv J_1 - iJ_2 \tag{5.9}$$

式中，$J^*(i\omega)$称为复柔量或动态柔量。应该注意的是，为便于今后表达材料复函数的虚部、实部关系，复柔量的虚部前面取负号。

由式(5.9)和式(5.4)可见，复柔量和复模量函数的物理意义类似于蠕变柔量和松弛模量，分别表示动应力作用时的应变响应和动应变情形下的应力响应。它们是动态黏弹性能的主要标志。

对于应力幅和应变幅均为复数的一般情形，即

$$\sigma_0 = \sigma' + i\sigma'', \quad \varepsilon^* = \varepsilon' + i\varepsilon''$$

由式(5.9)有

$$\varepsilon' + i\varepsilon'' = (J_1 - iJ_2)(\sigma' + i\sigma'')$$

因而得出

$$\varepsilon' = J_1\sigma' + J_2\sigma'', \quad \varepsilon'' = J_1\sigma'' - J_2\sigma' \tag{5.10}$$

这就是说，若已知作用的应力 $\sigma = (\sigma' + \mathrm{i}\sigma'')e^{\mathrm{i}\omega t}$ 以及材料性质 $J^* = J_1 - \mathrm{i}J_2$，便可由式(5.10)求出 ε' 和 ε''。因而该物体所产生的应变响应为

$$\varepsilon(t) = (\varepsilon' + \mathrm{i}\varepsilon'')e^{\mathrm{i}\omega t}$$

反之，由方程(5.10)可解得

$$\sigma' = \frac{J_1\varepsilon' - J_2\varepsilon''}{J_1^2 + J_2^2}, \quad \sigma'' = \frac{J_1\varepsilon'' + J_2\varepsilon'}{J_1^2 + J_2^2} \tag{5.11}$$

若已知 J^*，便可通过上式求出应变 $\varepsilon(t) = (\varepsilon' + \mathrm{i}\varepsilon'')e^{\mathrm{i}\omega t}$ 作用下的应力响应。例如，$\varepsilon' = 1$，$\varepsilon'' = 0$，即在

$$\varepsilon(t) = e^{\mathrm{i}\omega t} = \cos\omega t + \mathrm{i}\sin\omega t$$

作用下，由式(5.11)求得

$$\sigma' = \frac{J_1}{J_1^2 + J_2^2}, \quad \sigma'' = \frac{J_2}{J_1^2 + J_2^2}$$

因而应力响应为

$$\sigma(t) = \frac{J_1 + \mathrm{i}J_2}{J_1^2 + J_2^2}e^{\mathrm{i}\omega t}$$

同理，在 $\varepsilon_0 = \varepsilon' + \mathrm{i}\varepsilon''$ 作用下 $\sigma^* = \sigma' + \mathrm{i}\sigma''$ 的情形，由式(5.4)可得

$$\sigma' = Y_1\varepsilon' - Y_2\varepsilon'', \quad \sigma'' = Y_2\varepsilon' + Y_1\varepsilon'' \tag{5.12}$$

进而有

$$\varepsilon' = \frac{Y_1\sigma' + Y_2\sigma''}{Y_1^2 + Y_2^2}, \quad \varepsilon'' = \frac{Y_1\sigma'' - Y_2\sigma'}{Y_1^2 + Y_2^2} \tag{5.13}$$

式(5.13)可用于交变应力作用下的变形计算。

5.2 复模量和复柔量的计算

根据定义，或由式(5.4)和(5.9)可知，复模量与复柔量互为倒数，即

$$Y^*(\mathrm{i}\omega) = 1/J^*(\mathrm{i}\omega) \tag{5.14}$$

或

$$Y_1 + \mathrm{i}Y_2 = 1/J_1 - \mathrm{i}J_2$$

因而

$$Y_1(\omega) = \frac{J_1(\omega)}{J_1^2(\omega) + J_2^2(\omega)}$$
$$Y_2(\omega) = \frac{J_2(\omega)}{J_1^2(\omega) + J_2^2(\omega)} \tag{5.15}$$

显然，也能用 Y_1 和 Y 来表示 J_1 和 J_2：

$$J_1(\omega) = \frac{Y_1(\omega)}{Y_1^2 + Y_2^2}, \quad J_2(\omega) = \frac{Y_2(\omega)}{Y_1^2 + Y_2^2}$$

所以，对于 Y^* 和 J^*，若其中之一为已知，则可换算得另一个函数。

如果已知材料的微分型本构关系，可通过式(5.4)和式(5.9)，或直接由本构方程得出

复模量和复柔量。

例如,三参量固体的本构方程式(3.58)为

$$\sigma + p_1\dot{\sigma} = q_0\varepsilon + q_1\dot{\varepsilon}$$

将 $\sigma = \sigma_0 e^{i\omega t}$ 和 $\varepsilon = \varepsilon^* e^{i\omega t}$ 代入上式,得

$$\varepsilon^* = \frac{1 + p_1(i\omega)}{q_0 + q_1(i\omega)}\sigma_0$$

因此有

$$J^*(i\omega) = \frac{\bar{P}(i\omega)}{\bar{Q}(i\omega)} = \frac{1 + i\omega p_1}{q_0 + i\omega q_1}$$

即

$$\begin{aligned} J_1(\omega) &= \frac{q_0 + p_1 q_1 \omega^2}{q_0^2 + q_1^2\omega^2} \\ J_2(\omega) &= \frac{(q_1 - p_1 q_0)\omega}{q_0^2 + q_1^2\omega^2} \end{aligned} \tag{5.16}$$

当 $\omega = 0$ 时,$J_1 = 1/q_0$,$J_2 = 0$。

当 $\omega \to \infty$ 时,$J_1 = p_1/q_1$,$J_2 = 0$。

频率自零至无限大变化时的 J_1 和 J_2 值如图 5.3 所示。

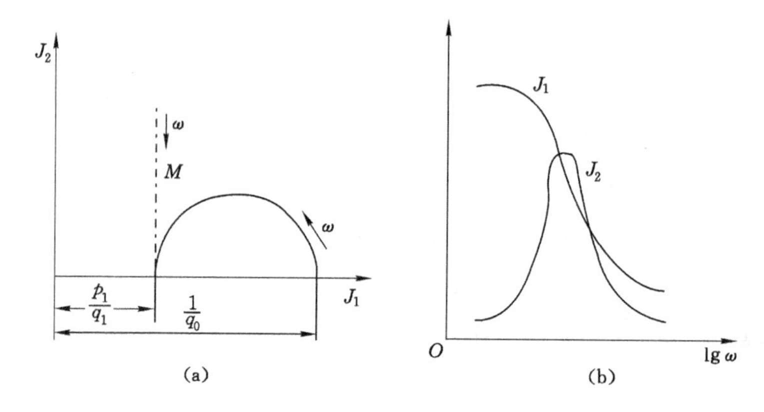

图 5.3 复柔量

由式(5.6)及式(5.15)有:

$$\tan\delta = Y_2/Y_1 = J_2/J_1$$

可见,当频率为零或很高时,三参量固体的应变和应力没有相差,体现弹性固体的性质。

对于 Kelvin 固体,微分关系式(3.58)中 $p_1 = 0$,因而

$$J_1 = \frac{q_0}{q_0^2 + q_1^2\omega^2}, \quad J_2 = \frac{q_1\omega}{q_0^2 + q_1^2\omega^2} \tag{5.17}$$

当 $\omega = 0$ 时,$J_1 = 1/q_0 = 1/E$,$J_2 = 0$。

当 $\omega \to \infty$ 时,$\tan\delta = J_2/J_1 = q_1\omega/q_0 \to \infty$,$\delta \to \frac{\pi}{2}$,即在高频下有流体的特征。

对于 Maxwell 模型,式(3.58)中 $q_0 = 0$,因而有

$$J_1 = \frac{p_1 q_1 \omega^2}{q_1^2\omega^2} = p_1/q_1 = 1/E, \quad J_2 = 1/(\eta\omega) \tag{5.18}$$

其变化情况如图5.3(a)中虚线所示。由式(5.18)得 $\tan\delta = E/(\eta\omega)$。可见,低频振荡应力下为流体的Maxwell材料,在高频时呈现固体的性能。

将式(5.18)代入式(5.15),得Maxwell材料的复模量

$$Y_1(\omega)=\frac{E^2\eta^2\omega^2}{E^2+\eta^2\omega^2},\quad Y_2(\omega)=\frac{E^2\eta\omega}{E^2+\eta^2\omega^2} \tag{5.19}$$

将复模量定性地表示于图5.4中,因 $\tan\delta = E/(\eta\omega) = 1/(\tau\omega)$,在该坐标系下为一条斜率为 $-\tau$ 的斜直线。

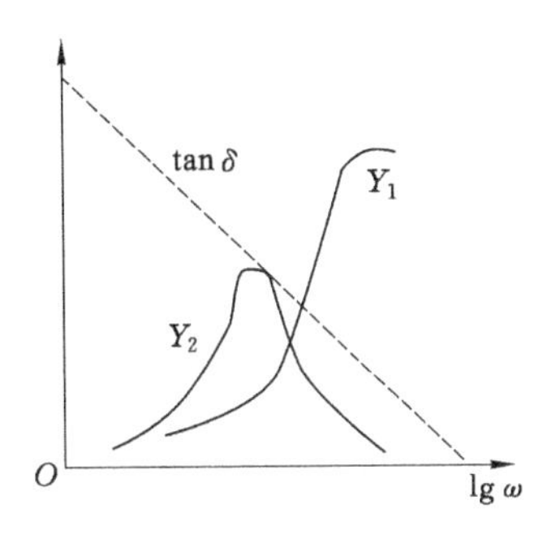

图5.4　复模量

以上所述是由微分型本构方程来导出复模量和复柔量的表达以及它们之间的关系式。有关材料函数之间的换算公式将在5.4节中介绍。

5.3　黏弹性材料的能耗

黏弹性体受到交变载荷作用时,由于应变与应力不同相而产生黏滞效应。这是动态黏弹性能的一个重要特征。轮胎和传动皮带在高速运行中的内部发热现象,减振材料与结构的黏弹性阻尼作用,都涉及黏滞效应导致的能量耗散问题。

由式(5.6)和式(5.15)可见,表示材料动态性能的复模量和复柔量(用实部和虚部表示)与滞后相位角 δ 有图5.5中所示的关系。其中实部 Y_1 相应的应力与应变同相位,它们体现能量储存,通常称 $Y_1(\omega)$ 为储能模量。与应变成相位差 $\pi/2$ 的与应力有关的虚部 $Y_2(\omega)$,则称为损耗模量。同理,分别称 $J_1(\omega)$ 和 $J_2(\omega)$ 为储能柔量和损耗柔量。将说明黏滞程度的滞后角的正切 $\tan\delta = Y_2/Y_1 = J_2/J_1$ 称为损耗因子。

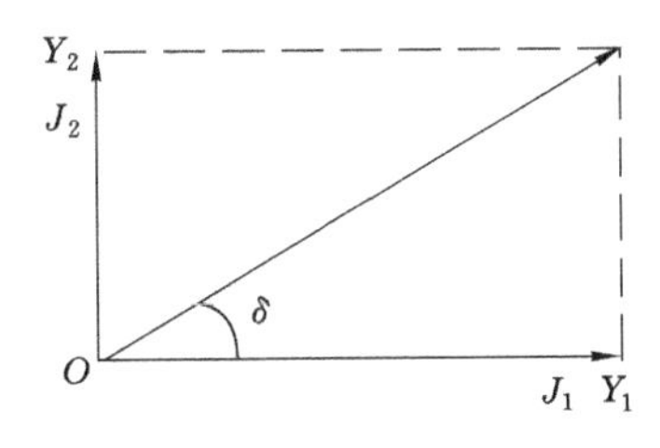

图5.5　复模和复柔量的滞后相位角

为了讨论材料的能量耗散问题,首先讨论外部作用产生的变形功。根据 $\mathrm{d}w = \sigma\mathrm{d}\varepsilon$,可得出单位体积黏弹性材料的能量:

$$W=\int\sigma\mathrm{d}\varepsilon=\int\sigma\dot{\varepsilon}\,\mathrm{d}t \tag{5.20}$$

这是一般公式。对于弹性体，它表示应变能；对于等温条件下的黏弹体，它含有弹性势能和耗散能两部分。下面将式(5.20)用于周期应力或周期应变作用的特殊情形。

设物体所受作用为应变 $\varepsilon(t)=\varepsilon_0\mathrm{e}^{\mathrm{i}\omega t}$，则 $\dot{\varepsilon}=\varepsilon_0(\mathrm{i}\omega)\mathrm{e}^{\mathrm{i}\omega t}$，应力响应为

$$\sigma(t)=Y^*(\mathrm{i}\omega)\varepsilon(t)=Y_1(\omega)\varepsilon(t)+\frac{Y_2}{\omega}\dot{\varepsilon}(t) \tag{5.21}$$

可见应力由两部分组成，它们分别为弹性项 $Y_1(\omega)\varepsilon(t)$ 和黏滞部分 $\dot{\varepsilon}(t)Y_2/\omega$。

一个循环(周期)内单位体积黏弹性材料的功为

$$\begin{aligned}W&=\oint\mathrm{d}w=\oint\sigma(t)\,\mathrm{d}\varepsilon(t)\\&=\oint Y_1\varepsilon(t)\,\mathrm{d}\varepsilon(t)+\oint\frac{Y_2}{\omega}\dot{\varepsilon}(t)\,\mathrm{d}\varepsilon(t)\\&=\left[\frac{1}{2}Y_1\varepsilon^2(t)\right]_0^T+\int_0^T\frac{Y_2}{\omega}\dot{\varepsilon}^2(t)\,\mathrm{d}t\end{aligned} \tag{5.22}$$

式中，$T=2\pi/\omega$ 为周期。式(5.22)表示每个循环对单位体积黏弹性材料所做的功，等式右边第一项为可逆的弹性势能，而与 Y_2 有关的第二项则表示黏滞损耗的能量，可用它进行具体计算。

例如，在 $\varepsilon(t)=\varepsilon_0\cos\omega t$ 的应变作用下，单位体积黏弹性材料所损耗的能量，以及在一个周期中，单位时间内的平均损耗能量则分别为

$$\begin{aligned}W_{\mathrm{d}}&=\frac{Y_2}{\omega}\int_0^{2\pi/\omega}\omega^2\varepsilon_0^2\sin^2\omega t\,\mathrm{d}t=\pi\varepsilon_0^2Y_2(\omega)\\D&=W_{\mathrm{d}}/T=\frac{1}{2}\varepsilon_0^2\omega Y_2(\omega)\end{aligned} \tag{5.23}$$

式中，D 称为能耗。

如果物体受交变应力 $\sigma(t)=\sigma_0\mathrm{e}^{\mathrm{i}\omega t}$ 的作用，则应变响应为

$$\varepsilon(t)=J_1\sigma(t)-\dot{\sigma}(t)J_2/\omega$$

每个周期内对单位体积黏弹性材料做功

$$W=\oint\sigma\mathrm{d}\varepsilon=\left[J_1\frac{\sigma^2(t)}{2}\right]_0^T-\frac{J_2}{\omega}\oint\sigma\mathrm{d}\dot{\sigma}$$

考虑一个特例，令 $\sigma=\sigma_0\cos\omega t$，则有能耗

$$\begin{aligned}W_{\mathrm{d}}&=-\frac{J_2}{\omega}\oint\sigma\mathrm{d}\dot{\sigma}=\omega J_2\sigma_0^2\int_0^T\cos^2\omega t\,\mathrm{d}t=\omega J_2\sigma_0^2T/2\\D&=\frac{1}{2}\omega J_2\sigma_0^2\end{aligned} \tag{5.24}$$

利用此式可计算出不同材料在 $\sigma(t)=\sigma_0\cos\omega t$ 作用下的能耗，例如：

三参量固体：$D=\dfrac{\sigma_0^2}{2}\dfrac{(q_1-p_1q_0)\omega^2}{q_0^2+q_1^2\omega^2}$。

Kelvin 固体：$D=\dfrac{\sigma_0^2}{2}\dfrac{\eta\omega^2}{E^2+\eta^2\omega^2}$。

Maxwell 流体：$D=\dfrac{\sigma_0^2}{2\eta}$。

由此可见，Maxwell 流体的能耗与频率无关。两固体模型有类似之处：当 $\omega = 0$ 时无能量损耗，即呈现固体性能；当 $\omega \to \infty$ 时，由于每一个循环均有少量能耗，而单位时间内又有许多循环，所以在频率很高时能耗为一定值。

5.4　材料函数之间的关系

蠕变柔量和松弛模量之间的关系已由式(3.103) 和式(3.104) 给出，即

$$\bar{J}(s)\bar{Y}(s) = 1/s^2$$

和

$$\int_0^t J(t-\zeta)Y(\zeta)\mathrm{d}\zeta = t, \quad \int_0^t J(\zeta)Y(t-\zeta)\mathrm{d}\zeta = t$$

由上述关系，模量与柔量可以相互推算。例如，已知松弛函数为 $E(t) = E_0 e^{-t/\tau}$，$\tau = \eta/E_0$，将 $\bar{E}(s) = E_0/\left(s + \frac{1}{\tau}\right)$ 代入式(3.103)，有

$$\bar{J}(s) = \frac{s + \frac{1}{\tau}}{E_0 s^2} = \frac{1}{E_0 s} + \frac{1}{E_0 \tau s^2}$$

逆变换得

$$J(t) = \frac{1}{E_0} + \frac{t}{\tau}$$

这就是 Maxwell 模型的蠕变柔量。

复模量与复柔量的关系由式(5.14) 确定：$Y^*(\mathrm{i}\omega)J^*(\mathrm{i}\omega) = 1$。

蠕变柔量和松弛模量是时间 t 的函数，而表示动态性能的复模量与复柔量却决定于频率 ω，本节着重说明它们之间的关系。

首先从形式上导出复模量与松弛模量之间的关系。

由动态模量定义，即 $\sigma(t) = Y^*(\mathrm{i}\omega)\varepsilon(t)$，对它做傅里叶积分变换，有

$$\frac{1}{\sqrt{2\pi}}\int_{-\infty}^{\infty}\sigma(t)e^{-\mathrm{i}\omega t}\mathrm{d}t = Y^*(\mathrm{i}\omega)\frac{1}{\sqrt{2\pi}}\int_{-\infty}^{\infty}\varepsilon(t)e^{-\mathrm{i}\omega t}\mathrm{d}t$$

考虑自然状态假设，写作

$$\int_0^{\infty}\sigma(t)e^{-\mathrm{i}\omega t}\mathrm{d}t = Y^*(\mathrm{i}\omega)\int_0^{\infty}\varepsilon(t)e^{-\mathrm{i}\omega t}\mathrm{d}t$$

或

$$\bar{\sigma}(\mathrm{i}\omega) = Y^*(\mathrm{i}\omega)\bar{\varepsilon}(\mathrm{i}\omega) \tag{5.25}$$

这是拉氏变换的一种特例，即 $s = \mathrm{i}\omega$。

另一方面，在 4.2 中曾由积分表达式(4.21a) 做变换求出

$$\bar{\sigma}(s) = s\bar{Y}(s)\bar{\varepsilon}(s)$$

式中，$s = \alpha + \mathrm{i}\omega$。令 $\alpha = 0$，则有

$$\bar{\sigma}(\mathrm{i}\omega) = \mathrm{i}\omega\bar{Y}(\mathrm{i}\omega)\bar{\varepsilon}(\mathrm{i}\omega) \tag{5.26}$$

比较式(5.25) 和式(5.26)，得到一个重要的关系式：

$$Y^*(\mathrm{i}\omega) = \mathrm{i}\omega\bar{Y}(\mathrm{i}\omega) \tag{5.27}$$

这是复模量与松弛模量相互关系的一种形式。如果松弛函数 $Y(t)$ 为已知，则可得变换值

$\overline{Y}(\mathrm{i}\omega)$，进而求出动态模量 $Y^*(\mathrm{i}\omega)$。反之，可应用已知的复模量来计算松弛函数 $Y(t)$。例如：Kelvin 体的松弛模量为 $Y(t)=E+\eta\delta(t)$，其拉氏变换为

$$\overline{Y}(s)=\frac{E}{s}+\eta$$

将其中的 s 用 $\mathrm{i}\omega$ 代入，得

$$\overline{Y}(\mathrm{i}\omega)=\frac{E}{\mathrm{i}\omega}+\eta$$

由式(5.27)得

$$Y^*=E+\mathrm{i}\omega\eta,\quad Y_1=E,\quad Y_2=\omega\eta$$

同理，从 Maxwell 材料的 $E(t)=E_0\mathrm{e}^{-t/\tau}$，$\tau=\eta/E_0$ 可以导出

$$Y^*(\mathrm{i}\omega)=\frac{E_0\eta^2\omega^2}{E_0^2+\eta^2\omega^2}+\mathrm{i}\frac{E_0\eta\omega}{E_0^2+\eta^2\omega^2}$$

用一个特例说明由复模量求应力松弛函数。设 $Y^*=E$，则由式(5.27)有 $\overline{Y}(\mathrm{i}\omega)=E/(\mathrm{i}\omega)$ 或 $\overline{Y}(s)=E/s$，逆变换得 $Y(t)=EH(t)$，所以应力应变关系即为胡克定律 $\sigma=E\varepsilon$。

复模量与松弛模量之间的关系，也可由积分型应力应变关系直接导出。

设松弛函数可表示为一般形式

$$Y(t)=Y_c+Y_\tau(t) \tag{5.28}$$

当 $t\to\infty$ 时，$Y_\tau(t)=0$，即 $t\to\infty$ 时 $Y(\infty)=Y_c$ 为一定值。这就是说，经过很长时间以后，松弛函数达到一个稳态值，即第 4 章中所指的平衡模量，如式(4.50)中 E_c。对于 $Y_\tau(t)$，则要求它是随时间增加而逐渐减小的单调递减函数。

将 $\varepsilon(t)=\varepsilon_0\mathrm{e}^{\mathrm{i}\omega t}$ 代入积分型本构关系式(4.24)，并结合式(5.28)，即

$$\sigma(t)=\int_{-\infty}^{t}Y(t-\zeta)\dot{\varepsilon}(\zeta)\mathrm{d}\zeta=Y_c\varepsilon(t)+\mathrm{i}\omega\varepsilon_0\int_{-\infty}^{t}Y_\tau(t-\zeta)\varepsilon^{\mathrm{i}\omega t}(\zeta)\mathrm{d}\zeta$$

令 $t-\zeta\equiv\xi$，上式变为

$$\begin{aligned}\sigma(t)&=Y_c\varepsilon(t)+\mathrm{i}\omega\varepsilon(t)\int_0^\infty Y_\tau(\xi)\varepsilon^{-\mathrm{i}\omega\xi}\mathrm{d}\xi\\&=\left[Y_c+\omega\int_0^\infty Y_\tau(\zeta)\sin\omega\zeta\mathrm{d}\zeta\right]\varepsilon(t)+\mathrm{i}\left[\omega\int_0^\infty Y_\tau(\zeta)\cos\omega\zeta\mathrm{d}\zeta\right]\varepsilon(t)\end{aligned}$$

将上式和 $\sigma(t)=(Y_1+iY_2)\varepsilon(t)$ 比较实部和虚部，便可得到

$$\begin{aligned}Y_1(\omega)&=Y_c+\omega\int_0^\infty[Y(\zeta)-Y_c]\sin\omega\zeta\mathrm{d}\zeta\\Y_2(\omega)&=\omega\int_0^\infty[Y(\zeta)-Y_c]\cos\omega\zeta\mathrm{d}\zeta\end{aligned} \tag{5.29}$$

这是复模量与松弛模量关系的另一重要形式。对于流体而言，Y_c 为零。

对式(5.29)做逆变换，得应力松弛模量：

$$\begin{aligned}Y(t)&=Y_c+\frac{2}{\pi}\int_0^\infty\frac{Y_1(\omega)-Y_c}{\omega}\sin\omega t\mathrm{d}\omega\\Y(t)&=Y_c+\frac{2}{\pi}\int_0^\infty\frac{Y_2(\omega)}{\omega}\cos\omega t\mathrm{d}\omega\end{aligned} \tag{5.30}$$

所以，由动态模量的虚部或实部可以求出静态模量的表达式。其中，$Y_c=Y_1(0)=Y(\infty)$。

必须指出，式(5.27)和式(5.29)是等效的。因为变换式

$$\bar{Y}(\mathrm{i}\omega)=\int_0^{\infty}[Y_c+Y_\tau(t)]\mathrm{e}^{-\mathrm{i}\omega t}\mathrm{d}t$$

代入式(5.27)后，变为

$$Y_1(\omega)+\mathrm{i}Y_2(\omega)=\mathrm{i}\omega\left[\frac{Y_c}{\mathrm{i}\omega}+\int_0^{\infty}Y_\tau(t)\mathrm{e}^{-\mathrm{i}\omega t}\mathrm{d}t\right]$$

整理出 $Y^*(\mathrm{i}\omega)$ 的实部与虚部对应关系式即得式(5.29)。

与导出式(5.27)的方法相同，应用蠕变型的应力-应变关系，可推得动态柔量和柔量函数之间的关系式，即

$$J^*(\mathrm{i}\omega)=\mathrm{i}\omega\bar{J}(\mathrm{i}\omega) \tag{5.31}$$

将式(5.31)进一步展开，写作

$$J_1-\mathrm{i}J_2=\mathrm{i}\omega\int_0^{\infty}J(t)\mathrm{e}^{-\mathrm{i}\omega t}\mathrm{d}t=\mathrm{i}\omega\int_0^{\infty}J(t)(\cos\omega t-\mathrm{i}\sin\omega t)\mathrm{d}t$$

比较实部与虚部，得

$$\begin{aligned}J_1&=\omega\int_0^{\infty}J(t)\sin\omega t\,\mathrm{d}t\\J_2&=-\omega\int_0^{\infty}J(t)\cos\omega t\,\mathrm{d}t\end{aligned} \tag{5.32}$$

这说明可用积分形式将材料的静态性质与动态性质联系起来。在稳态条件下，一般黏弹性体的材料函数是能够相互变换的。

值得重视的是，在上述有关的积分变换中，需要考虑变换的存在条件。例如，对于黏性流体和 Kelvin 体，$E''_2(\omega)=\eta\omega$，此时式(5.30)将变为对常数做傅里叶余弦变换，由于函数不满足绝对可积，因而积分不收敛。这种变换不存在的情况，对于没有瞬态响应的其他黏弹性材料也会出现。类似的情况同样会出现在式(5.32)及其反演公式中，此时不便通过这些积分公式来换算材料的某些函数。

考虑到材料函数的一些特性，需对上述某些理论公式进行修正。这里以式(5.32)为例进行说明，由于蠕变函数一般是随时间而单调增加的，当 $t\to\infty$ 时，$J(t)$ 和 $\mathrm{d}J(t)/\mathrm{d}t$ 可能不为某一有限值，为此引进 η_0 和 J_c，使得当 $t\to\infty$ 时满足

$$\begin{aligned}&\frac{\mathrm{d}J(t)}{\mathrm{d}t}\to\frac{1}{\eta}\\&\left(J(t)-\frac{t}{\eta_0}\right)\to J_c\end{aligned} \tag{5.33}$$

将式(5.31)改写为

$$\begin{aligned}J^*(\mathrm{i}\omega)-J_c+\frac{\mathrm{i}}{\eta_0\omega}&=\mathrm{i}\omega\bar{J}(\mathrm{i}\omega)-J_c+\frac{\mathrm{i}}{\eta_0\omega}\\&=\mathrm{i}\omega\left[\bar{J}(\mathrm{i}\omega)-J_c-\frac{t}{\eta_0}\right]\\&=\mathrm{i}\omega\int_0^{\infty}\left[J(t)-J_c-\frac{t}{\eta_0}\right]\mathrm{e}^{-\mathrm{i}\omega t}\mathrm{d}t\end{aligned}$$

注意到 $J^*=J_1-\mathrm{i}J_2$，将上式中 $\mathrm{e}^{-\mathrm{i}\omega t}$ 表示为正弦和余弦后，比较实部和虚部得

$$\begin{aligned}J_1(\omega)&=J_c+\omega\int_0^{\infty}\left[J(t)-J_c-\frac{t}{\eta_0}\right]\sin\omega t\,\mathrm{d}t\\J_2(\omega)&=\frac{1}{\eta_0\omega}-\omega\int_0^{\infty}\left[J(t)-J_c-\frac{t}{\eta_0}\right]\cos\omega t\,\mathrm{d}t\end{aligned} \tag{5.34}$$

对于黏弹性固体，上式中的 $1/\eta_0$ 为零。由式(5.34)可得反演公式(5.35)：

$$J(t)=J(0)+\frac{t}{\eta_0}+\frac{\pi}{2}\int_0^{\infty}\frac{J_1(\omega)-J(0)}{\omega}\sin\omega t\,\mathrm{d}\omega$$
$$J(t)=J(0)+\frac{t}{\eta_0}+\frac{\pi}{2}\int_0^{\infty}\left[\frac{J_1(\omega)}{\omega}-\frac{1}{\eta_0\omega}\right](1-\cos\omega t)\,\mathrm{d}\omega \tag{5.35}$$

式中，$J(0)=J(t)|_{t=0}=J_1(0)$，可由式(4.35)求得。

式(5.29)、式(5.30)、式(5.34)和式(5.35)为材料函数之间的理论关系式。然而，在做积分换算以及使用实验资料表示材料函数的过程中，往往有着许多具体困难，因此，对于材料函数的实用表达与换算，常常使用近似的关系式。像聚合物等材料，一般采用松弛时间谱 $H(\tau)$ 和延滞时间谱 $L(\tau)$ 来表示材料的黏弹性性能。而在应用中，$H(\tau)$、$L(\tau)$ 以及它们与松弛函数、蠕变函数之间的关系，则可用某些近似的表达式。

5.5 动态力学性能与频率的关系

由式(5.4)和式(5.9)可以看出，材料的复模量和复柔量都决定于频率，动态力学性能的函数 Y_1、Y_2、J_1、J_2 和 $\tan\delta$ 都与频率有关，本节以聚合物为例说明一些实验结果及其数学表达式。

根据实验的数据可用图5.6说明固态聚合物的剪切储能模量 G_1、损耗模量 G_2 以及 $\tan\delta$ 随频率 ω 而变化的情况。G_1 值在低频时较小(约 10^5 Pa)，在高频时相当大(约 10^9 Pa)，各相应于高弹橡胶态和玻璃态。这两种情形下 G_1 均不随频率发生显著变化。而在某一频率范围内，随着 ω 增加，G_1 迅速增大，呈现黏弹固体性能。损耗模量 G_2 在低频和高频时都很低，乃至接近于零，在某一频率范围内，G_2 开始逐渐增大，当 G_1 增加最快时 G_2 达最大值，然后随 ω 增高而又降低。$\tan\delta$ 决定于 G_2 和 G_1 的比值，它也出现峰形，其最大值时的频率比 G_2 最大值时的频率低一些。

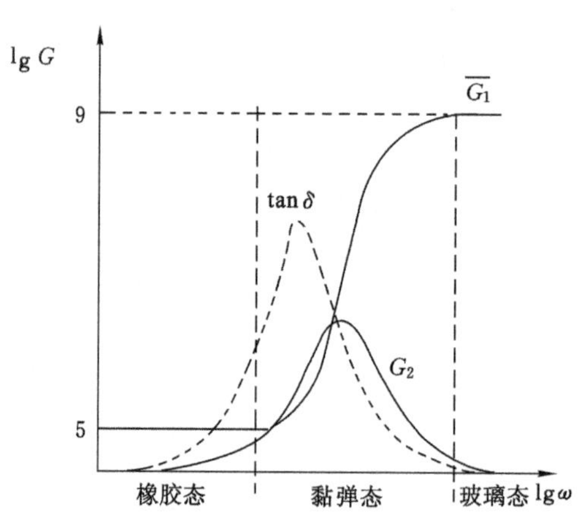

图5.6　固态聚合物模量参数随频率变化规律

储能柔量 J_1 和损耗柔量 J_2 随频率而变化的规律，如图5.3(b)所示。

有关复模量和复柔量的数学表达式，对于一些简单模型来说，曾在5.2节中给出。显然，Maxwell和Kelvin模型都不能恰当地描述聚合物的动态力学行为；三参量固体和Burgers模型比较符合一些实验结果。一般，可用式(4.50)或式(4.49)来模拟实际情况。

把用松弛时间谱表示的松弛函数改写为如式(5.28)所示的一般形式，即

$$Y(t)=Y_c+Y_\tau(t)$$

式中，Y_c 为平衡模量；$Y_\tau(t)$为随时间呈指数衰减的函数。考虑动态应变下的应力响应，可以导出复模量与松弛函数的关系式(5.29)，写作

$$Y_1(\omega)=Y_c+\omega\int_0^\infty Y(\zeta)\sin\omega\zeta\,\mathrm{d}\zeta$$

$$Y_2(\omega)=\omega\int_0^\infty Y(\zeta)\cos\omega\zeta\,\mathrm{d}\zeta$$

将此二式各进行分部积分，并利用 $Y_\tau(\infty)\to 0$，有

$$\begin{cases}Y_1(\omega)=Y_c+Y_\tau(0)+\displaystyle\int_0^\infty\cos\omega\zeta\,\frac{\mathrm{d}Y_\tau(\zeta)}{\mathrm{d}\zeta}\mathrm{d}\zeta\\ Y_2(\omega)=-\displaystyle\int_0^\infty\sin\omega\zeta\,\frac{\mathrm{d}Y_\tau(\zeta)}{\mathrm{d}\zeta}\mathrm{d}\zeta\end{cases}\tag{5.36}$$

考虑松弛函数中 $Y_\tau(t)$呈指数衰减的情况，由式(5.36)可以得出：

当 $\omega\to 0$ 时有：

$$Y_1(\omega)=Y_c+Y_\tau(0)+[Y_\tau(\zeta)]_0^\infty=Y_c$$

$$Y_1(\omega)=0$$

这时 $Y^*(\mathrm{i}\omega)=Y_c$，$\tan\delta\to 0$。

当 $\omega\to\infty$ 时有：

$$\begin{aligned}Y_2(\omega)&=Y_c+Y_\tau(0)+\lim_{\omega\to\infty}\int_0^\infty\frac{\mathrm{d}Y_\tau(\zeta)}{\mathrm{d}\zeta}\cos\omega\zeta\,\mathrm{d}\zeta\\&=Y_c+Y_\tau(0)=Y(0)\end{aligned}$$

$$Y_2(\omega)=-\lim_{\omega\to\infty}\int_0^\infty\frac{\mathrm{d}Y_\tau(\zeta)}{\mathrm{d}\zeta}\sin\omega\zeta\,\mathrm{d}\zeta=0$$

相应有 $Y^*(\mathrm{i}\omega)=Y_c+Y_\tau(0)$，$\tan\delta\to 0$。

在上述积分中利用了定积分公式($a>0$)：

$$\int_0^\infty \mathrm{e}^{-ax}\cos bx\,\mathrm{d}x=\frac{a}{a^2+b^2},\quad\int_0^\infty \mathrm{e}^{-ax}\sin bx\,\mathrm{d}x=\frac{b}{a^2+b^2}$$

由这些积分公式，能够通过式(5.36)确定 $Y_1(\omega)$和 $Y_2(\omega)$。

利用上述所求得的 $Y_1(\omega)$和 $Y_2(\omega)$，作出随频率而变化的图形，它们与图 5.6 所示的实验结果相似。这说明用适当的记忆函数，可以很好地描述材料的黏弹性能。

5.6　时间-温度等效原理

前面讨论本构关系与材料的黏弹性行为时，没有考虑温度因素，即研究的是等温情形。实际上，材料的黏弹性能随温度改变而发生变化，常温下没有明显蠕变的材料，在较高温度时会产生显著的变形与流动；如果温度变化太大，还会改变材料的力学性态。

图 5.7 表示高聚物的模量-温度关系。该图线可划分为四个区域，分别相应于材料的玻璃态、黏弹态、橡胶态和流动态。为确定起见，采用各种温度下突加恒应变作用10 s时所测得的松弛模量，即 $E(10,T)$，由实验所得的曲线表示定时条件下的模量-温度关系。低温时松

弛模量高于 10^9 Pa，记作 E'，聚物态呈现硬而脆的性能，处于玻璃态。随着温度升高，材料由脆性玻璃态向高弹橡胶态转变，这一玻璃化转变区有时成为黏弹态。模量在转变区发生几个数量级的下降。表征玻璃化转变区主要用两个参数：一是等应变作用10 s时模量为 10^8 Pa所相应的转折温度 T_i；另一个参数是此转折点处曲线的负斜率 $\tan\theta$。表 5.1 列出了表征这些黏弹性能的参数。当温度进一步升高时，材料进入高弹橡胶态，10 s模量在此区间基本不变，用 E'' 来表示，它的量级一般为 10^6 Pa。如果温度继续升高，试样将逐渐变成黏性流体，模量将显著降低。

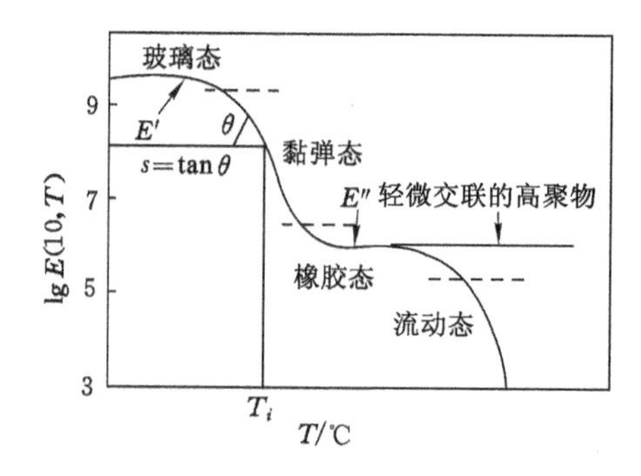

图 5.7 高聚物的模量-温度关系

表 5.1 聚合物的黏弹性特征参数值

聚合物	E'/Pa	E''/Pa	T_i/℃	S/Pa·℃$^{-1}$
结晶型聚合物				
聚乙烯	3×10^9	3×10^6	75	0.01
聚氯乙烯	4	2	78	0.25
无定形线性聚合物				
聚异丁烯	3.5	1	−62	0.15
天然橡胶(未硫化)	2.5	4	−67	0.2
聚苯乙烯	2	0.5	101	0.2
聚丙烯酸甲酯	3	1.5	16	0.2
聚甲基丙烯酸甲酯	1.5	2	107	0.15
聚丙烯酸丁酯	1.5	0.5	−53	0.2
聚甲基丙烯酸丁酯	1	1	31	0.15
聚顺丁二烯	2	1	−106	0.2
聚四硫化乙烯	2	4	−24	0.15
无规立构聚丙烯	2	2.5	−16	0.2
聚苊	—	—	264	0.1
聚丙烯酸乙基己酯	—	0.5	−70	0.2
硒	6	—	45	0.15
硫	—	—	−28	0.2
双酚 A 聚碳酸酯	1.5	5	150	0.3

表 5.1(续)

聚合物	E'/Pa	E''/Pa	T_i/℃	S/Pa・℃$^{-1}$
聚二硫化乙基醚	0.5	2	−53	0.25
聚二硫化乙基甲醛	1	0.5	−58	0.35
轻微交联的无定形聚合物				
天然橡胶(已硫化)	3.5	4	−57	0.2
聚四氢呋喃	3	10	−73	0.15
聚甲基丙烯酸-2 羟基乙酯	3	2.5	96	0.1
聚甲基丙烯酸特丁氨基乙酯	2.5	1	41	0.1
聚甲基丙烯酸乙酯	2.5	2.5	77	0.1
聚甲基丙烯酸正丙酯	2	2	56	0.1
聚甲基丙烯酸甲氧基乙酯	2	1.5	23	0.1
聚甲基丙烯酸二乙胺基乙酯	2	0.5	26	0.1

注:S 为与温度有关的松弛模量。

高聚物的松弛模量和蠕变柔量,既是时间的函数,又是温度的函数。通常,在一定的温度范围内,温度升高会加速蠕变或松弛的进程。在较低温度下需要较长时间才能观察到的某一松弛行为,能在较高温度下用较短时间来获得。同理,某一蠕变实验可用适当提高温度的办法在较短时间内做出来。这就是说,改变温度尺度和改变时间的尺度是等效的,简称为时温等效。

根据时温等效原理,某一温度条件下的应力松弛过程,可用不同温度下的模量-时间曲线叠合而得,如图 5.8 所示。一般,当温度较低时,短时间内只能得出模量-时间曲线的一段,例如图 5.8 左侧 T_1 温度下的一段曲线,要继续得到 T_1 温度下的模量-时间关系,需要经历很长的时间。如果升高温度,在 T_2 作用下,能在较短时间内得到另一段曲线,将此段虚线移位到右侧,可以看到 T_1 和 T_2 温度下的两段曲线在模量相同部分完全重叠。这就是说,T_2 温度下的短时间模量即为 T_1 温度下较长时间继续观察的结果。如此叠合所得的曲线便表示某一参考温度下的模量-时间关系。在所选择的参考温度条件下,其模量-时间曲线相应的时间坐标应完全相同,如图中 T_3 温度时的实验曲线和叠合曲线。

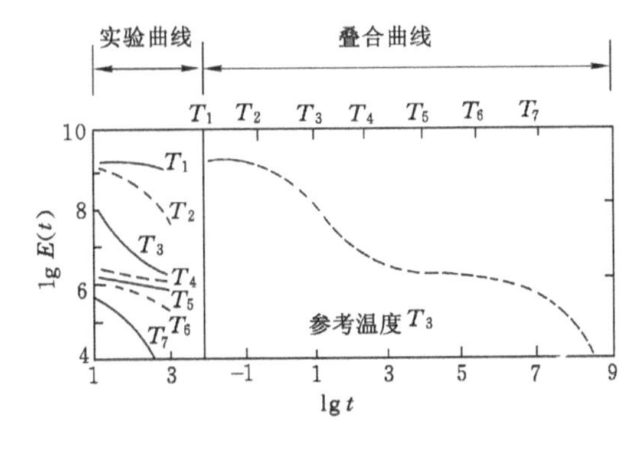

图 5.8　应力松弛曲线

时温等效可表示为

$$E(t,T)\rightleftharpoons E(\zeta,T_0)$$

其中，T_0 是基准绝对温度。上式表明：T 温度条件 t 时刻的模量可以用 T_0 温度 ζ 时刻的数值来表示。这里讨论的高聚物有一种热流变的简单行为：温度不同而引起的材料黏弹性能变化，相当于对数时间坐标水平移动产生的结果。如图 5.9 所示的松弛模量，温度升高时的 $E(t)$，相当于基准温度 T_0 时所得曲线沿时间对数减少方向移动 $\lg a_T$，即

$$E(t,T)=E(t/a_T,T_0)=L(\lg t-\lg a_T,T_0) \tag{5.37}$$

上述第一个等式说明温度改变与时间改变是等效的，第二个等式说明时间的改变体现在对数坐标值有一移动量。a_T 称为移位因子，可定义为

$$\zeta=t/a_T,\quad \tau=\tau_0 a_T$$

式中，τ_0 和 τ 分别表示 T_0 和 T 绝对温度条件下的松弛时间。

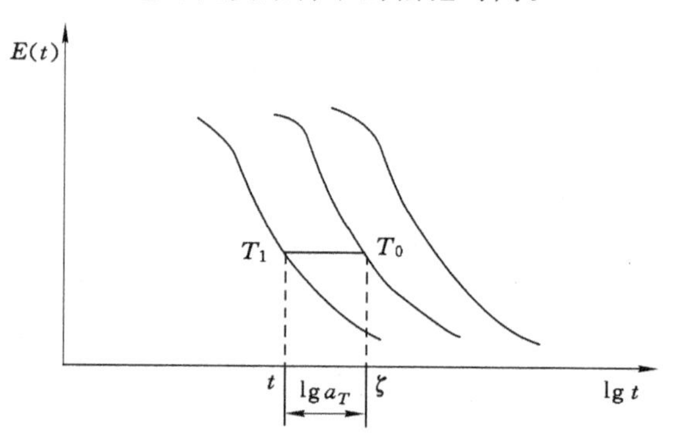

图 5.9　松弛模量

温度的改变会引起模量本身的变化，同时，还会导致高聚物密度的变化，而模量又将随单位体积所含物质的多少而改变。考虑这些因素，可以给出

$$\frac{E(t,T)}{T\rho(T)}=\frac{E(t/a_T,T_0)}{T_0\rho(T_0)}$$

因此，利用不同温度 T 条件下的实验结果，可以得到参考温度 T_0 下任意时刻的模量：

$$E(t/a_T,T_0)=\frac{T_0\rho(T_0)}{T_0\rho(T)}E(t,T) \tag{5.38}$$

对于柔量函数，则有

$$J(t/a_T,T_0)=\frac{T\rho(T)}{T_0\rho(T_0)}J(t,T) \tag{5.39}$$

在图 5.8 中，T_3 为参考温度，$T_3\rho(T_3)/T_3\rho(T_3)=1$，因而纵坐标值不产生位移。一般，由于 $T_0\rho(T_0)/T\rho(T)$ 不等于1，作叠合曲线时需把图 5.8 中右侧各温度条件下的曲线，先校正竖直方向的数值，后沿时间坐标方向移位，这样才能绘出较准确的叠合曲线。

$a_T(T)$ 是绝对温度 T 的函数，根据实验结果，F. A. 威廉斯等发现在玻璃化转变温度附近，有关系式

$$\lg a_T=\frac{-C_1(T-T_0)}{C_2+T-T_0} \tag{5.40}$$

这就是常用的 WLF 方程。式中，T_0 为参考温度，常取作玻璃化转变温度 T_θ；C_1 和 C_2 为材料

常数，原先以为是普适常数，后来发现高聚物不同，它们是变化的，特别是 C_2 的差别较大。表5.2给出几种常见高聚物的常数值。

表 5.2　WLF 参数

高聚物	C_1	C_2	T_0/K
聚异丁烯	16.6	104	202
天然橡胶	16.7	53.6	200
聚氨酯高弹体	15.6	32.6	238
聚苯乙烯	14.5	50.4	373
聚甲基丙烯酸乙酯	17.6	65.5	335
普适常数	17.4	51.6	

显然，如果 $T > T_0$，$\lg a_T$ 为负，$a_T < 1$，模量函数曲线左移；如果 $T < T_0$，$a_T > 1$，$E(t)$ 曲线向右（沿时间增加的方向）移位。

有关温度效应和时温等效的进一步论述，详见高聚物黏弹性方面的专著及其中所引述的文献。

如果温度 T 随时间变化而变化，或是非均匀温度场，问题要复杂得多。事实上，温度变化不仅改变材料的黏弹性能，而且使物体的应变-应力场发生变化，存在伴随热力-耦合的过程，因而需要从能量守恒与熵不等式出发导出有关方程，由非负功不等式或损耗不等式得出对材料函数的若干限制，这些内容属于热黏弹性力学的范畴。

5.7　思考与练习

1. 阐述复模量和复柔量的概念和计算过程。
2. 推导 Kelvin 固体在 $\sigma(t)=\sigma_0\cos\omega t$ 作用下的能耗。
3. 推导 Maxwell 流体在 $\sigma(t)=\sigma_0\cos\omega t$ 作用下的能耗。
4. 阐述时间-温度等效原理。

第6章 非线性黏弹性理论

6.1 概 述

在黏弹性材料的许多实际应用中，虽然产生的应变是可以回复的，但它的黏弹性行为并不满足 Boltzmann 叠加原理所要求的线性条件，往往呈现非线性的黏弹性力学行为。引起非线性的原因可能有多种。首先是关于小应变的限制。所谓“小应变”是指位移梯度中的二次项可以忽略。但对于合成纤维等黏弹性材料，工程上感兴趣的应变至少是 10%，而弹性体的应变可高达 100%。由大应变引起的非线性称为几何非线性。其次，即使在小应变情况下，也会呈现出明显的非线性黏弹性行为。在这种情形下，经常可以观察到在给定应力下，在短时间内表现出线性黏弹性行为，而在长时间后黏弹性行为明显地变为非线性，这一类非线性称为材料非线性。

金属材料在高温条件下的广泛使用，高聚物、橡胶和生物材料研究的迅速发展，连续体力学、计算科学和实验技术的不断发展和进步，促使黏弹性力学非线性理论的研究得到快速发展。黏弹性力学的非线性理论与线性理论有许多共同点。这两种理论之间的最基本的共同点是记忆假说，即用应力和应变之间的关系来表示时，应力的现时值不仅由应变的现时值确定，而且还与应变历史密切相关。这种关于材料对既往加载历史具有记忆的假说，是线性理论和非线性理论研究的共同出发点。

当线性条件(比例性和叠加性)受到破坏时，需要有更普遍的理论来描述材料的非线性黏弹性行为。非线性黏弹性本构理论研究有各种不同的途径和方法，大致可以归为如下几类：

① 经验的方法 —— 根据材料在实验或使用中测得的某些描述非线性黏弹性行为的数据，直接表示应力应变和时间的关系式，如幂律关系以及采用线性本构形式推广的某些本构表达式。

② 半经验修正方法 —— 依据部分实际材料的黏弹性行为，在基于实验的经验公式和某种理论分析的基础上，建立能描述黏弹性材料非线性性质的本构表达式。

③ 分子理论的处理方法 —— 采用分子理论研究材料性能，从分子机理上分析非线性黏弹性行为，建立材料的应力-应变关系。

④ 严格的演绎方法 —— 从本构关系应满足的一般原理出发，导出物质的本构方程，如多重积分形式本构关系，但它在数学上具有很大的复杂性。此外，还有针对特定材料的力学行为建立的单积分形式本构关系。

本章主要介绍连续体的变形和应力描述，非线性黏弹性的一维和三维多重积分型本构关系，基于有限变形理论、修正叠加原理等的一些单积分形式的本构方程，以及在小变形情形下讨论了一些比较实用的非线性本构方程。关于黏弹塑性问题将在下一章进行讨论。

6.2　连续体的变形和应力描述

由于本章讨论的非线性黏弹性本构理论不限于小变形情况，还涉及连续体力学中有限变形情况，因此，本节首先对连续体力学中的运动、变形和应力做一般性的描述。

6.2.1　物质坐标和空间坐标

在某一固定直角坐标系中，假设物体在时间 $\tau=0$ 以前处于自然状态(零应力、零应变状态)，在零时刻以后物体发生连续变形。将初始自然状态下物体占据的区域称为初始构形，当前时刻 t 物体占据的区域称为现时构形，变形中的某一时间 $\tau(0<\tau\leqslant t)$ 物体占据的区域称为变形中的构形，如图 6.1 所示。考察物体初始构形内的一个质点 p_0，采用符号 α_K、$x_i(t)$ 和 $x_i(\tau)$ 分别表示该质点在初始时刻、当前时刻 t 和时间 $\tau(0<\tau\leqslant t)$ 在该固定坐标系中的坐标。由于固体只存在唯一的初始构形，因此 α_K 既是初始时刻质点 p_0 在该坐标系中的坐标，也可以用来代表初始占据 α_K 位置的质点 p_0。这种记述质点初始位置的坐标 α_K，称为质点的物质坐标或 Lagrange(拉格朗日) 坐标，相应坐标系称为物质坐标系或 Lagrange 坐标系。

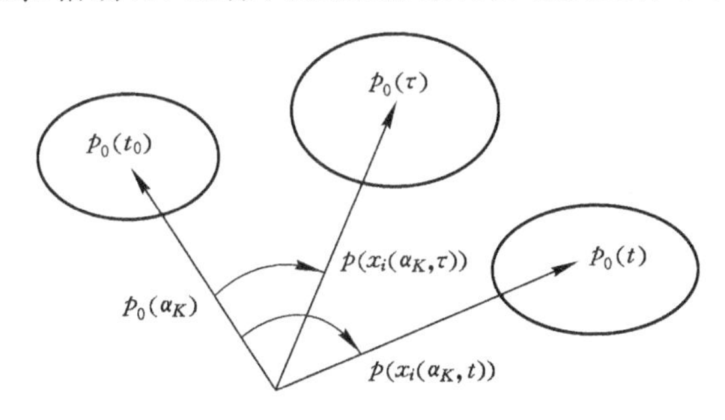

图 6.1　初始构形、现时构形和变形中的构形

在物体运动和变形中，其构形随时间而连续地发生变化。设在任一时刻 t，质点 α_K 的位置记作

$$x_i(t)=x_i(\alpha_K,t)\quad(i,K=1,2,3)\tag{6.1}$$

这种描述物体各质点现时空间位置的坐标 x_i，称为质点的空间坐标或 Euler(欧拉) 坐标，相应坐标系称为空间坐标系或 Euler 坐标系。物体的运动表现为质点在不同时间占有不同的空间位置，因此在时间 $\tau(0<\tau\leqslant t)$ 有

$$x_i(\tau)=x_i(\alpha_K,\tau)\quad(0<\tau\leqslant t)\tag{6.2}$$

连续体在运动和变形过程中，物质不会消失，各微粒之间不能相互脱离或嵌入。因此，在三维 Euler 空间中，可用函数 $x_i(\alpha_K,t)$ 随时间 t 连续变化的轨迹描述物体的运动和变形，此即物质坐标描述或 Lagrange 描述，式(6.1) 即为运动方程。反之，可用空间坐标或 Euler 描述，其运动方程为

$$\alpha_K=\alpha_K(x_i,t)\quad(i,K=1,2,3)\tag{6.3}$$

若以 $t=0$ 时刻物体占据的空间位置作为初始参考构形，规定仅在参考位置物质坐标与空间坐标相同，则在参考位置上有

$$\alpha_K=x_i(0)=x_i(\alpha_K,0)\quad(i,K=1,2,3)\tag{6.4}$$

6.2.2 变形梯度和变形张量

取初始自然状态为参考构形，研究参考构形上两个邻近的质点 α_K 和 $\alpha_K + \mathrm{d}\alpha_K$，$\tau$ 时刻它们占据的空间位置分别是 $x_i(\tau)$ 和 $x_i(\tau) + \mathrm{d}x_i(\tau)$，或直接以 $\boldsymbol{\alpha}$ 和 $\boldsymbol{\alpha} + \mathrm{d}\boldsymbol{\alpha}$ 表示这两个质点的初始位置矢量，以 $\boldsymbol{x}(\tau)$ 和 $\boldsymbol{x}(\tau) + \mathrm{d}\boldsymbol{x}(\tau)$ 来表示 τ 时刻的位置矢量。忽略 $|\mathrm{d}\boldsymbol{\alpha}|$ 的二次以上的项，可得到

$$\mathrm{d}\boldsymbol{x}(\tau) = x(\boldsymbol{\alpha} + \mathrm{d}\boldsymbol{\alpha}, \tau) - \boldsymbol{x}(\boldsymbol{\alpha}, \tau) = \boldsymbol{F}(\boldsymbol{\alpha}, \tau)\mathrm{d}\boldsymbol{\alpha} \tag{6.5}$$

式中

$$\boldsymbol{F}(\boldsymbol{\alpha}, \tau) = \frac{\partial x(\boldsymbol{\alpha}, \tau)}{\partial \boldsymbol{\alpha}} \quad (0 < \tau \leqslant t) \tag{6.6}$$

$\boldsymbol{F}(\boldsymbol{\alpha}, \tau)$ 称为相对于自然状态的变形梯度，简称变形梯度。它是一个二阶张量，其分量为

$$F_{iL}(\alpha_K, \tau) = \frac{\partial x_i(\alpha_K, \tau)}{\partial \alpha_L} = x_{i,L} \quad (i, L = 1,2,3) \tag{6.7}$$

可见，变形梯度表示在质点 α 附近的变形，表示 $\mathrm{d}\boldsymbol{\alpha}$ 与 $\mathrm{d}\boldsymbol{x}$ 之间的线性关系，其作用就是把原来初始参考构形的 $\mathrm{d}\boldsymbol{\alpha}$ 变换或映射为变性后的 $\mathrm{d}\boldsymbol{x}$。对于当前时间 t，可以写出现时变形梯度

$$\boldsymbol{F}(\boldsymbol{\alpha}, t) = \frac{\partial x(\boldsymbol{\alpha}, t)}{\partial \boldsymbol{\alpha}} \tag{6.8}$$

变形梯度的行列式为

$$\boldsymbol{J} = |\det \boldsymbol{F}| = |\partial(x_1, x_2, x_3)/\partial(\alpha_1, \alpha_2, \alpha_3)| \tag{6.9}$$

它表示物体微元变形后与变形前的体积比。

变形梯度并不是唯一的变形度量量。在具体应用中常采用右 Cauchy-Green（柯西-格林）变形张量和左 Cauchy-Green 变形张量。右 Cauchy-Green 变形张量定义为

$$\boldsymbol{C} = \boldsymbol{F}^{\mathrm{T}}\boldsymbol{F} \quad 或 \quad C_{KL} = F_{iK}F_{iL} \tag{6.10}$$

左 Cauchy-Green 变形张量[或称 Finger（芬格）变形张量] 定义为

$$\boldsymbol{B} = \boldsymbol{F}\boldsymbol{F}^{\mathrm{T}} \quad 或 \quad B_{kl} = F_{kK}F_{lK} \tag{6.11}$$

$\boldsymbol{C}$ 和 $\boldsymbol{B}$ 都是正定对称张量。

定义右 Cauchy-Green 伸长张量 $\boldsymbol{U}$ 和左 Cauchy-Green 伸长张量 $\boldsymbol{V}$ 为

$$\boldsymbol{U} = (\boldsymbol{F}^{\mathrm{T}}\boldsymbol{F})^{1/2}, \quad \boldsymbol{V} = (\boldsymbol{F}\boldsymbol{F}^{\mathrm{T}})^{1/2} \tag{6.12}$$

$\boldsymbol{U}$ 和 $\boldsymbol{V}$ 都是正定对称张量，表示微元体纯变形，其共同的主值表示主伸长，且有

$$\boldsymbol{U}^2 = \boldsymbol{C}, \quad \boldsymbol{V}^2 = \boldsymbol{B} \tag{6.13}$$

变形梯度 $\boldsymbol{F}$ 具有下列两个相乘分解

$$\boldsymbol{F} = \boldsymbol{R}\boldsymbol{U} \quad 或 \quad F_{iL} = R_{iM}U_{ML} \quad （右分解） \tag{6.14}$$

和

$$\boldsymbol{F} = \boldsymbol{V}\boldsymbol{R} \quad 或 \quad F_{iL} = V_{im}R_{mL} \quad （左分解） \tag{6.15}$$

式中，$\boldsymbol{R}$ 称为转动张量，描述了一种刚体转动。它是一个正交张量，$\boldsymbol{R}^{\mathrm{T}} = \boldsymbol{R}^{-1}$，$\boldsymbol{R}\boldsymbol{R}^{\mathrm{T}} = \boldsymbol{R}^{\mathrm{T}}\boldsymbol{R} = \boldsymbol{I}$，$\boldsymbol{I}$ 为单位矩阵。右分解是指先进行纯变形 $\boldsymbol{U}$，再进行转动 $\boldsymbol{R}$，然后得到变形梯度 $\boldsymbol{F}$；左分解是指先进行转动 $\boldsymbol{R}$，再进行纯变形 $\boldsymbol{V}$，从而得到变形梯度 $\boldsymbol{F}$。

不同于固体材料，黏弹性流体没有唯一的自然状态，而只有唯一的当前状态，因此可以相对于当前状态的方式来表征其变形。设以物体当前时刻 t 的状态为参考构形，将质点 α 在当前时间 t 的位置坐标记为 $\zeta = x(\alpha, t)$，而在其中某一时间 τ 的位置坐标记为 $\xi = x(\alpha, \tau)$，那么相对于当前时刻 t 而言，其变形梯度可表示为

$$\boldsymbol{F}_t(\tau) = \frac{\partial \xi}{\partial \zeta} \tag{6.16}$$

$\boldsymbol{F}_t(\tau)$ 有时称为相对变形梯度，下标 t 表示以现时 t 作为参考构形。由

$$\frac{\partial \xi}{\partial \alpha} = \frac{\partial \xi}{\partial \zeta}\frac{\partial \zeta}{\partial \alpha} \tag{6.17}$$

可得

$$\boldsymbol{F}(\tau) = \boldsymbol{F}_t(\tau)\boldsymbol{F}(t) \tag{6.18}$$

式中 $F(t)$ 即为前面物质坐标描述的变形梯度。

同理，可将相对变形梯度 $\boldsymbol{F}_t(\tau)$ 分解为

$$\boldsymbol{F}_t(\tau) = \boldsymbol{R}_t(\tau)\boldsymbol{U}_t(\tau) = \boldsymbol{V}_t(\tau)\boldsymbol{R}_t(\tau) \tag{6.19}$$

而且有

$$\begin{cases} \boldsymbol{U}_t(\tau) = [\boldsymbol{C}_t(\tau)]^{1/2} \\ \boldsymbol{V}_t(\tau) = [\boldsymbol{B}_t(\tau)]^{1/2} \\ \boldsymbol{C}_t(\tau) = [\boldsymbol{F}_t(\tau)]^{\mathrm{T}}\boldsymbol{F}_t(\tau) \\ \boldsymbol{B}_t(\tau) = \boldsymbol{F}_t(\tau)[\boldsymbol{F}_t(\tau)]^{\mathrm{T}} \end{cases} \tag{6.20}$$

当 $\tau = t$ 时，$\boldsymbol{U}_t(t) = \boldsymbol{V}_t(t) = \boldsymbol{C}_t(t) = \boldsymbol{B}_t(t) = \boldsymbol{R}_t(t) = \boldsymbol{I}$。

6.2.3　应变张量

工程上常用的非线性应变张量是 Lagrange（或 Green）应变张量和 Euler[或 Almansi（阿尔曼西）] 应变张量。

Lagrange 应变张量定义为

$$\boldsymbol{E} = \frac{1}{2}(\boldsymbol{C} - \boldsymbol{I}) = \frac{1}{2}(\boldsymbol{F}^{\mathrm{T}}\boldsymbol{F} - \boldsymbol{I}) = \frac{1}{2}(\boldsymbol{U}^2 - \boldsymbol{I}) \tag{6.21}$$

其分量形式为

$$E_{KL} = \frac{1}{2}(C_{KL} - \delta_{KL}) = \frac{1}{2}(x_{i,K}x_{i,L} - \delta_{KL}) \tag{6.22}$$

Euler 应变张量定义为

$$\boldsymbol{e} = \frac{1}{2}(\boldsymbol{I} - \boldsymbol{B}^{-1}) \tag{6.23}$$

其分量形式为

$$e_{ij} = \frac{1}{2}(\delta_{ij} - \alpha_{K,i}\alpha_{K,j}) \tag{6.24}$$

式中，δ_{KL} 和 δ_{ij} 为 Kronecker（克罗内克）符号。Lagrange 应变和 Euler 应变是分别以物质坐标和空间坐标为自变量的一种应变描述。

为了用线元描述和表征物质变形，在直角坐标系中，设微线元长度在变形前后分别记作 $\mathrm{d}S$ 和 $\mathrm{d}s$，则其平方分别为

$$\mathrm{d}S^2 = \mathrm{d}\alpha\mathrm{d}\alpha = \mathrm{d}\alpha_K\mathrm{d}\alpha_K = \frac{\partial \alpha_K}{\partial x_i}\frac{\partial \alpha_K}{\partial x_j}\mathrm{d}x_i\mathrm{d}x_j = \delta_{KL}\mathrm{d}\alpha_K\mathrm{d}\alpha_L \tag{6.25}$$

$$\mathrm{d}s^2 = \mathrm{d}x\mathrm{d}x = \mathrm{d}x_i\mathrm{d}x_i = \frac{\partial x_i}{\partial \alpha_K}\frac{\partial x_i}{\partial \alpha_L}\mathrm{d}\alpha_K\mathrm{d}\alpha_L = \delta_{ij}\mathrm{d}x_i\mathrm{d}x_j \tag{6.26}$$

因此，若以物质坐标表示，变形后与变形前微线元长度的平方之差为

$$ds^2 - dS^2 = \left(\frac{\partial x_i}{\partial \alpha_K}\frac{\partial x_i}{\partial \alpha_L} - \delta_{KL}\right)d\alpha_K d\alpha_L = 2E_{KL}\, d\alpha_K d\alpha_L \tag{6.27}$$

若以空间坐标表示，则为

$$ds^2 - dS^2 = \left(\delta_{ij} - \frac{\partial \alpha_K}{\partial x_i}\frac{\partial \alpha_K}{\partial x_j}\right)dx_i dx_j = 2e_{ij}\, dx_i dx_j \tag{6.28}$$

可见，Lagrange 应变和 Euler 应变以介质中两相邻质点的 $ds^2 - dS^2$ 作为变形的度量。

经典理论中常用 Cauchy 应变张量来描述无限小应变，即

$$\varepsilon_{ij} = \frac{1}{2}(u_{i,j} + u_{j,i}) \tag{6.29}$$

式中，u_i 为位移分量。

现在对上述 Lagrange、Euler 和 Cauchy 三种应变做一比较。将变形时物体内质点 α 的位移记作 u，则有

$$\boldsymbol{u}(\alpha,t) = x(\alpha,t) - \boldsymbol{\alpha} \quad \text{(Lagrange)} \tag{6.30}$$

$$\boldsymbol{u}(x,t) = x - \boldsymbol{\alpha}(x,t) \quad \text{(Euler)} \tag{6.31}$$

可将式(6.30) 和式(6.31) 改写为

$$x(\alpha,t) = \boldsymbol{u}(\alpha,t) + \boldsymbol{\alpha} \tag{6.30$'$}$$

$$\boldsymbol{\alpha}(x,t) = x - \boldsymbol{u}(x,t) \tag{6.31$'$}$$

于是

$$\frac{\partial x_i}{\partial \alpha_K} = x_{i,K} = u_{i,K} + \delta_{iK} \tag{6.32}$$

$$\frac{\partial \alpha_K}{\partial x_i} = \alpha_{K,i} = \delta_{Ki} - u_{K,i} \tag{6.33}$$

因此，根据式(6.32) 和式(6.33)，由式(6.22) 和式(6.24) 可得

$$E_{IJ} = \frac{1}{2}(u_{I,J} + u_{J,I} + u_{m,I}u_{m,J}) = \varepsilon_{ij} + \frac{1}{2}\frac{\partial u_m}{\partial \alpha_I}\frac{\partial u_m}{\partial \alpha_J} \tag{6.34}$$

$$e_{ij} = \frac{1}{2}(u_{i,j} + u_{j,i} - u_{M,i}u_{M,j}) = \varepsilon_{ij} + \frac{1}{2}\frac{\partial u_M}{\partial x_i}\frac{\partial u_M}{\partial x_j} \tag{6.35}$$

其中，$\varepsilon_{ij} = (u_{i,j} + u_{j,i})/2 = \varepsilon_{IJ} = (u_{I,J} + u_{I,J})/2$。在无限小位移情况下，位移偏导数的平方和乘积是高阶小量，可以忽略，E_{IJ} 和 e_{ij} 近似为 ε_{ij}。可见，只有在无限小变形情况下，Lagrange 应变、Euler 应变和 Cauchy 应变三者才等价。

为讨论变形的变化率，对某空间质点在 x 处的速度进行微分，其分量为 $dv_i = v_{i,j}dx_j$，其中 $v_{i,j}$ 称为速度梯度(分量)。对速度梯度进行分解有

$$v_{i,j} = \frac{\partial v_i}{\partial x_j} = \frac{1}{2}\left(\frac{\partial v_i}{\partial x_j} + \frac{\partial v_j}{\partial x_i}\right) - \frac{1}{2}\left(\frac{\partial v_j}{\partial x_i} - \frac{\partial v_i}{\partial x_j}\right) = d_{ij} - \omega_{ij} \tag{6.36}$$

其中，对称部分 $d_{ij} = (v_{i,j} + v_{j,i})/2$ 称为变形率张量，反对称部分 $\omega_{ij} = (v_{j,i} - v_{i,j})/2$ 称为旋率张量。在小变形情况下，变形率张量与应变率张量相同，即 $d_{ij} = \dot{\varepsilon}_{ij}$。在有限变形时则不然。

6.2.4 应力

通常以现时构形为基准的，用 σ_{ij} 表示的真应力称为 Cauchy 应力张量或 Euler 应力张量(以下简称应力张量)，它是应力在 Euler 坐标系中的一种空间描述。Cauchy 应力满足动力学方程

$$\sigma_{ij,j} + f_i = \rho \frac{\partial^2 u_i}{\partial t^2}, \quad \sigma_{ij} = \sigma_{ji} \tag{6.37}$$

式中，f_i 为体力分量，ρ 为密度。Cauchy 应力张量是对称张量。

如果取变形前的参考构形为基准，以力作用在参考构形单位面积上的面力作为应力的定义，可得到第一类 Piola-Kirchhoff（皮奥拉-基尔霍夫）应力张量（又称 Lagrange 应力张量）：

$$S_{iK} = J\sigma_{ij} \frac{\partial \alpha_K}{\partial x_j} \tag{6.38}$$

式中，$J = \det \boldsymbol{F}$。由于 Lagrange 应力张量不是对称张量，在应用中往往带来不便，因而定义了第二类 Piola-Kirchhoff 应力张量

$$\Sigma_{KL} = J \frac{\partial \alpha_K}{\partial x_k} \frac{\partial \alpha_L}{\partial x_l} \sigma_{kl} \tag{6.39}$$

第二类 Piola-Kirchhoff 应力张量 Σ_{KL} 是对称张量。S_{iK} 和 Σ_{KL} 是名义应力。

6.3　一维多重积分型本构关系

6.3.1　一维蠕变型和松弛型本构关系

考虑如图 6.2 所示的一个加载程序，其中 $\Delta\sigma_1, \Delta\sigma_2, \Delta\sigma_3 \cdots$ 分别表示 $\tau_1, \tau_2, \tau_3 \cdots$ 时刻的应力增量。对于一个线性体系，t 时刻的应变可表示为

$$\varepsilon'(t) = \Delta\sigma_1 J_1(t-\tau_1) + \Delta\sigma_2 J_1(t-\tau_2) + \cdots \tag{a}$$

式中，$J_1(t)$是线性蠕变柔量函数。

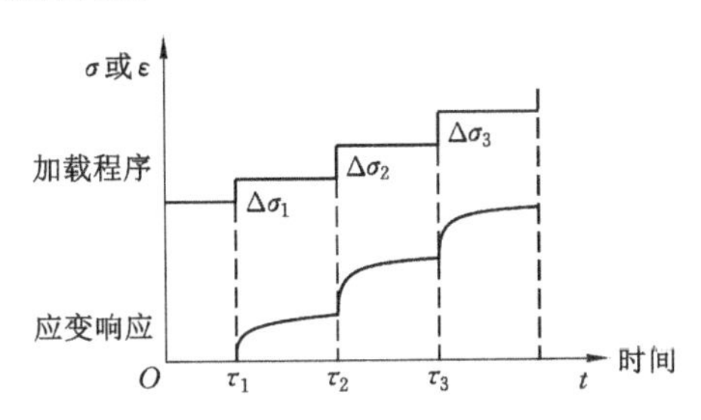

图 6.2　多阶阶跃加载及其蠕变曲线

对于一个非线性体系，非线性效应体现在应力增量的高次项，因此 t 时刻的应变除了式(a)之外，还需要引入各应力增量相互作用而对变形产生的贡献。例如，应力的二次项和三次项的形式分别为

$$\begin{aligned}\varepsilon''(t) = {} & \Delta\sigma_1^2 J_2(t-\tau_1, t-\tau_1) + \Delta\sigma_1\Delta\sigma_2 J_2(t-\tau_1, t-\tau_2) + \Delta\sigma_2\Delta\sigma_1 J_2(t-\tau_2, t-\tau_1) + \\ & \Delta\sigma_2^2 J_2(t-\tau_2, t-\tau_2) + \Delta\sigma_1\Delta\sigma_3 J_2(t-\tau_1, t-\tau_3) + \cdots \end{aligned} \tag{b}$$

$$\begin{aligned}\varepsilon'''(t) = {} & \Delta\sigma_1^3 J_3(t-\tau_1, t-\tau_1, t-\tau_1) + \Delta\sigma_1^2\Delta\sigma_2 J_3(t-\tau_1, t-\tau_1, t-\tau_2) + \\ & \Delta\sigma_1\Delta\sigma_2\Delta\sigma_3 J_3(t-\tau_1, t-\tau_2, t-\tau_3) + \cdots \end{aligned} \tag{c}$$

其中，差值 $t-\tau_i$ 是测量应变的时间 t 和施加应力增量 $\Delta\sigma_i$ 的时间 τ_i 之间的间隔。蠕变函数 J_2 和 J_3 是 $t-\tau_i$ 的函数，决定于材料的非线性行为。假定应力作用时间相互交替，其非线性效

应相同，则称之为满足材料函数对称性，例如 $J_2(t-\tau_1, t-\tau_2) = J_2(t-\tau_2, t-\tau_1)$。于是，若有 n 个应力增量顺次在 $\tau_i (i = 1,2,3,\cdots,n)$ 时刻作用于物体，则在时间 $t(t > \tau_n)$ 的总应变为

$$
\begin{aligned}
\varepsilon(t) = & \sum_{i=1}^{n} \Delta\sigma_i J_1(t-\tau_i) + \sum_{i=1}^{n}\sum_{j=1}^{n} \Delta\sigma_i \Delta\sigma_j J_2(t-\tau_i, t-\tau_j) + \\
& \sum_{i=1}^{n}\sum_{j=1}^{n}\sum_{k=1}^{n} \Delta\sigma_i \Delta\sigma_j \Delta\sigma_k J_3(t-\tau_i, t-\tau_j, t-\tau_k) + \cdots
\end{aligned}
\tag{6.40}
$$

对于一个连续作用的任意应力 $\sigma(t)$，应变可以写成积分形式

$$
\begin{aligned}
\varepsilon(t) = & \int_0^t J_1(t-\tau) \frac{\mathrm{d}\sigma(\tau)}{\mathrm{d}\tau}\mathrm{d}\tau + \int_0^t \int_0^t J_2(t-\tau_1, t-\tau_2) \frac{\mathrm{d}\sigma(\tau_1)}{\mathrm{d}\tau_1} \frac{\mathrm{d}\sigma(\tau_2)}{\mathrm{d}\tau_2}\mathrm{d}\tau_1 \mathrm{d}\tau_2 + \\
& \int_0^t \int_0^t \int_0^t J_3(t-\tau_1, t-\tau_2, t-\tau_3) \frac{\mathrm{d}\sigma(\tau_1)}{\mathrm{d}\tau_1} \frac{\mathrm{d}\sigma(\tau_2)}{\mathrm{d}\tau_2} \frac{\mathrm{d}\sigma(\tau_3)}{\mathrm{d}\tau_3}\mathrm{d}\tau_1 \mathrm{d}\tau_2 \mathrm{d}\tau_3 + \cdots
\end{aligned}
\tag{6.41}
$$

式(6.41) 称为一维蠕变型的多重积分本构关系。式中，第一项单积分为线性响应项，第二项是每两个应力增量互相作用而对变形产生的贡献。一维多重积分本构关系包含一系列的重积分，理论分析表明，取到三重积分为止是合适的，而且此时对实验而言也已相当复杂。此处及以后，记 $\mathrm{d}\sigma(\tau_i)/\mathrm{d}\tau_i = \mathrm{d}\sigma(t)/\mathrm{d}t\,|_{t=\tau_i} = \dot{\sigma}(\tau_i)$。

Green(格林) 和 Rivlin(里夫林) 研究了更为普遍的情况，考虑的是应力松弛而不是蠕变。认为 t 时刻的应力依赖于 t 时刻的位移梯度以及在 $0 \sim t$ 时间间隔内 N 个以前的瞬时位移梯度。考虑刚性转动时的不变性带来的限制，Green 和 Rivlin 使 N 趋于无穷大，得到了普遍的非线性黏弹性行为的一个三维多重积分表达式，在一维条件下可写为

$$
\begin{aligned}
\sigma(t) = & \int_0^t \psi_1(t-\tau)\dot{\varepsilon}(\tau)\mathrm{d}\tau + \int_0^t \int_0^t \psi_2(t-\tau_1, t-\tau_2)\dot{\varepsilon}(\tau_1)\dot{\varepsilon}(\tau_2)\mathrm{d}\tau_1 \mathrm{d}\tau_2 + \\
& \int_0^t \int_0^t \int_0^t \psi_3(t-\tau_1, t-\tau_2, t-\tau_3)\dot{\varepsilon}(\tau_1)\dot{\varepsilon}(\tau_2)\dot{\varepsilon}(\tau_3)\mathrm{d}\tau_1 \mathrm{d}\tau_2 \mathrm{d}\tau_3 + \cdots
\end{aligned}
\tag{6.42}
$$

式(6.42) 称为一维松弛型的多重积分本构关系，式中 ψ_i 为松弛函数。

需要注意的是，在单轴应力作用下，没有侧向应力，即 $\sigma_{22}(t) = \sigma_{33}(t) = 0$。但除了轴向应变外，侧向允许自由变形，此时应变分量除 ε_{11} 之外，还有 ε_{22} 和 ε_{33} 不为零。这说明单向应力状态下，应变是多轴的。在这种情况下，一般也采用式(6.42)，而把材料横向效应所带来的影响包含在材料函数 ψ_i 中，这样确定的材料函数往往也能得到较为满意的结果。同理，在单向应变状态下，应力也是多轴的。因此，单轴应力或单轴应变作用，实际上涉及多轴的应力-应变-时间关系。

6.3.2　材料函数的确定

式(6.41) 和(6.42) 是描述非线性黏弹性行为的多重积分表达式。理论上，可以由一组简单加载历史(如阶跃载荷) 构成的实验来确定式(6.41) 中的材料函数，或由一组简单应变历史(如突加恒定应变) 构成的实验来确定式(6.42) 中的材料函数，从而可以预测任意复杂加载历史(或复杂应变历史) 下材料的行为。

关于非线性黏弹性行为的实验测量，传统方法为蠕变实验和应力松弛实验。对于应力松弛实验，其步骤和蠕变实验类似，只是输入函数为应变，用以确定式(6.42) 中的材料函数 ψ_i。由于恒应力下的蠕变条件在实验上比恒应变下的松弛条件容易实现，因而确定力学性质

的大多数已实施过的实验是蠕变实验。下面着重讨论蠕变实验。

如前所述，在式(6.41)中只保留前三项，可得

$$\varepsilon(t)=\int_0^t J_1(t-\tau)\dot{\sigma}(\tau)\mathrm{d}\tau+\int_0^t\int_0^t J_2(t-\tau_1,t-\tau_2)\dot{\sigma}(\tau_1)\dot{\sigma}(\tau_2)\mathrm{d}\tau_1\mathrm{d}\tau_2$$
$$+\int_0^t\int_0^t\int_0^t J_3(t-\tau_1,t-\tau_2,t-\tau_3)\dot{\sigma}(\tau_1)\dot{\sigma}(\tau_2)\dot{\sigma}(\tau_3)\mathrm{d}\tau_1\mathrm{d}\tau_2\mathrm{d}\tau_3 \tag{6.43}$$

式中含有3个材料函数J_1、J_2、J_3，它们分别是1个、2个、3个时间变量的函数，需要由系列性单步阶跃实验、两步阶跃实验和三步阶跃实验确定。

(1) 单步阶跃实验

设加载历史为$\sigma(t)=\sigma_0 H(t)$，代入式(6.42)，考虑$\dot{H}(t)=\delta(t)$和δ函数的性质，有

$$\varepsilon_{c1}(t)=\sigma_0 J_1(t)+\sigma_0^2 J_2(t,t)+\sigma_0^3 J_3(t,t,t) \tag{6.44}$$

如果采用3种不同应力的σ_0值进行单步阶跃实验，测出3次实验的ε_{c1}，则可由式(6.44)得到3个代数方程，从而求出$J_1(t)$、$J_2(t,t)$和$J_3(t,t,t)$。其中：$J_1(t)$仅是时间t的函数，$J_2(t,t)$是二变量函数$J_2(t_1,t_2)$在$t_1=t_2=t$时的值(如图6.3所示)；$J_3(t,t,t)$则是三变量函数$J_3(t_1,t_2,t_3)$在$t_1=t_2=t_3=t$时的值。因此，由单步阶跃实验，可以完全确定$J_1(t)$随t变化的规律，但求出的$J_2(t,t)$和$J_3(t,t,t)$仅是函数J_2和J_3的特殊值。为了全面确定蠕变函数J_2和J_3，尚需做两步和三步阶跃实验。

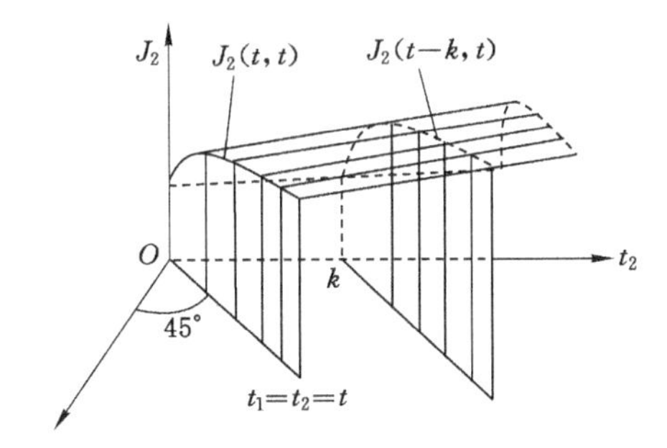

图6.3　二变量材料函数$J_2(t_1,t_2)$的空间表示

(2) 两步阶跃实验

假设在$t=0$和$t=k$两个时刻分别突加载荷后，两步阶跃产生的应力为$\sigma(t)=\sigma_1 H(t)+\sigma_2 H(t-k)$，其中$\sigma_1$、$\sigma_2$和$k$都为一定值。将$\sigma(t)$代入式(6.43)，考虑到材料函数对时间变量的对称性，可得应变响应为

$$\varepsilon_{c2}(t)=\sigma_1 J_1(t)+\sigma_1^2 J_2(t,t)+\sigma_1^3 J_3(t,t,t)+$$
$$\sigma_2 J_1(t-k)+\sigma_2^2 J_2(t-k,t-k)+\sigma_2^3 J_3(t-k,t-k,t-k)+$$
$$2\sigma_1\sigma_2 J_2(t,t-k)+3\sigma_1^2\sigma_2 J_3(t,t,t-k)+3\sigma_1\sigma_2^2 J_3(t,t-k,t-k) \tag{6.45}$$

式中，$J_1(t)$、$J_2(t,t)$和$J_3(t,t,t)$由$\sigma_1 H(t)$的单步阶跃实验确定；$J_1(t-k)$、$J_2(t-k,t-k)$和$J_3(t-k,t-k,t-k)$由$\sigma_2 H(t-k)$的单步阶跃实验确定；而$J_2(t,t-k)$、$J_3(t,t,t-k)$和$J_3(t,t-k,t-k)$由两步阶跃实验确定。

若令$\sigma_1=\sigma_2=\sigma_0$，对于给定的$k$值进行3种不同应力$\sigma_0$的两步阶跃实验，则可由式(6.45)得到3个代数方程，从而求出$J_2(t,t-k)$、$J_3(t,t,t-k)$和$J_3(t,t-k,t-k)$。其中$J_2(t,t-k)$仍属特殊值(如图6.3所示)，但是变动k的数值就有不同的$J_2(t,t-k)$值，它是

图6.4中实线所对应的函数。于是，对于给定的k值可通过插值法求出自变量平面内直线$(t, t-k)$上每一点的J_2值，若进行N次不同的k值实验，则可定出遍布$(t-\tau_1, t-\tau_2)$平面内N条直线上的$J_2(t, t-k)$值，J_2的其他值可用插值法求出，于是可求整个$(t-\tau_1, t-\tau_2)$平面上任一点的J_2值。

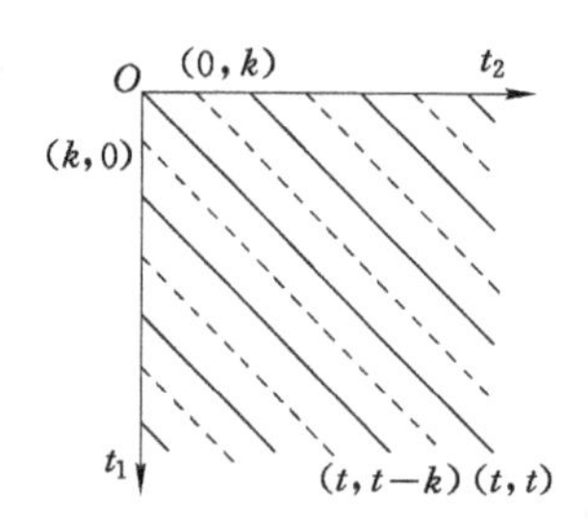

图6.4 (t_1, t_2)平面内插入法确定材料函数J_2

上述的单步和两步阶跃实验完全确定了单变量材料函数J_1和二变量材料函数J_2，但对于三变量材料函数J_3而言，仅确定了3个时间变量相等或2个时间变量相等时的值，为全面确定J_3，则需进一步做三步阶跃实验。

(3) 三步阶跃实验

设作用应力为$\sigma(t) = \sigma_1 H(t) + \sigma_2 H(t-k) + \sigma_3 H(t-l)$，将其代入式(6.44)，可得应变响应

$$\varepsilon_{c3}(t) = 6\sigma_1\sigma_2\sigma_3 J_3(t, t-k, t-l) + \cdots \tag{6.46}$$

式中只列出了有意义的新项，其他含有已求出的J_1、J_2、$J_3(t,t,t)$和$J_3(t, t-k, t-k)$等各项均未列出。为了用式(6.46)求得多个$J_3(t, t-k, t-l)$值，选用N个不同的k、l值，考虑到材料函数的对称性，因而不必对每个k、l值都重复N次实验，仅需要$N(N-1)/2$次三步阶跃实验并结合插值法即可完全确定J_3的值。

可以看出，确定一维蠕变型三重积分的本构形式时，为全面确定J_1，J_2和J_3需进行3次单步阶跃实验，$3N$次两步阶跃实验和$N(N-1)/2$次三步阶跃实验，共计$(N+2)(N+3)/2$次，其中N的大小由实验数据的控制范围来确定。若取$N=10$，需做78种实验。但在实验中，要求得每个J_i的特殊值，常需重复多次取其平均值，由此可见非线性本构关系实验研究的工作量非常之大。因此，多重积分表达式的适用前提是：数据能用少量的多重积分项来表示，复杂加载历史下的行为能从一些简单加载历史下的行为来预测。对于高聚物，多重积分表达式应当有助于认识高聚物结构和黏弹性行为之间的相互关系。

确定材料函数的实验及数据处理上的困难，给多重积分本构关系应用于分析边值问题带来很大麻烦，所以有许多其他的近似理论，其中核函数的简化颇有实用意义。核函数简化即在分析实验数据的基础上直接假定多重积分中蠕变或松弛函数的形式。有多种简化核函数的方式，如积式型、和式型、抛物线型等核函数。

Lifshitz(利夫希茨) 和 Kolsky(考尔斯基) 建议对聚乙烯采用如下积式型的核函数

$$J_n(\tau_1, \tau_2, \cdots, \tau_n) = \tilde{J}_1(\tau_1)\tilde{J}_2(\tau_2)\cdots\tilde{J}_n(\tau_n) \tag{6.47}$$

从而把确定一个多维函数的问题转化为求多个一维单变量函数的问题。此外，Lai(拉伊) 和 Findley(芬德利) 根据聚氨酶非线性蠕变实验结果，也提出了类似的积式型核函数

$$\begin{cases} J_1(t-\tau_1) = a_1 - b_1(t-\tau_1)^m \\ J_2(t-\tau_1, t-\tau_2) = a_2 - b_2(t-\tau_1)^{m/2}(t-\tau_2)^{m/2} \\ J_3(t-\tau_1, t-\tau_2, t-\tau_3) = a_3 - b_3(t-\tau_1)^{m/3}(t-\tau_2)^{m/3}(t-\tau_3)^{m/3} \end{cases} \tag{6.48}$$

式中，$a_1, a_2, a_3, b_1, b_2, b_3, m$ 为常数。

Gottenberg（戈滕伯格）根据他们的实验结果，建议在材料的松弛型多重积分表达式中采用如下和式型的核函数

$$\psi_i(\tau_1, \tau_2, \cdots \tau_i) = \tilde{\psi}_i(\tau_1 + \tau_2 + \cdots + \tau_i) \tag{6.49}$$

从而直接把待定的多维函数简化成一个一维函数。

Ward（沃德）根据聚丙烯纤维在不同给定 t 值时的蠕变和回复实验结果，采用只含一次项和三次项的多重积分表达式来描述聚丙烯纤维的非线性行为，提出柔量曲线的抛物线型核函数

$$\begin{cases} \dfrac{\varepsilon_c(t)}{\sigma_0} = A + B\sigma_0^2 \\ \dfrac{\varepsilon_r(t-t_1)}{\sigma_0} = A' + B'\sigma_0^2 \end{cases} \tag{6.50}$$

式中，$\varepsilon_c(t)/\sigma_0$ 为蠕变柔量，$\varepsilon_r(t-t_1)/\sigma_0$ 为回复柔量，$A = J_1(t)$、$B = J_3(t,t,t)$、$A' = J_1(t-t_1)$ 和 $B' = J_3(t-t_1, t-t_1, t-t_1) + 3J_3(t,t,t-t_1) - 3J_3(t, t-t_1, t-t_1)$ 都只是时间的函数。

6.4　三维多重积分型本构关系

Noll（诺尔）从理性力学角度给出了本构方程必须满足决定性、局部作用和客观性三条基本原理。决定性原理是指物体中的质点 α 在时间 t 时所对应的应力由构成物体所有质点的全部运动历史唯一决定。局部作用原理认为离质点 α 较远距离的质点的运动对 α 上的应力不发生影响。客观性原理（又称时空系无差异原理）认为物质的性质只取决于物质本身，而不应随观测者变化而变化，即物质的性质与时间坐标和空间坐标系的选择无关。

下面从本构方程需满足的基本原理出发，导出简单材料本构方程的一般表达形式，进而建立非线性黏弹性的三维多重积分形式的本构关系。

物体中的应力只依赖于物体形状的变化，而与时空系的选择无关。当然，坐标系变换将使应力分量发生改变，但总的应力场只与变形有关。对于一维物体，质点 α 处的变形为

$$x(\alpha + \mathrm{d}\alpha, \tau) - x(\alpha, \tau) = \frac{\partial x(\alpha, \tau)}{\partial \alpha}\mathrm{d}\alpha + \frac{1}{2!}\frac{\partial^2 x(\alpha, \tau)}{\partial \alpha^2}(\mathrm{d}\alpha)^2 + \cdots \tag{6.51}$$

可见，变形与各阶变形梯度 $\dfrac{\partial x}{\partial \alpha}, \dfrac{\partial^2 x}{\partial \alpha^2} \cdots$ 有关。对于三维物体，其变形也应是各阶变形梯度

$F_{rs}(\alpha_l, \tau) = \dfrac{\partial x_r}{\partial \alpha_s}, F_{rs}^{(n)} = \dfrac{\partial^n x_r}{\partial \alpha_s^n}, G_{rMN} = \dfrac{\partial^2 x_r}{\partial \alpha_M \partial \alpha_N} \cdots$ 的函数。其中，$-\infty < \tau \leqslant t$。

本章只讨论简单材料。所谓简单材料，是指其变形只与变形梯度有关，而高阶变形梯度的影响可以忽略，这是对实际物体一种比较实用的简化。根据本构方程需要满足的基本原理，简单材料的本构泛函可以写为

$$\sigma(\alpha, t) = \hat{f}(F(\tau)) \tag{6.52}$$

式(6.52)说明物体内一点α在时刻t的应力只与该点的变形梯度历史有关。由于采用的应力及自变量(应变)定义的不同,因此简单材料的本构泛函可以写出多种形式,例如

$$\boldsymbol{\sigma}(t)=\begin{cases}\boldsymbol{R}(t)\hat{F}(\boldsymbol{U}(\tau))\boldsymbol{R}^{\mathrm{T}}(t)\\ \boldsymbol{F}(t)\hat{S}(\boldsymbol{E}(\tau))\boldsymbol{F}^{\mathrm{T}}(t)\end{cases}\tag{6.53}$$

或

$$\boldsymbol{\sigma}^{*}(t)=\begin{cases}\hat{F}(\boldsymbol{U}(\tau))\\ \hat{T}(\boldsymbol{E}(\tau))\end{cases}\tag{6.54}$$

如果材料没有唯一的自然构形,则用现时构形作为参考构形。可以证明,此时简单材料本构泛函可表示为

$$\boldsymbol{\sigma}^{*}(t)=\hat{G}(\boldsymbol{C}_t^{*}(\tau);\boldsymbol{C}(t))\tag{6.55}$$

以上各种泛函所表达的本构关系仅仅是一种数学上的一般描述,其中τ包含从现在时刻起回溯到过去任何时间。只有把泛函表示成明确的表达式,才能应用于实际材料。接下来从简单材料本构泛函的一般表达式(6.54)中第二式出发,研究本构泛函展开式的具体形式。

式(6.54)中第二式给出了t时刻的转动应力$\boldsymbol{\sigma}^{*}(t)$与Lagrange应变历史$\boldsymbol{E}(\tau)$之间的对应关系

$$\boldsymbol{\sigma}^{*}(t)=\hat{T}(\boldsymbol{E}(\tau))\tag{6.54b}$$

式中,$\boldsymbol{\sigma}^{*}(t)=\boldsymbol{R}^{\mathrm{T}}(t)\sigma(t)\boldsymbol{R}(t)$,$\boldsymbol{R}(t)$为转动张量。Eringen(艾林根)利用连续泛函的Taylor(泰勒)展开式,导出了简单材料的积分型本构关系表达式,当保留到三阶时,为

$$\begin{aligned}\sigma_{ij}^{*}(t)=S_{ij}^{0}&+\int_0^t a_{ijkl}(t-\tau)\dot{E}_{kl}(\tau)\mathrm{d}\tau+\int_0^t\int_0^t b_{ijklmn}(t-\tau_1,t-\tau_2)\dot{E}_{kl}(\tau_1)\dot{E}_{mn}(\tau_2)\mathrm{d}\tau_1\mathrm{d}\tau_2+\\&\int_0^t\int_0^t\int_0^t c_{ijklmnpq}(t-\tau_1,t-\tau_2,t-\tau_3)\dot{E}_{kl}(\tau_1)\dot{E}_{mn}(\tau_2)\dot{E}_{pq}(\tau_3)\mathrm{d}\tau_1\mathrm{d}\tau_2\mathrm{d}\tau_3\end{aligned}\tag{6.56}$$

式中,S_{ij}^{0}是当物体长期处于零应变时的残余应力。对于均匀各向同性材料,设$S_{ij}^{0}=0$,于是可得三阶各向同性材料的积分型本构关系为

$$\begin{aligned}\boldsymbol{\sigma}^{*}(t)=&\int_0^t[a_1(t-\tau)\overline{\dot{\boldsymbol{E}}}(\tau)\boldsymbol{I}+a_2(t-\tau)\dot{\boldsymbol{E}}(\tau)]\mathrm{d}\tau+\\&\int_0^t\int_0^t[b_1\overline{\dot{\boldsymbol{E}}}(\tau_1)\overline{\dot{\boldsymbol{E}}}(\tau_2)\boldsymbol{I}+b_2\overline{\dot{\boldsymbol{E}}(\tau_1)\dot{\boldsymbol{E}}(\tau_2)}\boldsymbol{I}+b_3\overline{\dot{\boldsymbol{E}}}(\tau_1)\dot{\boldsymbol{E}}(\tau_2)+\\&b_4\dot{\boldsymbol{E}}(\tau_1)\dot{\boldsymbol{E}}(\tau_2)]\mathrm{d}\tau_1\mathrm{d}\tau_2+\int_0^t\int_0^t\int_0^t[c_1\overline{\dot{\boldsymbol{E}}(\tau_1)\dot{\boldsymbol{E}}(\tau_2)}\,\overline{\dot{\boldsymbol{E}}}(\tau_3)\boldsymbol{I}+\\&c_2\overline{\dot{\boldsymbol{E}}(\tau_1)\dot{\boldsymbol{E}}(\tau_2)\dot{\boldsymbol{E}}(\tau_3)}\boldsymbol{I}+c_3\overline{\dot{\boldsymbol{E}}}(\tau_1)\overline{\dot{\boldsymbol{E}}}(\tau_2)\dot{\boldsymbol{E}}(\tau_3)+c_4\overline{\dot{\boldsymbol{E}}(\tau_1)\dot{\boldsymbol{E}}(\tau_2)}\dot{\boldsymbol{E}}(\tau_3)+\\&c_5\dot{\boldsymbol{E}}(\tau_1)\dot{\boldsymbol{E}}(\tau_2)\overline{\dot{\boldsymbol{E}}}(\tau_3)+c_6\dot{\boldsymbol{E}}(\tau_1)\dot{\boldsymbol{E}}(\tau_2)\dot{\boldsymbol{E}}(\tau_3)]\mathrm{d}\tau_1\mathrm{d}\tau_2\mathrm{d}\tau_3\end{aligned}\tag{6.57}$$

式(6.57)称为松弛型的非线性本构关系。式中包含12个材料松弛函数,a_1和a_2是单变量函数,b_1、b_2、b_3和b_4是二变量函数,c_1、c_2、c_3、c_4、c_5和c_6是三变量函数,即

$$\begin{aligned}&a_i=a_i(t-\tau),\quad(i=1,2)\\&b_i=b_i(t-\tau_1,t-\tau_2),\quad(i=1,2,3,4)\\&c_i=c_i(t-\tau_1,t-\tau_2,t-\tau_3),\quad(i=1,2,3,4,5,6)\end{aligned}\tag{6.58}$$

$\boldsymbol{I}=[\delta_{ij}]$;$\dot{\boldsymbol{E}}$为Lagrange应变率张量,它的迹为$\overline{\dot{\boldsymbol{E}}}=\mathrm{tr}\,\dot{\boldsymbol{E}}=\dot{E}_{ii}$。张量积或迹的乘积为

$$\begin{cases} \dot{E}\dot{E} = \dot{E}_{ip}\dot{E}_{pj} \\ \dot{E}\dot{E}\dot{E} = \dot{E}_{ip}\dot{E}_{pq}\dot{E}_{qj} \\ \overline{\dot{E}}\,\overline{\dot{E}} = \mathrm{tr}\,\dot{E}\,\mathrm{tr}\,\dot{E} = \dot{E}_{ii}\dot{E}_{jj} \\ \overline{\dot{E}\dot{E}} = \mathrm{tr}(\dot{E}_{ip}\dot{E}_{pj}) = \dot{E}_{ij}\dot{E}_{ji} \\ \overline{\dot{E}\dot{E}\dot{E}} = \mathrm{tr}(\dot{E}_{ip}\dot{E}_{pq}\dot{E}_{qj}) = \dot{E}_{ip}\dot{E}_{pq}\dot{E}_{qi} \end{cases} \quad (i,j,p,q = 1,2,3) \tag{6.59}$$

与式(6.54b) 相反，Lockett(洛基特) 将现时应变表示为应力的函数，有

$$\boldsymbol{E}(t) = \boldsymbol{K}(\sigma^*(\tau)) \tag{6.60}$$

则可导出均匀各向同性材料的蠕变型的非线性本构关系，当保留到三阶时，为

$$\begin{aligned} \boldsymbol{E}(t) = & \int_0^t (\boldsymbol{I}\varphi_1 T_1 + \varphi_2 \boldsymbol{M}_1)\mathrm{d}\tau + \\ & \int_0^t \int_0^t (\boldsymbol{I}\varphi_3 T_1 T_2 + \boldsymbol{I}\varphi_4 T_{12} + \varphi_5 T_1 \boldsymbol{M}_2 + \varphi_6 \boldsymbol{M}_1 \boldsymbol{M}_2)\mathrm{d}\tau_1 \mathrm{d}\tau_2 + \\ & \int_0^t \int_0^t \int_0^t (\boldsymbol{I}\varphi_7 T_{123} + \boldsymbol{I}\varphi_8 T_1 T_{23} + \varphi_9 T_1 T_2 \boldsymbol{M}_3 + \psi_{10} T_{12} \boldsymbol{M}_3 + \\ & \psi_{11} T_1 \boldsymbol{M}_2 \boldsymbol{M}_3 + \psi_{12} \boldsymbol{M}_1 \boldsymbol{M}_2 \boldsymbol{M}_3)\mathrm{d}\tau_1 \mathrm{d}\tau_2 \mathrm{d}\tau_3 \end{aligned} \tag{6.61}$$

式中，

$$\boldsymbol{M}_\alpha = \dot{\boldsymbol{\sigma}}^*(\tau_\alpha), T_\alpha = \mathrm{tr}\,\boldsymbol{M}_\alpha = \overline{\boldsymbol{M}_\alpha}, \quad (\alpha = 1,2,3);$$

$$\boldsymbol{T}_{\alpha\beta} = \overline{\boldsymbol{M}_\alpha \boldsymbol{M}_\beta} = \mathrm{tr}(\boldsymbol{M}_\alpha \boldsymbol{M}_\beta), \quad \boldsymbol{T}_{\alpha\beta\gamma} = \overline{\boldsymbol{M}_\alpha \boldsymbol{M}_\beta \boldsymbol{M}_\gamma}, \quad (\alpha,\beta,\gamma = 1,2,3)$$

包含 12 个材料蠕变函数，蠕变函数是对称的，其中 φ_1 和 φ_2 是单变量函数；φ_3、φ_4、φ_5 和 φ_6 是二变量函数；φ_7、φ_8、φ_9、φ_{10}、φ_{11} 和 φ_{12} 是三变量函数，即

$$\varphi_\alpha = \varphi_\alpha(t-\tau), \quad (\alpha = 1,2)$$

$$\varphi_\alpha = \varphi_\alpha(t-\tau_1, t-\tau_2), \quad (\alpha = 3,4,5,6)$$

$$\varphi_\alpha = \varphi_\alpha(t-\tau_1, t-\tau_2, t-\tau_3), \quad (\alpha = 7,8,9,10,11,12)$$

在无限小变形情况下，变形梯度$\dfrac{\partial u_i}{\partial \alpha_J}$是小量，忽略高阶小量，$E \simeq \varepsilon$，$R \simeq I$，则式(6.57) 和式(6.61) 分别变为

$$\begin{aligned} \sigma(t) = & \int_0^t [a_1 \bar{\dot{\varepsilon}}(\tau)\boldsymbol{I} + a_2 \dot{\varepsilon}(\tau)]\mathrm{d}\tau + \\ & \int_0^t \int_0^t [b_1 \bar{\dot{\varepsilon}}(\tau_1)\bar{\dot{\varepsilon}}(\tau_2)\boldsymbol{I} + b_2 \overline{\dot{\varepsilon}(\tau_1)\dot{\varepsilon}(\tau_2)}\boldsymbol{I} + b_3 \bar{\dot{\varepsilon}}(\tau_1)\dot{\varepsilon}(\tau_2) + \\ & b_4 \dot{\varepsilon}(\tau_1)\dot{\varepsilon}(\tau_2)]\mathrm{d}\tau_1 \mathrm{d}\tau_2 + \int_0^t \int_0^t \int_0^t [c_1 \overline{\dot{\varepsilon}(\tau_1)\dot{\varepsilon}(\tau_2)}\bar{\dot{\varepsilon}}(\tau_3)\boldsymbol{I} + c_2 \overline{\dot{\varepsilon}(\tau_1)\dot{\varepsilon}(\tau_2)\dot{\varepsilon}(\tau_3)}\boldsymbol{I} + \\ & c_3 \bar{\dot{\varepsilon}}(\tau_1)\bar{\dot{\varepsilon}}(\tau_2)\dot{\varepsilon}(\tau_3) + c_4 \overline{\dot{\varepsilon}(\tau_1)\dot{\varepsilon}(\tau_2)}\dot{\varepsilon}(\tau_3) + \\ & c_5 \dot{\varepsilon}(\tau_1)\dot{\varepsilon}(\tau_2)\bar{\dot{\varepsilon}}(\tau_3) + c_6 \dot{\varepsilon}(\tau_1)\dot{\varepsilon}(\tau_2)\dot{\varepsilon}(\tau_3)]\mathrm{d}\tau_1 \mathrm{d}\tau_2 \mathrm{d}\tau_3 \end{aligned} \tag{6.62}$$

和

$$\begin{aligned} \varepsilon(t) = & \int_0^t [\boldsymbol{I}\varphi_1 \bar{\dot{\sigma}}(\tau) + \varphi_2 \dot{\sigma}(\tau)]\mathrm{d}\tau + \\ & \int_0^t \int_0^t [\boldsymbol{I}\varphi_3 \bar{\dot{\sigma}}(\tau_1)\bar{\dot{\sigma}}(\tau_2) + \boldsymbol{I}\varphi_4 \overline{\dot{\sigma}(\tau_1)\dot{\sigma}(\tau_2)} + \varphi_5 \bar{\dot{\sigma}}(\tau_1)\dot{\sigma}(\tau_2) + \\ & \varphi_6 \dot{\sigma}(\tau_1)\dot{\sigma}(\tau_2)]\mathrm{d}\tau_1 \mathrm{d}\tau_2 + \int_0^t \int_0^t \int_0^t [\boldsymbol{I}\varphi_7 \overline{\dot{\sigma}(\tau_1)\dot{\sigma}(\tau_2)\dot{\sigma}(\tau_3)} + \end{aligned}$$

$$\boldsymbol{I}\varphi_8\,\bar{\dot{\sigma}}(\tau_1)\,\overline{\dot{\sigma}(\tau_2)\dot{\sigma}(\tau_3)}+\varphi_9\,\bar{\dot{\sigma}}(\tau_1)\,\bar{\dot{\sigma}}(\tau_2)\dot{\sigma}(\tau_3)+\varphi_{10}\,\overline{\dot{\sigma}(\tau_1)\dot{\sigma}(\tau_2)}\dot{\sigma}(\tau_3)+$$

$$\varphi_{11}\,\bar{\dot{\sigma}}(\tau_1)\dot{\sigma}(\tau_2)\dot{\sigma}(\tau_3)+\varphi_{12}\dot{\sigma}(\tau_1)\dot{\sigma}(\tau_2)\dot{\sigma}(\tau_3)]\mathrm{d}\tau_1\,\mathrm{d}\tau_2\,\mathrm{d}\tau_3 \tag{6.63}$$

式(6.62)和(6.63)分别为无限小变形情况下松弛型和蠕变型的三维多重积分本构关系,其中一次积分项是线性黏弹性项,二重积分项是两个不同时间应变历史(或应力历史)相互作用的耦合效应项,三重积分项是三个不同时间应变历史(或应力历史)相互作用的耦合效应项。

由式(6.62)和(6.63)可见,一般受力状态下的三维多重积分型本构关系非常复杂,为确定某种材料的12个材料函数而进行的实验相当繁杂。Lockett指出需要进行($4N^2+6N+3$)个实验,其中N的含义与一维情形相似,表示多步实验时变动时间常数的次数。若取$N=10$,需做463种实验,但在实验中,常需重复多次取其平均值,由此可见其工作量非常大。为使多重积分型本构关系能应用于实际,有许多关于三维本构关系简化的论述,在这些研究中有对材料的物性(不可压缩、线性可压缩等)、载荷(简单拉压、纯扭转、拉压-扭转组合等)或是材料函数形式(近似核函数)诸方面的简化。

6.5 单积分形式非线性本构关系

在非线性黏弹性本构关系的多重积分表达式中,材料函数依赖于多个时间变量,如前所述,只取三重积分的应力-应变-时间关系仍显得相当复杂,需要大量的实验来确定其中的材料函数。即使经过一些简化,在解边界值问题时,也会引起冗繁的计算,甚至可能求不出问题的解答。因此需要采用形式更简单,便于由实验确定材料函数的本构关系来描述材料的黏弹性行为,以利于解决实际应用问题,其中重要的一类就是单积分形式的本构关系。

在单积分形式非线性本构关系的研究中,需注意不同单积分理论的各种假定、使用条件与限制。通过一些有代表性的单积分本构方程进行分析比较,可明了它们的非线性表达原理,了解不同单积分本构理论的异同。在名目繁多的单积分形式本构关系中,本节主要介绍由Dill(迪尔)等基于有限线黏弹性理论给出的本构关系,由BKZ理论给出的本构关系,基于修正叠加原理的Leaderman(里德曼)本构方程,以及含折算时间的Schapery(夏佩里)本构关系。其他单积分本构关系,如基于核函数的物理线性近似得出的本构关系,Christensen(克里斯坦森)提出的适用于不可压缩橡胶的非线性本构关系等,此处不再赘述。

6.5.1 有限线性黏弹性理论

令$s=t-\tau$,$-\infty<\tau\leqslant t$,记应变差历史$\boldsymbol{E}_d(s)$为

$$\boldsymbol{E}_d(s)=\boldsymbol{E}(t-s)-\boldsymbol{E}=\boldsymbol{E}(\tau)-\boldsymbol{E} \tag{6.64}$$

式中:$E=E(t)$,是应变的现时值;$E(\tau)$是变形历史中任一时刻τ的应变值。在当前时刻t,即$\tau=t$,则$s=0$,$E_d(0)=0$。

Dill考虑简单材料本构方程的一般表达式:

$$\sigma^*(t)=\hat{T}(E(\tau))$$

将泛函$\hat{T}(E(\tau))$在常应变历史E附近进行Taylor展开,当应变差历史在新近过去的时间中是小量的情况下,在展开式中保留到一阶导数项,于是可得简单材料的近似本构关系

$$\sigma^*(t) = \hat{T}(E) + \delta\hat{T}(E\,|_{E_d}) \tag{6.65}$$

式中，线性泛函 $\delta\hat{T}(E\,|_{E_d})$ 是 $\hat{T}$ 在 E 处的一阶 Frechet（弗雷歇）微分，括号中 $E\,|_{E_d}$ 强调 $\delta\hat{T}$ 依赖于 E，记号“|”表示 $\delta\hat{T}$ 关于 E_d 是线性的。可见，式(6.65)将应力分成了由当前应变引起的应力和由应变差历史引起的应力。Coleman（科尔曼）和 Noll 称严格满足式(6.65)的材料为“有限线性黏弹性材料”。

有限线性黏弹性材料有多种本构表述。E. H. Dill 在《简单材料的本构方程》一书中给出的有限线性黏弹性本构关系的具体表达式为

$$\sigma^*(t) = \hat{T}(E) + \int_0^{\infty} K(E,s)E_d(s)\mathrm{d}s \tag{6.66}$$

式中，材料函数 $K(E,s)$ 是四阶张量值函数。根据式(6.64)，可将上式写为

$$\sigma^*(t) = S^0 + K(E,0)E + \int_0^{\infty} K(E,s)E(t-s)\mathrm{d}s \tag{6.67}$$

式中，S^0 是当物体总处于零应变时的残余应力。对于均匀各向同性材料，在只保留到 E 和 E_d 的二次项以及残余应力 $S^0 = 0$ 的情况下，Dill 给出有限线性黏弹性本构表达式

$$\begin{aligned}\sigma^*(t) = {} & [a_1(0)\bar{E} + a_3(0)\,\overline{E^2} + a_4(0)\,\overline{E^2}]I + [a_2(0) + a_5(0)\bar{E} + a_6(0)\bar{E}]E + 2a_7(0)E^2 + \\ & \int_0^{\infty}\{[\dot{a}_1(s)\bar{E}(t-s) + \dot{a}_3(s)\bar{E}\bar{E}(t-s) + \dot{a}_4(s)\,\overline{EE(t-s)}]I + \dot{a}_2(s)E(t-s) + \\ & \dot{a}_5(s)\bar{E}(t-s)E + \dot{a}_6(s)\bar{E}E(t-s) + \dot{a}_7(s)[EE(t-s) + E(t-s)E]\}\mathrm{d}s\end{aligned} \tag{6.68}$$

式中，$a_i(s)$ 是 s 的函数($i = 1,2,3,\cdots,7$)，表征了材料的松弛性质。

有限线性黏弹性本构关系也可以用其他的应变度量来表示。例如 Colemen 和 Noll 使用 $\boldsymbol{g}(s) = 2\boldsymbol{U}^{-1}\boldsymbol{E}_d(s)\boldsymbol{U}^{-1}$ 作为应变的度量，将它代入本构泛函展开式中，只保留一阶微分项，得到另一种本构表达式

$$\sigma^*(t) = h(C) + \int_0^{\infty} \dot{\Gamma}(C,s)g(s)\mathrm{d}s \tag{6.69}$$

式中，$h(C) = \hat{T}(E)$，$\dot{\Gamma}(C,s)_{IJKL} = \dfrac{1}{2}\dot{K}(E,s)_{IJRM}U_{RK}U_{ML}$。考虑到应力张量 $\boldsymbol{\sigma} = \boldsymbol{R}\boldsymbol{\sigma}^*\boldsymbol{R}^{\mathrm{T}}$，则式(6.69)可写为

$$\boldsymbol{\sigma}(t) = \boldsymbol{R}h(C)\boldsymbol{R}^{\mathrm{T}} + \int_0^{\infty} \boldsymbol{R}[\dot{\boldsymbol{\Gamma}}(\boldsymbol{C},s)\boldsymbol{g}(s)]\boldsymbol{R}^{\mathrm{T}}\mathrm{d}s \tag{6.70}$$

根据 $\boldsymbol{B} = \boldsymbol{R}\boldsymbol{C}\boldsymbol{R}^{\mathrm{T}}$，并记 $\boldsymbol{J}(s) = \boldsymbol{R}\boldsymbol{g}(s)\boldsymbol{R}^{\mathrm{T}}$，于是在各向同性条件下，式(6.70)可改写为

$$\boldsymbol{\sigma}(t) = \boldsymbol{h}(\boldsymbol{B}) + \int_0^{\infty} \dot{\boldsymbol{\Gamma}}(\boldsymbol{B},s)\boldsymbol{J}(s)\mathrm{d}s \tag{6.71}$$

此外，Lianis（利亚尼斯）对 Colemen-Noll 有限线性黏弹性一般理论进行适当简化，并开展了大量的实验研究，导出了用 Cauchy-Green 变形张量表示的各向同性材料松弛型本构方程

$$\begin{aligned}\boldsymbol{\sigma} = {} & -p\boldsymbol{I} + [a + b(I_1 - 3) + cI_1]\boldsymbol{B} - c\boldsymbol{B}^2 + \\ & 2\int_{-\infty}^{t}\varphi_0(t-\tau)\dot{\boldsymbol{C}}_t(\tau)\mathrm{d}\tau + \int_{-\infty}^{t}\varphi_1(t-\tau)[\boldsymbol{B}\dot{\boldsymbol{C}}_t(\tau) + \dot{\boldsymbol{C}}_t(\tau)\boldsymbol{B}]\mathrm{d}\tau + \\ & \int_{-\infty}^{t}\varphi_2(t-\tau)[\boldsymbol{B}^2\dot{\boldsymbol{C}}_t(\tau) + \dot{\boldsymbol{C}}_t(\tau)\boldsymbol{B}^2]\mathrm{d}\tau + \boldsymbol{B}\int_{-\infty}^{t}\varphi_3(t-\tau)\dot{I}_1(\tau)\mathrm{d}\tau\end{aligned} \tag{6.72}$$

式中，p 为静水压力，a、b、c 是 3 个材料常数，$\varphi_i(i = 0,1,2,3)$ 是 4 个材料松弛函数，$I_1 = \mathrm{tr}[BC_t(\tau)]$。

需要注意的是，在导出有限线性黏弹性本构关系表达式的过程中，有限线性黏弹性理论并不限制变形为小量，而只限制在最近的过去中，变形具有缓慢的变化。

6.5.2 不可压缩材料的 BKZ 理论

Bernstein(伯恩斯坦)、Kearsley(基尔斯利) 和 Zapas(扎帕斯) 研究了有限应变的应力松弛问题，从简单材料的本构泛函出发导出了不可压缩固体和流体的非线性黏弹性本构关系，这里仅讨论各向同性不可压缩固体的松弛型本构关系。

根据简单材料本构泛函的一般形式[式(6.53) 的第二式]，结合不可压缩条件以及形变与静水压力无关的条件，可将本构关系写成

$$\boldsymbol{\sigma}(t) = -p\boldsymbol{I} + \boldsymbol{F}(t)\hat{S}(\boldsymbol{E}(\tau))\boldsymbol{F}^{\mathrm{T}}(t) \tag{6.73}$$

式中，p 为静水压力，$\boldsymbol{F}$ 为变形梯度，$\boldsymbol{E}(\tau)$ 为 Lagrange 应变，$\hat{S}$ 为本构泛函。假定 $\hat{S}(\boldsymbol{E}(\tau))$ 中只保留单积分项，于是 $\hat{S}$ 的多项式展开关于 $\boldsymbol{E}(\tau)$ 是线性的，有

$$\hat{S}(\boldsymbol{E}(\tau)) = m\boldsymbol{I} + \boldsymbol{I}\int_{-\infty}^{t} a_1(t-\tau)\mathrm{tr}\,\boldsymbol{E}(\tau)\mathrm{d}\tau + 2\int_{-\infty}^{t} a_2(t-\tau)\boldsymbol{E}(\tau)\mathrm{d}\tau \tag{6.74}$$

式中，m 是常数，a_1 和 a_2 是材料函数。

6.5.3 基于修正叠加原理的 Leaderman 本构方程

Boltzmann 叠加原理主要包含三个方面：① 在不同大小的阶跃载荷作用下的蠕变对应一条单一的蠕变柔量曲线[图 6.5(a)]；② 在某一给定的应力值下，蠕变和回复曲线是一样的，即在一个给定的恒定载荷下的蠕变与在此条件下蠕变后的回复是一样的[图 6.5(b)]；③ 在进行两次阶跃加载时，假设第二次阶跃载荷是在第一次阶跃载荷作用下蠕变了一段时间后再施加的，那么由第二次阶跃载荷引起的附加蠕变量等于仅由以第二次阶跃载荷单独作用时所引起的蠕变量[图 6.5(c)]。所谓附加蠕变量是指总蠕变量中扣除由起始载荷引起的蠕变量。

Leaderman 在对尼龙和纤维素纤维的研究中发现：不同应力值下的蠕变柔量曲线并不重合；在同一应力值下的蠕变柔量曲线和回复柔量曲线是一致的；在起始的短时间内，所有应力值下的柔量值都是一样的。因此将蠕变和回复曲线分成两部分：一部分是一个瞬时的弹性形变，它往往与应力值成比例；另一部分是一个推迟的形变，在任何载荷下的推迟蠕变和回复对应力的依赖关系是一样的。

于是，Leaderman 用一种非线性应力函数代替线性理论中的应力历史，得到了基于修正叠加原理的蠕变型本构方程

$$\varepsilon(t) = J_0 + \int_0^t \Delta J(t-\tau)\,\frac{\mathrm{d}G[\sigma(\tau)]}{\mathrm{d}\tau}\mathrm{d}\tau \tag{6.75}$$

式中，$J(t)$ 是材料的线性蠕变柔量，当 $t=0$ 时为初始蠕变柔量，$J_0 = J(0)$，$\Delta J(t) = J(t) - J_0$；$G(\sigma)$ 是一个应力的经验函数。随后推广得到了对应的松弛型本构方程

$$\sigma(t) = \int_0^t Y(t-\tau)\,\frac{\partial f[\varepsilon(\tau)]}{\partial \tau}\mathrm{d}\tau \tag{6.76}$$

式中，$Y(t)$ 是材料的线性黏弹性松弛模量，$f(\varepsilon)$ 是一个应变的经验函数。

Leaderman 对 Boltzrnann 叠加原理的扩展能很好地描述他所研究的纤维的蠕变和回复行为，但这并不是对所有的纤维都适用，同时也不能描述比蠕变、回复更复杂的加载条件下的行为。

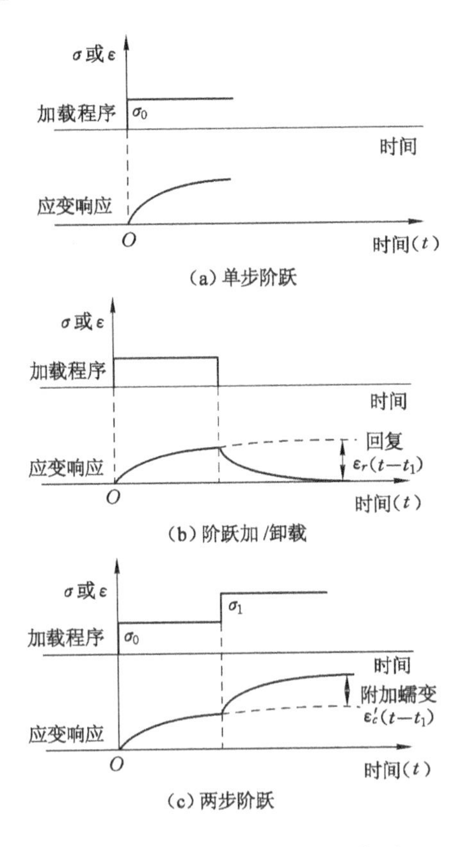

图 6.5　阶跃加载蠕变响应示意图

6.5.4　含折算时间的 Schapery 本构关系

Schapery 在不可逆热力学基础上，假定自由能和熵升率的某些简单形式，导出含一种折算时间的单积分形式的非线性黏弹性本构关系。

根据松弛型一维多重积分型非线性本构关系式(6.42)，取其单积分项可得一维线黏弹性本构关系，并将其改写为

$$\sigma(t)=\int_0^t \psi(t-\tau)\dot{\varepsilon}(\tau)\mathrm{d}\tau=\psi_e\varepsilon(t)+\int_0^t \Delta\psi(t-\tau)\dot{\varepsilon}(\tau)\mathrm{d}\tau \tag{6.77}$$

式(6.77)将应力响应分为已松弛分量 ψ_e 和松弛模量的瞬时分量 $\Delta\psi$ 两部分。其中，已松弛分量 ψ_e 是指平衡时的应力松弛模量，简称为平衡模量；瞬时分量 $\Delta\psi(t)=\psi(t)-\psi_e$。Schapery 在假设一种简单形式的自由能及熵升率公式后，将式(6.77)扩展到非线性行为，导出如下松弛型非线性本构关系

$$\sigma(t)=h_e\psi_e\varepsilon(t)+h_1\int_0^t \Delta\psi(\rho-\rho')\frac{\partial[h_2\varepsilon(\tau)]}{\partial\tau}\mathrm{d}\tau \tag{6.78}$$

式中，$\rho=\rho(t)=\int_{t_0}^t \frac{\mathrm{d}\xi}{a_\varepsilon\varepsilon(\xi)}$ 和 $\rho'=\rho(\tau)=\int_{t_0}^\tau \frac{\mathrm{d}\xi}{a_\varepsilon\varepsilon(\xi)}$ 称为折算时间，$a_\varepsilon>0$，t_0 是材料首次受到非零应变之前任取的时间原点，一般可取 $t_0=0$。h_e、h_1、h_2 和 a_ε 均是应变的函数，h_e、h_1 和 h_2 与应变的关系得自 Helmhotze 自由能函数中的三阶以上项，反映高阶应变的影响；a_ε 与应

变的关系得自熵增及自由能中的高阶项，同时还受温度的影响。在小应变情况下 $\varepsilon \to 0$，取 $h_e = h_1 = h_2 = a_\varepsilon = 1$，式(6.78)可简化为线黏弹性本构关系式(6.77)。当 $h_1 = a_\varepsilon = 1, h_e = h_2 = f(\varepsilon)/\varepsilon$ 时，式(6.78)可简化为 Leaderman 修正叠加公式(6.76)。

按照同一思想，可得 Schapery 理论的蠕变型非线性本构关系，形如线性蠕变型本构关系的推广，即

$$\varepsilon(t) = g_0 J_0 \sigma(t) + g_1 \int_0^t \Delta J(\gamma - \gamma') \frac{\partial [g_2 \sigma(\tau)]}{\partial \tau} \mathrm{d}\tau \tag{6.79}$$

式中，$\gamma = \gamma(t) = \int_{t_0}^{t} \frac{\mathrm{d}\xi}{a_\sigma \sigma(\xi)}$ 和 $\gamma' = \gamma(\tau) = \int_{t_0}^{\tau} \frac{\mathrm{d}\xi}{a_\sigma \sigma(\xi)}$ 称为折算时间，$a_\sigma > 0$，t_0 是材料首次受到非零应力之前任取的时间原点，一般可取 $t_0 = 0$；$J(t)$ 为小应力下的蠕变柔量函数，分为瞬时弹性响应的柔量 J_0 和推迟响应的 ΔJ，即 $J(t) = J_0 + \Delta J$；g_0、g_1、g_2 和 a_σ 均是应力的函数，g_0、g_1 和 g_2 与应力的关系取决于 Gibbs(吉布斯)自由能函数中三阶以上项，a_σ 与应力的关系则受到熵和自由能中高阶项的影响，同时还受温度的影响。在小应力情况下 $\sigma \to 0$，取 $g_0 = g_1 = g_2 = a_\sigma = 1$，式(6.79)可简化为蠕变型线黏弹性本构关系

$$\varepsilon(t) = \int_0^t J(t-\tau)\dot{\sigma}(\tau)\mathrm{d}\tau \tag{6.80}$$

式(6.80)即为蠕变型一维多重积分型本构关系式(6.41)中的单积分项。当所有的非线性效应均包含于 g_2，而 $g_1 = a_\sigma = 1$ 时，式(6.79)可简化为 Leaderman 修正叠加公式(6.75)。

Schapery 本构理论在聚合物及其复合材料中有较广泛的应用，它能很好地描述硝化纤维素和纤维增强酚醛树脂的蠕变和回复数据，以及 Zapas 和 Craft 关于聚异丁烯的多阶拉伸应变的结果。

6.6 其他形式的非线性本构关系

从本章前述内容可以看出，由于出自各种不同的研究途径与方法，非线性黏弹性本构理论有多种不同的表达形式，而且某些本构关系在特定的条件下可能有类似的表达形式。除了前述的多重积分型和单积分型本构关系之外，其他的非线性黏弹性本构描述也有较为广泛的应用。本节补充介绍两种非线性黏弹性本构方程，分别是幂律关系和新胡克定律。

首先讨论幂律关系。根据不同材料的蠕变行为，Findley 等提出了不同形式的幂律关系。将应变表示成时间的幂函数，则在恒定应力作用下，某些材料的蠕变可表示为

$$\varepsilon(t) = \varepsilon_0(\sigma) + \varepsilon^+(\sigma) \cdot t^n \tag{6.81}$$

这样，蠕变分成与时间无关和有关的两部分。式中，$\varepsilon_0(\sigma)$ 和 $\varepsilon^+(\sigma)$ 均为应力的函数；n 为材料常数，某些聚合物的 n 值一般都小于 1，且基本不受温度的影响。对于金属和许多硬塑料，都可应用幂律关系式(6.81)。许多塑料在等应力下的蠕变可进一步表示为

$$\varepsilon(t) = \varepsilon_a \sinh\left(\frac{\sigma}{\sigma_a}\right) + \varepsilon_b \sinh\left(\frac{\sigma}{\sigma_b}\right) \cdot t^n \tag{6.82}$$

其中，ε_a、ε_b、σ_a 和 σ_b 为常数。当 σ_a 足够大时，$\sinh(\sigma/\sigma_a) \approx \sigma/\sigma_a$，于是式(6.82)可改写为

$$\varepsilon(t) = \frac{\varepsilon_a}{\sigma_a}\sigma + \varepsilon_b \sinh\left(\frac{\sigma}{\sigma_b}\right) \cdot t^n \tag{6.83}$$

此外，Ferry(费里)在研究某些聚合物受大变形拉伸的应力松弛现象时，将材料本构关

系表示为

$$E_n(t,\lambda)=\frac{3\sigma(t)}{\lambda^2-\lambda^{-1}}\quad \text{或}\quad E_n(t,\lambda)=\frac{3f(t)}{A_0(\lambda-\lambda^{-2})} \tag{6.84}$$

式中，$f(t)$ 为随时间变化的力，A_0 为初始横截面积，$f(t)/A_0$ 称为工程应力；$\sigma(t)$ 是实际拉应力，$\sigma(t)/\lambda=f(t)/A_0$。$E_n(t,\lambda)$ 有时称为新胡克杨氏模量，式(6.84)称为新胡克定律。研究表明，材料在变形中体积不变，即 $\lambda_1=\lambda,\lambda_2=\lambda_3=\lambda^{-1/2}$，因而认为材料不可压缩。

6.7　思考与练习

1. 试根据一维蠕变型多重积分表达式，简述非线性黏弹性重积分型本构关系中材料函数的意义及其几何表述。

2. 试根据三维多重积分型本构关系导出杆件在单向应力状态下的应变分量，需考虑横向变形，并与一维多重积分表达式进行比较。

3. 试导出圆轴受纯扭转作用时的蠕变型多重积分表达式。

4. 单积分形式非线性黏弹性本构关系有哪些主要的类型?试选择其中一种将其退化到单向受力时的情形。

第7章　弹-黏-塑性本构关系

7.1　弹性、黏性和塑性

物体在外界因素作用下产生的变形可以分为弹性变形和非弹性变形两大类。所谓弹性是指物体在外界因素作用下产生变形，当除去外界因素作用时变形可以完全恢复的现象。弹性变形的特点是物体的应力和应变之间具有一一对应的关系，或者说，应力和应变之间双方互为单值函数，且这种函数关系可以是线性的，也可以是非线性的。非弹性变形是指物体的应力和应变之间不具有一一对应的关系，可以细分为两种情形：① 变形与时间有关，称为黏性变形；② 变形与时间无关，称为塑性变形。

弹性、黏性和塑性都属于材料的固有物性。工程中许多材料，如岩石、土、聚合物和金属等，在某些条件下，往往同时呈现出弹性、黏性和塑性的特征，单凭黏弹性或塑性理论来分析问题往往会引起较大的误差。为了较好地解决这些实际问题，需要考虑与时间、加载历程同时相关的具有弹性、黏性和塑性特征的弹-黏-塑性模型。弹-黏-塑性模型一般可以采用三个基本元件：胡克体弹簧(弹性元件)、牛顿体黏壶(黏性元件)和圣维南体滑块(塑性元件)来进行组合建立，代表性的模型有Maxwell模型、Kelvin模型和广义Kelvin模型、Burgers(伯格斯)模型、Bingham(宾厄姆)模型和广义Bingham模型、Poynting-Thomson(坡印亭-汤姆孙)模型、以及西原模型等。

本章在黏弹性力学基础上，结合塑性理论对材料的黏弹塑性力学行为进行简略介绍，讨论黏弹塑性材料的屈服准则与本构表述。所谓黏弹塑性是指黏弹性材料当应力超过一定范围时呈现出塑性变形，在弹性变形过程中和出现塑性变形后均有明显的黏性效应，这种材料称为黏弹塑性材料。如果材料屈服前仅有弹性变形或黏性效应微弱(可以忽略)，而在产生塑性变形后有明显的黏性效应，则称此种材料为弹黏塑性材料。在特殊情况下，材料的弹性变形很小而在塑性变形阶段有明显的黏性效应，此时可用黏塑性模型进行描述。

黏弹性力学行为在前面章节中已进行详细介绍，塑性力学行为在通常情况下涉及屈服条件、加卸载准则、强化规律等问题，在塑性理论中有详细的讨论，这里仅对塑性力学的有关基本概念进行简述。

理想塑性材料的屈服条件可表示为 $f(\sigma_{ij})=0$，其中 $f(\sigma_{ij})$ 称为屈服函数，可以理解为六维应力空间中的一张超曲面，称为屈服面。理想塑性材料的屈服面不变，如图7.1(a)所示，其加卸载准则为

$$\begin{cases} f(\sigma_{ij})<0 & \text{弹性状态} \\ f(\sigma_{ij})=0 \quad \text{且} \begin{cases} \mathrm{d}f=0 & \text{加载} \\ \mathrm{d}f<0 & \text{卸载} \end{cases} \end{cases} \tag{7.1}$$

对于强化材料，后继屈服条件与初始屈服条件不同，在应力空间中表现为随着塑性变形的发展，后继屈服面(加载面)不断发生变化。加载面的位置和形状决定于应力状态 σ_{ij} 和变

形历史，也与强化规律有关。加载面可表示为

$$f(\sigma_{ij},\kappa)=0 \tag{7.2}$$

式中，$f(\sigma_{ij},\kappa)$ 称为加载函数；κ 称为强化参数，不同的强化模型有不同的表述。强化材料的加卸载准则可表示为

$$\begin{cases} f<0 & \text{弹性状态} \\ f=0 \quad \text{且} \begin{cases} \dfrac{\partial f}{\partial \sigma_{ij}}\mathrm{d}\sigma_{ij}>0 & \text{加载} \\ \dfrac{\partial f}{\partial \sigma_{ij}}\mathrm{d}\sigma_{ij}=0 & \text{中性变载} \\ \dfrac{\partial f}{\partial \sigma_{ij}}\mathrm{d}\sigma_{ij}<0 & \text{卸载} \end{cases} \end{cases} \tag{7.3}$$

中性变载不产生新的塑性变形，应力维持在塑性状态但加载面并不扩大；加载是指材料产生新的塑性变形；卸载是指应力点向加载面内移动，从塑性状态回到弹性状态。在应力空间中，应力增量矢量指向加载面外侧为加载，指向内侧为卸载，与加载面相切则为中性变载，如图 7.1(b) 所示。

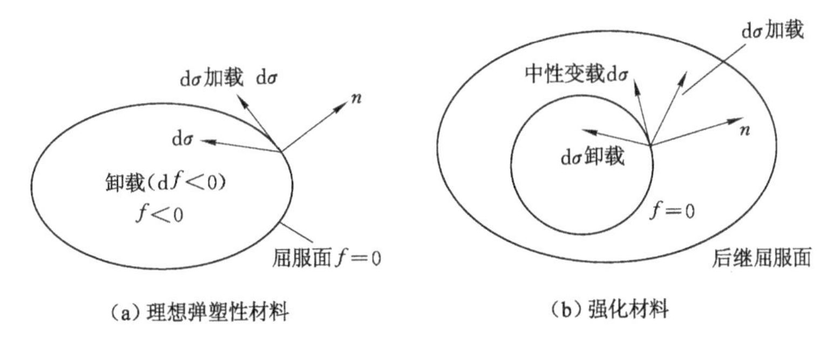

图 7.1　加卸载准则

考虑一个受载过程：原有的应力状态记为 σ_{ij}^0（A 点），加载至屈服时应力记为 σ_{ij}（B 点），进一步施加应力增量 $\mathrm{d}\sigma_{ij}$ 至（C 点），产生塑性应变增量 $\mathrm{d}\varepsilon_{ij}^p$，然后卸除附加应力使应力状态回到 σ_{ij}^0（A 点）。这样，完成了附加应力的加卸载循环，如图 7.2 中 $ABCA$。根据 Drucker（德鲁克）公设给出非负功的不等式

$$(\sigma_{ij}-\sigma_{ij}^0)\mathrm{d}\varepsilon_{ij}^p \geqslant 0 \tag{7.4}$$

即此加卸载循环过程中所做塑性功不小于零。满足式(7.4) 的材料称为稳定材料。进一步可以证明屈服面是外凸的；塑性应变增量沿加载面的外法向（正交性法则）。

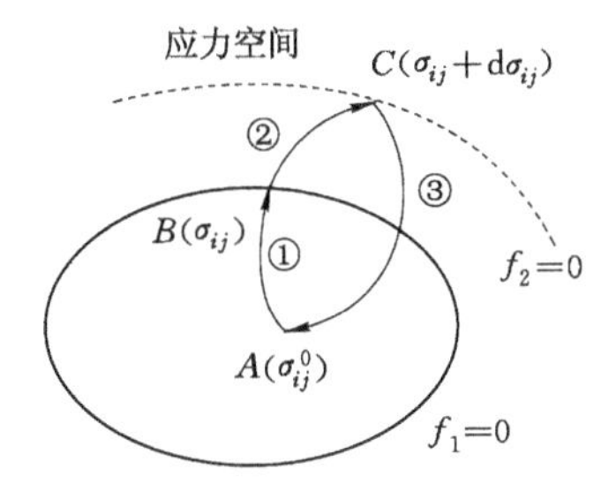

图 7.2　加卸载循环

7.2 黏-弹-塑性本构关系

为了建立黏弹塑性材料的本构关系，需要分析弹性、黏性和塑性的变形及其与应力、时间的关系。因而假定在小变形情况下，材料的黏弹塑性应变可表示为弹性应变、黏性应变和塑性应变三部分之和，即

$$\varepsilon_{ij} = \varepsilon_{ij}^{e} + \varepsilon_{ij}^{v} + \varepsilon_{ij}^{p} \tag{7.5}$$

式中，ε_{ij}^{e}、ε_{ij}^{v}、ε_{ij}^{p} 分别表示弹性、黏性和塑性应变分量。

首先讨论材料的弹性变形和黏性变形。设材料的黏弹性应变为 ε_{ij}^{ev}，用偏张量和球张量表示的蠕变型本构关系为

$$e_{ij}^{ev}(t) = 2G(t) \cdot \mathrm{d}s_{ij}(t), \quad \varepsilon_{ii}^{ev}(t) = 3K(t) \cdot \mathrm{d}\sigma_{kk}(t) \tag{7.6}$$

弹性变形在受载时立即出现，其本构关系由广义 Hooke 定律可用偏张量和球张量表示为

$$e_{ij}^{e} = 2G^{e}s_{ij}, \quad \varepsilon_{ii}^{e} = 3K^{e}\sigma_{ii} \tag{7.7}$$

式中，G^{e} 和 K^{e} 分别为剪切弹性模量和体积弹性模量。将应力表示为瞬态和历程两部分，即

$$s_{ij}(x,t) = s_{ij}(x,0) + \int_0^t \frac{\partial s_{ij}(x,\tau)}{\partial \tau}\mathrm{d}\tau \tag{7.8}$$

因而，黏性变形可表示为

$$e_{ij}^{v} = \left[2G(t)s_{ij}(x,0) + 2\int_0^t G(t-\tau)\frac{\partial s_{ij}(x,\tau)}{\partial \tau}\mathrm{d}\tau\right] - 2G^{e}\left[s_{ij}(x,0) + \int_0^t \frac{\partial s_{ij}(x,\tau)}{\partial \tau}\mathrm{d}\tau\right] \tag{7.9}$$

整理得

$$e_{ij}^{v} = 2[G(t) - G^{e}]s_{ij}(x,0) + 2\int_0^t [G(t-\tau) - G^{e}]\frac{\partial s_{ij}(x,\tau)}{\partial \tau}\mathrm{d}\tau \tag{7.9$'$}$$

同理得

$$\varepsilon_{ii}^{v} = 3[K(t) - K^{e}]\sigma_{ii}(x,0) + 3\int_0^t [K(t-\tau) - K^{e}]\frac{\partial \sigma_{ii}(x,\tau)}{\partial \tau}\mathrm{d}\tau \tag{7.10}$$

其次讨论塑性应变分量 ε_{ij}^{p}。黏弹塑性材料和弹塑性材料不同，其进入塑性状态有着重要的差别，屈服条件和加卸载准则也不尽相同。弹塑性材料受载后，应力、应变同时发生变化，在同一加载路径上，总是在某一点 A 进入塑性状态，而与加载过程的时间无关，如图 7.3 所示。对黏弹塑性材料，由于黏性效应和载荷历史的时间相关性，在应力空间中即使沿相同的加载路径，也会因为所通过该路径的时间长短不同而可能在点 A_1、A_2 或其他点进入塑性状态；即使沿该路径所用时间相同，也可能因为载荷历史、应变率变化的差别而在不同的应力状态 $\sigma_{ij}(t)$ 处产生屈服。因此，为了描述黏弹塑性材料的屈服问题，Naghdi(纳格迪) 和 Murch(默奇) 考虑一连续可微的屈服函数或加载函数 f，则在应力空间中屈服面或加载面可表示为

$$f(\sigma_{ij}, \varepsilon_{ij}^{p}, \kappa, \beta) = 0 \tag{7.11}$$

式中，ε_{ij}^{p} 为塑性应变，$\kappa = \kappa(\sigma_{ij}, \varepsilon_{ij}^{p})$ 为强化参数，$\beta = \beta(\varepsilon_{kl}^{v})$ 表示黏性效应。当 $f = 0$ 时，黏弹塑性材料进入屈服状态；而当 $f < 0$ 时，材料处于黏弹性状态。

为了判断是否产生新的塑性变形，需要讨论加卸载准则。屈服函数 f 对时间的导数为

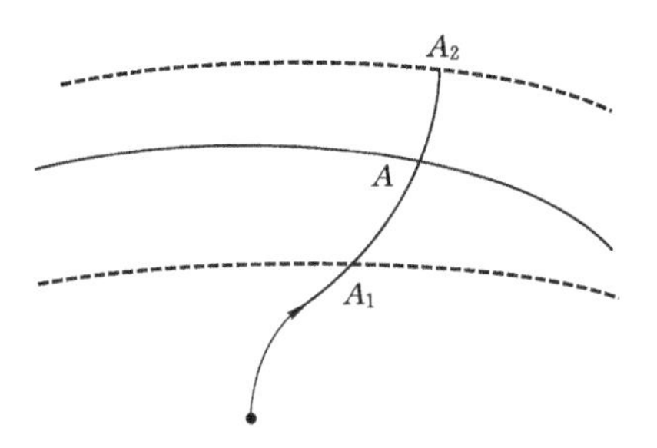

图 7.3　相同加载路径示意图

$$\dot{f} = \frac{\partial f}{\partial \sigma_{ij}}\dot{\sigma}_{ij} + \frac{\partial f}{\partial \varepsilon_{ij}^{p}}\dot{\varepsilon}_{ij}^{p} + \frac{\partial f}{\partial \kappa}\dot{\kappa} + \frac{\partial f}{\partial \beta}\dot{\beta} \tag{7.12}$$

在材料进入屈服($f = 0$)而处于黏弹塑性状态后，如果 $\dot{f} < 0$，则 $f' = f + (\partial f/\partial t)\mathrm{d}t < 0$，此时对应一种新的状态，函数小于零说明材料回到了黏弹性状态。当 $f = 0$，$\dot{f} < 0$ 时，称为卸载过程，此时无塑性应变增量，也没有强化，即 $\dot{\varepsilon}_{ij}^{p} = 0$，$\dot{\kappa} = 0$。由于 $\varepsilon_{ij}^{v} = \varepsilon_{ij}^{ev} - \varepsilon_{ij}^{e}$，进而由本构关系可知 β 是 $\dot{\sigma}_{ij}$ 的函数，于是卸载条件可以写为

$$f = 0,\quad \frac{\partial f}{\partial \sigma_{ij}}\dot{\sigma}_{ij} + \frac{\partial f}{\partial \beta}\dot{\beta} < 0 \tag{7.13}$$

从一个黏弹塑性状态到另一个黏弹塑性状态的变化过程中，若有塑性应变增量，称之为加载过程，相应的加载条件应为

$$f = 0,\quad \frac{\partial f}{\partial \sigma_{ij}}\dot{\sigma}_{ij} + \frac{\partial f}{\partial \beta}\dot{\beta} > 0 \tag{7.14}$$

若此过程中无塑性应变增量，称之为中性变载过程，相应的中性变载条件应为

$$f = 0,\quad \frac{\partial f}{\partial \sigma_{ij}}\dot{\sigma}_{ij} + \frac{\partial f}{\partial \beta}\dot{\beta} = 0 \tag{7.15}$$

引进算子 $L(\dot{\sigma}_{ij})$

$$L(\dot{\sigma}_{ij}) = \frac{\partial f}{\partial \sigma_{ij}}\dot{\sigma}_{ij} + \frac{\partial f}{\partial \beta}\dot{\beta} \tag{7.16}$$

于是，黏弹塑性材料的加卸载准则可表示为

$$\begin{cases} f < 0, L(\dot{\sigma}_{ij}) < 0 & \text{卸载} \\ f = 0, L(\dot{\sigma}_{ij}) = 0 & \text{中性变载} \\ f = 0, L(\dot{\sigma}_{ij}) > 0 & \text{加载} \end{cases} \tag{7.17}$$

根据塑性理论，当弹塑性体进入塑性状态后，中性变载时应力增量的方向总是沿屈服面的切向。由式(7.16)可知，黏弹性材料屈服后进入黏弹塑性状态，中性变载时 $\dot{\sigma}_{ij}\mathrm{d}t$ 不再与流动面相切，而是与流动面法线成一夹角 θ，即

$$\cos\theta = \frac{-\dfrac{\partial f}{\partial \beta}\dot{\beta}}{\left|\dfrac{\partial f}{\partial \sigma_{ij}}\right| |\dot{\sigma}_{ij}|} \tag{7.18}$$

这是由于黏性效应的影响所致。上述各式表明，黏弹塑性材料加卸载准则与塑性理论中弹塑性材料加卸载准则不同，黏弹塑性体的屈服条件体现了黏性效应，受应变率的影响。

根据 Drucker 公设，一个受力的系统，外力增量沿相应位移增量所做的功必定是非负

的，从而导出稳定材料的应力和应变率之间需满足的关系。Perzyna(波兹纳)进一步证明，黏弹塑性材料的流动面是外凸的。其中引进了"快速加载路径"和"瞬时加载面"两个概念：① 在应力空间中沿快速加载路径能在极短时间内完成有限应力变化，这一过程中 $\beta(\varepsilon_{ij}^{v})$ 保持不变，即 $\lim\limits_{\Delta t\to 0}\Delta\beta(\varepsilon_{ij}^{v})=0$，沿快速加载路径，流动面的特性和无黏性的塑性理论中流动面一样。② 对处于黏弹性状态的某点 A，$f(\sigma_{ij}^{a},\varepsilon_{ij}^{pa},\kappa^{a},\beta^{a})<0$，其瞬时加载面为 $f_{a}(\sigma_{ij},\varepsilon_{ij}^{pa},\kappa^{a},\beta^{a})=0$。在每一快速加载路径上，塑性应变率 $\dot{\varepsilon}_{ij}^{p}$ 的方向总垂直于瞬时流动曲面，而沿某一实际加载路径，$\dot{\varepsilon}_{ij}^{p}$ 的方向与流动面法线之间有一夹角。

Naghdi 和 Murch 假设塑性应变率 $\dot{\varepsilon}_{ij}^{p}$ 沿瞬时流动面 $f=0$ 的外法向，即

$$\dot{\varepsilon}_{ij}^{p}=\Lambda\frac{\partial f}{\partial\sigma_{ij}}\tag{7.19}$$

由 $\dot{f}=0$ 的条件及式(7.12)，得

$$\Lambda=\frac{-\left(\dfrac{\partial f}{\partial\sigma_{kl}}\dot{\sigma}_{kl}+\dfrac{\partial f}{\partial\beta}\dot{\beta}\right)}{\left(\dfrac{\partial f}{\partial\varepsilon_{mn}^{p}}+\dfrac{\partial f}{\partial\kappa}\dfrac{\partial\kappa}{\partial\varepsilon_{mn}^{p}}\right)\dfrac{\partial f}{\partial\sigma_{mn}}}\tag{7.20}$$

令

$$H=-\left[\left(\frac{\partial f}{\partial\varepsilon_{mn}^{p}}+\frac{\partial f}{\partial\kappa}\frac{\partial\kappa}{\partial\varepsilon_{mn}^{p}}\right)\frac{\partial f}{\partial\sigma_{mn}}\right]^{-1}\tag{7.21}$$

考虑加卸载准则，得塑性应变率的表达式

$$\dot{\varepsilon}_{ij}^{p}=\begin{cases}0, & f<0\\ H<L(\dot{\sigma}_{kl})>\dfrac{\partial f}{\partial\sigma_{ij}}, & f=0\end{cases}\tag{7.22}$$

其中符号 $<x>$ 定义为

$$<x>=\begin{cases}0, & x\leqslant 0\\ x, & x>0\end{cases}\tag{7.23}$$

在得到式(7.22)时，由于未考虑 $\dot{\varepsilon}_{ij}^{p}$ 的方向与实际流动面的确切关系，故需对其进行修正，通常可以采用以下两种方法修正。

一种方法是用等向强化的屈服面 f_0 代替加载面 f，再引入另一个不同于 f_0 的加载函数 g，于是本构方程(7.22)变为

$$\dot{\varepsilon}_{ij}^{p}=\left(L\frac{\partial f_0}{\partial\sigma_{ij}}+M\frac{\partial g}{\partial\sigma_{ij}}\right)<L(\dot{\sigma}_{kl})>\tag{7.24}$$

式中，L 和 M 为标量函数。

另一种方法是引入两个加载函数 f 和 h，则本构表达形式为

$$\dot{\varepsilon}_{ij}^{p}=N\frac{\partial h}{\partial\sigma_{ij}}<\frac{\partial f}{\partial\sigma_{mn}}\dot{\sigma}_{mn}+\frac{\partial f}{\partial\beta}\dot{\beta}>\tag{7.25}$$

式中，f 表示黏弹塑性材料的屈服函数，h 起塑性势函数的作用。式(7.25)必须附加某些条件或限制，从而确定系数 N，确定函数 f 和 h 间的关系。

以上讨论的是小变形情况下黏弹塑性本构关系，关于黏弹塑性材料有限变形的本构关系可参阅 Naghdi 的论著。

7.3　弹-黏-塑性本构关系

如前所述，如果材料屈服前仅有弹性变形或黏性效应可以忽略，而在塑性阶段有明显的黏性效应，则称这种材料为弹黏塑性材料，或称为速率敏感塑性材料。

一般，材料的黏性效应对其本构关系的影响主要反映在应变率和偏斜应力之间的关系上。例如，牛顿黏性流体流动时经实测得到的切应力和切应变率成正比，即 $\tau = 2\eta\dot{\gamma}$，其中 η 为黏性系数。此方程说明瞬时流动应力随应变率增大而增大。

Malvern(莫尔文) 在研究杆中塑性波的传播时，分析了应变率的影响，提出将总应变率分为弹性和非弹性(黏塑性) 两部分，即

$$\dot{\varepsilon} = \dot{\varepsilon}^{e} + \dot{\varepsilon}^{vp} \tag{7.26}$$

式中，$\dot{\varepsilon}^{vp}$ 为非弹性应变率，包含了黏性和塑性效应；$\dot{\varepsilon}^{e}$ 为弹性应变率，对于弹黏塑性材料，弹性应变率可直接写为

$$\dot{\varepsilon}^{e} = \frac{\dot{\sigma}}{E} \tag{7.27}$$

式中，E 为材料的弹性模量。因弹性阶段无黏性，初始屈服条件与无黏性的塑性理论中情况相同。对含有应变硬化特性的弹黏塑性材料，后继屈服条件可表示为

$$F(\sigma_{ij}, \dot{\varepsilon}_{ij}^{vp}, k) = 0 \tag{7.28}$$

其中，k 为强化参数。当采用等向硬化模型时，加载面在应力空间中形状和中心位置保持不变，只是在初始屈服面形状基础上均匀膨胀，这种情况下的加载函数取决于应力状态和强化参数。可将式(7.28) 改写为

$$F(\sigma_{ij}, k) = f(\sigma_{ij}) - k = 0 \tag{7.29}$$

或简单记为

$$F = \frac{f}{k} - 1 \tag{7.30}$$

若采用 Mises(米泽斯) 屈服准则为初始屈服条件，可以设

$$\dot{\varepsilon}_{ij}^{vp} = \Phi\left(\frac{f}{k} - 1\right) \tag{7.31}$$

式中

$$f(\sigma_{ij}) = \sqrt{J_2} = \sqrt{\frac{1}{2}s_{ij}s_{ij}} \tag{7.32}$$

于是，式(7.30) 可改写为

$$F = \frac{\sqrt{J_2}}{k} - 1 \tag{7.33}$$

这里，J_2 为应力偏量第二不变量。对于简单拉伸，$J_2 = \sigma^2/3$。

Malvern 曾对黏塑性应变率提出一种过应力表达形式，即认为黏塑性应变率与即时应力和静载时的应力之差的函数成正比，也就是与过应力之差的函数成正比。于是，黏塑性应变率可表示为

$$\dot{\varepsilon}_{ij}^{vp} = \langle \Phi[\sigma - f(\varepsilon)] \rangle \tag{7.34}$$

式中

$$< \Phi >= \begin{cases} 0, & \sigma \leqslant f(\varepsilon) \\ \Phi, & \sigma > f(\varepsilon) \end{cases} \tag{7.35}$$

函数 Φ 有两种特殊情况，即

$$\Phi = c[\sigma - f(\varepsilon)] \tag{7.36}$$

$$\Phi = a\{\exp b[\sigma - f(\varepsilon)] - 1\} \tag{7.37}$$

式中，a、b、c 为材料常数，由实验确定。可见，线性函数形式(7.36)是指数函数形式(7.37)的一级近似表达。

基于式(7.34)，可将黏塑性应变率表示成黏性系数、屈服极限相关的形式

$$\dot{\varepsilon}_{ij}^{vp} = \frac{2}{\sqrt{3}}\gamma\left[\Phi\left(\frac{\sigma}{\sqrt{3}k} - 1\right)\right] \tag{7.38}$$

于是，弹-黏-塑性本构关系为

$$\dot{\varepsilon} = \frac{E}{} + \frac{2}{\sqrt{3}}\gamma\left[\Phi\left(\frac{\sigma}{\sqrt{3}k} - 1\right)\right] \tag{7.39}$$

式中，γ 是与材料有关的黏性常数，k 为材料的剪切屈服条件。

Hobenemser(霍恩埃姆泽)和 Prager(普拉格)引入屈服函数 F[式(7.33)]，它类似于式(7.34)中的函数 Φ，并且认为黏塑性应变率与屈服函数成比例，而屈服函数又是应力分量的势函数。可用下式表达这一关系

$$\gamma\dot{\varepsilon}_{ij}^{vp} = k < F > \frac{\partial F}{\partial \sigma_{ij}} \tag{7.40}$$

式中

$$< F >= \begin{cases} 0, & F \leqslant 0 \\ F, & F > 0 \end{cases} \tag{7.41}$$

式中，F 为屈服函数，其表达形式同式(7.33)。

这一表达实际上与塑性力学中的 Prandtl-Reuss(普朗特-罗伊斯)流动型方程相似，其中增加了材料的黏性效应。因为黏性效应和塑性效应连接在一起，所以尚不能认为它就是 Prandtl-Reuss 方程的简化或演变。

Freudenthal(费洛伊登塔尔)根据 Prandtl-Reuss 的弹塑性流动型本构方程，提出一种弹黏塑性本构方程。他将总应变率分为弹性和黏塑性两部分：弹性变形时，应变率与应力偏量对时间的微分成正比，且比例因子为常数；黏塑性变形阶段，应变率与应力偏量成比例，但比例因子是包含黏性效应并与 $\sqrt{J_2}$ 有关的非常数项。相应的本构方程为

$$\dot{e}_{ij} = \frac{1}{2G}\dot{s}_{ij} + \frac{1 - k/\sqrt{J_2}}{2\eta}s_{ij}, \quad \sqrt{J_2} > k \tag{7.42}$$

$$\dot{e}_{ij} = \frac{1}{2G}\dot{s}_{ij}, \quad \sqrt{J_2} \leqslant k \tag{7.43}$$

式中，η 为材料黏性系数，G 为剪切弹性模量，k 为剪切屈服应力，J_2 为应力偏量第二不变量。式(7.42)和式(7.43)在弹性范围内是不完备的，因此需补充弹性体变形和平均应力之间的关系

$$\dot{\varepsilon}_{kk} = \frac{1}{3K}\dot{\sigma}_{kk} \tag{7.44}$$

式中，K 为体积弹性模量，$\sigma_{kk}/3$ 为平均应力。

式(7.42) 所述的弹-黏-塑性本构方程应仍属于流动型本构方程，其建立了瞬时应变率与瞬时偏应力之间的关系。这种瞬时的比例关系，比例因子不是常数项，而是坐标和时间的函数，因此该本构方程既对弹塑性小变形是适用的，也对塑性有限变形是适用的。但式(7.42) 所述的弹-黏-塑性本构方程又不完全等同于 Prandtl-Reuss 流动型本构方程，因为弹-黏-塑性本构方程综合考虑了黏性效应和塑性效应，突破了原有的流动型本构方程的框架。式(7.42) 是一种非线性但又可视为准线性的表达形式，把原有流动型本构方程中模糊的塑性变形阶段比例因子 λ 具体化。在某些工程问题中，$\sqrt{J_2}$ 是可线性表达的因子，从而可实现弹黏塑性力学分析的解析表达。

7.4　Perzyna 本构方程

在前人工作基础上，Perzyna 提出一般形式的弹-黏-塑性本构方程，该方程中的参数和常数均可由简单的一维动力实验确定出来。Perzyna 提出黏塑性应变率 $\dot{\varepsilon}_{ij}^{vp}$ 与瞬时应力之间的关系为

$$\dot{\varepsilon}_{ij}^{vp} = \gamma < \Phi(F) > \frac{\partial F}{\partial \sigma_{ij}} \tag{7.45}$$

假设在应力空间中屈服面 $F = 0$ 是正则的，也是外凸的。对于等向硬化材料，若屈服函数是满足 Mises 屈服条件的势函数，式(7.45) 改为

$$\dot{\varepsilon}_{ij}^{vp} = \gamma < \Phi(F) > \frac{\partial f}{\partial \sigma_{ij}} \tag{7.46}$$

式中

$$< \Phi(F) > = \begin{cases} 0, & F \leqslant 0 \\ \Phi(F), & F > 0 \end{cases} \tag{7.47}$$

取 F 为式(7.33)，$f(\sigma_{ij})$ 如式(7.32) 所示。于是，弹黏塑性本构关系可写为

$$\dot{e}_{ij} = \frac{1}{2G}\dot{s}_{ij} + \gamma < \Phi(F) > \frac{\partial f}{\partial \sigma_{ij}} \tag{7.48}$$

大量实验结果表明，当应变率效应显著时，材料的硬化效应往往不显著。塑性屈服准则采用 Mises 屈服准则，屈服函数即为势函数，则由式(7.32) 得

$$\frac{\partial f}{\partial \sigma_{ij}} = \frac{s_{ij}}{2\sqrt{J_2}} \tag{7.49}$$

考虑式(7.48) 的非弹性部分，分别用主偏应变和主偏应力写出，则有

$$\begin{cases} \dot{\varepsilon}_1^{vp} = \gamma < \Phi(F) > \dfrac{s_1}{2\sqrt{J_2}} \\ \dot{\varepsilon}_2^{vp} = \gamma < \Phi(F) > \dfrac{s_2}{2\sqrt{J_2}} \\ \dot{\varepsilon}_3^{vp} = \gamma < \Phi(F) > \dfrac{s_3}{2\sqrt{J_2}} \end{cases} \tag{7.50}$$

将式(7.50) 中各式两边彼此相减平方后再相加，可得

$$(\dot{\varepsilon}_1^{vp} - \dot{\varepsilon}_2^{vp})^2 + (\dot{\varepsilon}_2^{vp} - \dot{\varepsilon}_3^{vp})^2 + (\dot{\varepsilon}_3^{vp} - \dot{\varepsilon}_1^{vp})^2 =$$

$$\left[\frac{\gamma}{2}<\Phi(F)>\right]^2\left[(s_1-s_2)^2+(s_2-s_3)^2+(s_3-s_1)^2\right] \tag{7.51}$$

引入黏塑性应变率张量的第二不变量 $\dot{I}_2^{vp}=\frac{1}{2}\dot{\varepsilon}_{ij}^{vp}\dot{\varepsilon}_{ij}^{vp}$，则由式(7.51)可得

$$\sqrt{\dot{I}_2^{vp}}=\frac{\gamma}{2}<\Phi\left(\frac{\sqrt{J_2}}{k}-1\right)> \tag{7.52}$$

将式(7.49)代入式(7.46)，并结合式(7.52)，可得

$$\dot{\varepsilon}_{ij}^{vp}=\frac{\sqrt{\dot{I}_2^{vp}}}{\sqrt{J_2}}s_{ij} \tag{7.53}$$

于是，由式(7.48)可得

$$\dot{e}_{ij}=\frac{1}{2G}\dot{s}_{ij}+\frac{\sqrt{\dot{I}_2^{vp}}}{\sqrt{J_2}}s_{ij} \tag{7.54}$$

式(7.54)即为不计平均应力对变形率影响的一般形式的弹黏塑性本构方程，称为 Perzyna 方程。

在等向硬化的塑性本构关系中，有加载、卸载和中性变载三种可能性，判别条件可取

$$\begin{cases} J_2>0 & \text{加载} \\ J_2=0 & \text{中性变载} \\ J_2<0 & \text{卸载} \end{cases} \tag{7.55}$$

对于弹黏塑性材料，判定材料是否进入黏塑性变形阶段的条件为 $J_2>k^2$，其中 k 为材料剪切屈服条件。

如果引入黏塑性应变率强度 $\dot{\varepsilon}_i^{vp}=\sqrt{\frac{2}{3}\dot{\varepsilon}_{ij}^{vp}\dot{\varepsilon}_{ij}^{vp}}$ 和应力强度

$$\begin{aligned}\sigma_i&=\frac{\sqrt{2}}{2}\sqrt{(\sigma_1-\sigma_2)^2+(\sigma_2-\sigma_3)^2+(\sigma_3-\sigma_1)^2}\\&=\frac{\sqrt{2}}{2}\sqrt{(s_1-s_2)^2+(s_2-s_3)^2+(s_3-s_1)^2}\end{aligned} \tag{7.56}$$

那么，式(7.54)可改写为与 Prandtl-Reuss 方程相似的方程

$$\dot{e}_{ij}=\frac{1}{2G}\dot{s}_{ij}+\frac{3\dot{\varepsilon}_i^{vp}}{2\sigma_i}s_{ij} \tag{7.57}$$

如果函数 $\Phi(F)$ 取为关于硬化函数 χ 的表达式

$$\Phi(F)=F^n=\left(\frac{\sqrt{J_2}}{\chi}-1\right)^n \tag{7.58}$$

那么，当 $n=1,\chi=k$ 时，将其代入式(7.48)得

$$\dot{e}_{ij}=\frac{1}{2G}\dot{s}_{ij}+\frac{\gamma}{2}\left(\frac{\sqrt{J_2}}{k}-1\right)\frac{s_{ij}}{\sqrt{J_2}}\quad(\sqrt{J_2}>k) \tag{7.59}$$

若令 $\eta=k/\gamma$，则上式转化为 Freudenthal 方程[式(7.42)]。

如前所述，若材料的弹性变形很小而在塑性变形阶段有明显的黏性效应，此时可用黏-塑性模型进行描述。按 Perzyna 形式的弹-黏-塑性本构方程，在略去弹性变形后，可得黏-塑性本构方程为

$$\dot{\varepsilon}_{ij} = \dot{\varepsilon}_{ij}^{vp} = \gamma < \Phi(F) > \frac{\partial f}{\partial \sigma_{ij}} = \gamma < \Phi(F) > \frac{s_{ij}}{2\sqrt{J_2}} \quad (\sqrt{J_2} > k) \tag{7.60}$$

若函数 $\Phi(F)$ 取为式(7.58)，当 $n=1,\chi=k$ 时，令 $\eta=k/\gamma$，则上式黏-塑性本构方程可表示为

$$\dot{\varepsilon}_{ij} = \frac{1}{2\eta}\left(1-\frac{k}{\sqrt{J_2}}\right)s_{ij} \tag{7.61}$$

这也是一种过应力形式的黏-塑性本构方程，但表达具体和便于应用，物理意义明确。

Zienkiewicz(辛克维奇)将略去弹性变形的弹黏塑性材料视为牛顿流体，提出另一种黏-塑性本构方程。在此本构模型中，屈服函数 F 表示为

$$F = \sqrt{3J_2} - \sigma_s \tag{7.62}$$

于是可得

$$\dot{\varepsilon}_{ij}^{vp} = \gamma < \Phi(\sqrt{3J_2} - \sigma_s) > \frac{\sqrt{3}}{2\sqrt{J_2}}s_{ij} \tag{7.63}$$

黏性流体的本构方程为

$$\dot{\varepsilon}_{ij}^{vp} = \frac{1}{2\eta}s_{ij} \tag{7.64}$$

将上两式进行比较，可得

$$\frac{1}{\eta} = \frac{\sqrt{3}\gamma}{\sqrt{J_2}} < \Phi(\sqrt{3J_2} - \sigma_s) > \tag{7.65}$$

事实上，这是一种过应力形式，即应变率是过应力的函数。

7.5　考虑体积变形的弹-黏-塑性本构方程

上节中 Perzyna 本构方程具有如下特点：① 黏塑性应变率 $\dot{\varepsilon}_{ij}^{vp}$ 是动态与静态加载函数之差的函数，也就是后继屈服函数与初始屈服函数之差的函数，因而具有过应力模型的性质；② 动态加载面是静态加载面的扩大，在各向同性条件下，两者具有相似性，所以动态加载面具有外凸性；③ 考虑了材料的硬化效应与应变率效应；④ 具有塑性势理论性质，例如将黏塑性应变率表示为势函数的正比关系[式(7.46)]。但是，Perzyna 本构方程没有反映应变率历史效应和屈服滞后等特性，本构方程中缺少平均应力对应变率影响项等。

在7.3节中，式(7.44)给出了体积应变率与平均应力对时间的导数之间的关系。一般情况下，这一公式仅在弹性范围内表达，在塑性变形阶段略去体积变形的影响，这对某些金属材料是可行的。但对黏土等材料而言，塑性变形阶段存在着明显的体积变形，仅仅考虑弹性阶段的体积变形而忽略塑性体积变形是不够精确的。因此，对如黏土等有明显体积变形材料，仍用前述 Freudenthal 本构方程或不含体积应变率项的 Perzyna 本构方程都是不合适的。广义 Perzyna 本构方程是在原有 Perzyna 方程中加入弹塑性体积变形，具体为

$$\dot{\varepsilon}_{ij} = \frac{1}{2G}\dot{s}_{ij} + \frac{1-2\nu}{E}\frac{\dot{\sigma}_{ii}}{3}\delta_{ij} + \gamma < \Phi(F) > \frac{\partial f}{\partial \sigma_{ij}} \tag{7.66}$$

式中除了增加 $\frac{1-2\nu}{E}\frac{\dot{\sigma}_{ii}}{3}\delta_{ij}$ 项外，其余项均与(7.48)式相同。若采用 Mises 屈服准则，由式

(7.49)，那么考虑体积应变率影响的弹-黏-塑性本构方程为

$$\dot{\varepsilon}_{ij}=\frac{1}{2G}\dot{s}_{ij}+\frac{1-2\nu}{E}\frac{\dot{\sigma}_{ii}}{3}\delta_{ij}+\frac{\gamma}{2}<\Phi(F)>\frac{s_{ij}}{\sqrt{J_2}} \tag{7.67}$$

若函数 $\Phi(F)$ 取为式(7.58)，当 $n=1,\chi=k$ 时，令 $\eta=k/\gamma$，得到广义 Freudenthal 本构方程

$$\dot{\varepsilon}_{ij}=\frac{1}{2G}\dot{s}_{ij}+\frac{1-2\nu}{E}\frac{\dot{\sigma}_{ii}}{3}\delta_{ij}+\frac{1-k/\sqrt{J_2}}{2\eta}s_{ij} \tag{7.68}$$

如果在黏塑性变形阶段，考虑材料的硬化效应，则称应变率与偏应力之间的关系为动态本构关系。式(7.66)中的函数 Φ 一般为自变量 F 的非线性函数。$\Phi(F)$ 的具体形式可根据材料动力实验结果确定。

设 $\varepsilon_{ij}=\varepsilon_{ij}^{e}+\varepsilon_{ij}^{vp}$，$f(\sigma_{ij},\varepsilon_{ij}^{vp})$ 是应力状态和黏塑性应变的函数，另取函数

$$\chi=\chi(W_p)=\chi\left(\int_0^{\varepsilon_{ij}^{vp}}\sigma_{ij}\,\mathrm{d}\varepsilon_{ij}^{vp}\right) \tag{7.69}$$

那么屈服函数 F 可表示为

$$F(\sigma_{ij},\varepsilon_{ij}^{vp})=\frac{1}{\chi}f(\sigma_{ij},\varepsilon_{ij}^{vp})-1 \tag{7.70}$$

又因为黏塑性应变率为

$$\dot{\varepsilon}_{ij}^{vp}=\gamma<\Phi(F)>\frac{\partial f}{\partial\sigma_{ij}} \tag{7.71}$$

利用黏塑性应变率张量的第二不变量 $\dot{I}_2^{vp}=\frac{1}{2}\dot{\varepsilon}_{ij}^{vp}\dot{\varepsilon}_{ij}^{vp}$，将上式两边自乘后再开方，整理得

$$\sqrt{\dot{I}_2^{vp}}=\gamma\Phi(F)\left(\frac{1}{2}\frac{\partial f}{\partial\sigma_{ij}}\frac{\partial f}{\partial\sigma_{ij}}\right)^{1/2} \tag{7.72}$$

进而用 Φ 的反函数表示 F，即

$$F=\Phi^{-1}\left[\frac{\sqrt{\dot{I}_2^{vp}}}{\gamma}\left(\frac{1}{2}\frac{\partial f}{\partial\sigma_{ij}}\frac{\partial f}{\partial\sigma_{ij}}\right)^{-1/2}\right] \tag{7.73}$$

由式(7.70)求出

$$f(\sigma_{ij},\varepsilon_{ij}^{vp})=\chi(W_p)\left\{1+\Phi^{-1}\left[\frac{\sqrt{\dot{I}_2^{vp}}}{\gamma}\left(\frac{1}{2}\frac{\partial f}{\partial\sigma_{ij}}\frac{\partial f}{\partial\sigma_{ij}}\right)^{-1/2}\right]\right\} \tag{7.74}$$

式(7.72)表达了具有硬化特性材料的动态本构关系。$f(\sigma_{ij},\varepsilon_{ij}^{vp})$ 称为动态屈服函数，表示在非弹性变形过程中，屈服面的真正发展情况。屈服面的变化可以看作是用应力状态 σ_{ij}、黏塑性应变状态 ε_{ij}^{vp}、硬化效应、黏性特性 γ 和黏塑性应变率张量第二不变量 $\dot{I}_2^{vp}$ 等表示的函数的变化。由于黏塑性应变率满足式(7.71)，因此黏塑性应变率张量与动态屈服面正交。

这种弹黏塑性材料满足理想塑性条件，假定流动面不受应变的影响，设

$$F=\frac{f(J_2,J_3)}{C}-1 \tag{7.75}$$

式中，C 为常数。由式(7.74)可得动态屈服准则为

$$f(J_2,J_3)=C\left\{1+\Phi^{-1}\left[\frac{\sqrt{\dot{I}_2^{vp}}}{\gamma}\left(\frac{1}{2}\frac{\partial f}{\partial\sigma_{ij}}\frac{\partial f}{\partial\sigma_{ij}}\right)^{-1/2}\right]\right\} \tag{7.76}$$

若取 Mises 屈服准则，对应的 Perzyna 方程为

$$\begin{cases}\dot{e}_{ij}=\dfrac{1}{2G}\dot{s}_{ij}+\gamma<\Phi\left(\dfrac{\sqrt{J_2}}{k}-1\right)>\dfrac{s_{ij}}{2\sqrt{J_2}}\\ \dot{\varepsilon}_{ii}=\dfrac{1}{3K}\dot{\sigma}_{ii}\end{cases}\tag{7.77}$$

其动态屈服条件为

$$\sqrt{J_2}=K\left[1+\Phi^{-1}\left(\frac{2}{\gamma}\sqrt{\dot{I}_2^{vp}}\right)\right]\tag{7.78}$$

式中，$\sqrt{J_2}$ 与 $\sqrt{\dot{I}_2^{vp}}$ 的关系式图形与 σ-$\dot{\varepsilon}$ 曲线相似，如图7.4所示。

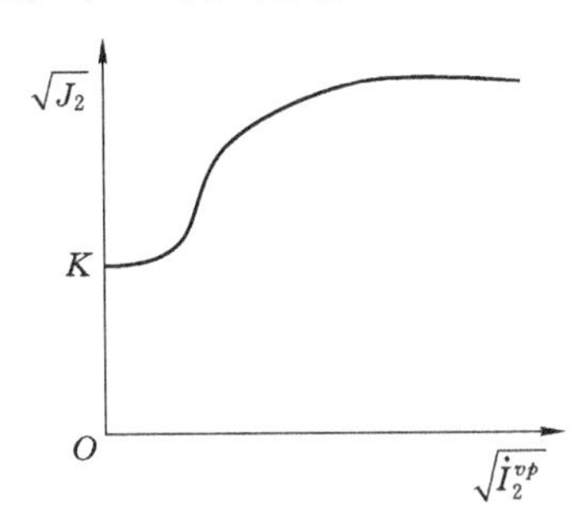

图7.4　$\sqrt{J_2}$ 与 $\sqrt{\dot{I}_2^{vp}}$ 之间的关系

用弹黏理想塑性模型来描述岩土类材料时，考虑到屈服函数与体积变化有关，可设

$$F=\frac{\alpha I_1+\sqrt{J_2}}{k}-1\tag{7.79}$$

式中，α 是描述材料体积变化率的常数；k 为材料剪切屈服应力。将式(7.79)代入式(7.66)可得本构方程

$$\dot{\varepsilon}_{ij}=\frac{1}{2G}\dot{s}_{ij}+\frac{1-2\nu}{E}\frac{\dot{\sigma}_{kk}}{3}\delta_{ij}+\gamma<\Phi\left(\frac{\alpha I_1+\sqrt{J_2}}{k}-1\right)>\left(\alpha\delta_{ij}+\frac{s_{ij}}{2\sqrt{J_2}}\right)\tag{7.80}$$

体积变化率为

$$\dot{\varepsilon}_{ii}=\frac{1-2\nu}{E}\dot{\sigma}_{kk}+3\alpha\gamma<\Phi\left(\frac{\alpha I_1+\sqrt{J_2}}{k}-1\right)>\tag{7.81}$$

可见，当 $\alpha\neq 0$ 时，非弹性变形过程中有体积变化，常称之为岩土类材料的剪胀性。

由式(7.80)中的黏弹性应变率

$$\dot{\varepsilon}_{ij}^{vp}=\gamma<\Phi\left(\frac{\alpha I_1+\sqrt{J_2}}{k}-1\right)>\left(\alpha\delta_{ij}+\frac{s_{ij}}{2\sqrt{J_2}}\right)\tag{7.82}$$

进行与式(7.74)相似的推导，可得动态屈服条件为

$$\alpha I_1+\sqrt{J_2}=k\left\{1+\Phi^{-1}\left[\frac{\sqrt{\dot{I}_2^{vp}}}{\gamma}\left(\frac{3}{2}\alpha^2+\frac{1}{4}\right)^{-1/2}\right]\right\}\tag{7.83}$$

当 $\gamma\to\infty$ 时，由式(7.80)并结合式(7.83)，可得岩土类材料的理想弹-塑性本构方程

$$\dot{\varepsilon}_{ij}=\frac{1}{2G}\dot{s}_{ij}+\frac{1-2\nu}{E}\frac{\dot{\sigma}_{kk}}{3}\delta_{ij}+\lambda\left(\alpha\delta_{ij}+\frac{s_{ij}}{2\sqrt{J_2}}\right)\tag{7.84}$$

式中，$\lambda=\left[\dot{I}_2^{vp}\Big/\left(\frac{3}{2}\alpha^2+\frac{1}{4}\right)\right]^{1/2}$。因此，塑性体应变率 $\dot{\varepsilon}_{ii}^{p}=3\alpha\lambda$。

7.6 Bodner-Partom 本构方程

在厚球壳的大变形分析中，Bodner（伯德纳）和 Partom（帕托姆）提出一种适用于一般应变过程的黏-弹-塑性本构方程，但未考虑应变强化的问题。1975 年，通过引进塑性功推广原有理论，提出黏弹塑性强化材料的本构方程。在该本构方程中，可逆和不可逆变形同时出现在材料受载的各个阶段，亦即在变形过程中同时含有弹性变形和黏塑性变形。采用这种本构方程不用考虑屈服条件以及加卸载准则。

设总的变形率 d_{ij} 可分解为弹性（可逆）变形 d_{ij}^{e} 和非弹性（不可逆）变形率分量 d_{ij}^{vp}，即

$$d_{ij} = d_{ij}^{e} + d_{ij}^{vp} \tag{7.85}$$

式中，d_{ij} 是速度梯度的对称部分，$d_{ij} = (v_{i,j} + v_{j,i})/2$；$d_{ij}^{e}$ 与应变能函数、应力变化率相关。假定研究对象满足稳定材料的正耗散功条件，通过经典流动规律可表示 d_{ij}^{vp} 和应力之间的关系为

$$d_{ij}^{vp} = d'^{vp}_{ij} = \lambda s_{ij} \tag{7.86}$$

式中，s_{ij} 是应力偏张量，d'^{vp}_{ij} 为非弹性变形率偏张量。

在小变形情形下，式(7.85) 变为

$$\dot{\varepsilon}_{ij} = \dot{\varepsilon}_{ij}^{e} + \dot{\varepsilon}_{ij}^{vp} \tag{7.87}$$

其中，弹性应变率 $\dot{\varepsilon}_{ij}^{e}$ 可通过 Hooke 定律表述。非弹性应变率 $\dot{\varepsilon}_{ij}^{vp}$ 服从经典的流动规律：

$$\dot{\varepsilon}_{ij}^{vp} = \dot{e}_{ij}^{vp} = \lambda s_{ij} \tag{7.88}$$

式中，$\dot{e}_{ij}^{vp}$ 为非弹性应变率偏张量；$\dot{\varepsilon}_{ij}^{vp} = \dot{e}_{ij}^{vp}$ 表示采用了材料塑性变形不可压缩的条件 $\varepsilon_{ii}^{p} = 0$。利用非弹性应变率张量的第二不变量 $\dot{I}_2^{vp} = \dfrac{1}{2}\dot{\varepsilon}_{ij}^{vp}\dot{\varepsilon}_{ij}^{vp}$ 和应力偏量的第二不变量 $J_2 = s_{ij}s_{ij}/2$，将式(7.88) 两边自乘，整理可得

$$\lambda^2 = \dot{I}_2^{vp}/J_2 \tag{7.89}$$

在经典塑性力学中，只有满足屈服条件时才产生流动。Bodner 和 Partom 避开了这个限制，引用位错动力学的研究成果，直接建立了 $\dot{I}_2^{vp}$ 和 J_2 的关系式 $\dot{I}_2^{vp} = f(J_2)$。实验及理论分析表明，如果没有应变强化，可动位错平均速度 v 可表示为

$$v = C\left(\frac{\sigma}{\sigma_0}\right)^n \quad \text{或} \quad v = A\exp\left(-\frac{B}{\sigma}\right) \tag{7.90}$$

式中，σ_0、n、A 和 B 均为材料常数；C 为标量乘子，与 σ_0^n 联合而成一材料常数。式(7.90) 中的两式分别适用于低应变率和高应变率两种情形。由于 $\dot{\varepsilon}^{vp}$ 与 v 呈线性关系，$\dot{I}_2^{vp}$ 和 J_2 分别是等效非弹性应变率和等效应力的一种度量，因此可将式(7.90) 进行推广得到 $\dot{I}_2^{vp}$ 和 J_2 的一般关系式

$$\dot{I}_2^{vp} = C_0^2\left(\frac{3J_2}{X_2}\right)^n \quad \text{或} \quad \dot{I}_2^{vp} = -\dot{I}_0^2\exp\left(\frac{Z^2}{3J_2}\right) \tag{7.91}$$

式中，X、n、$\dot{I}_0$ 和 Z 为材料常数，C_0 为标量乘子。

联立求解式(7.88)、式(7.89) 和式(7.91) 即可得到给定应力时的非弹性应变率，另由弹性本构方程可求得弹性应变率，从而确定应变率。

为了便于模拟实际材料，Bodner 和 Partom(1975) 进一步提出如下关系式

$$\dot{I}_2^{vp}=\dot{I}_0^2\exp\left[-\left(\frac{A^2}{J_2}\right)^n\right] \tag{7.92}$$

式中，$A^2=\frac{1}{3}Z\left(\frac{n+1}{n}\right)^{1/n}$，$\dot{I}_0^2$、$Z$ 和 n 为材料常数。$\dot{I}_0^2$ 为当 J_2 很大时 $\dot{I}_2^{vp}$ 的极限值；n 与屈服极限的明显程度和应变率的敏感性有关。对于应变强化材料，$\dot{I}_2^{vp}$ 随应变强化而减少。引入塑性功 W_p 并令 $\dot{I}_0=\dot{I}_0(W_p)$ 或 $Z=Z(W_p)$，设

$$Z=Z_1+(Z_0-Z_1)\exp(-mW_p/Z_0) \tag{7.93}$$

式中，Z_0、Z_1 和 m 为材料常数。当塑性功 W_p 很大时，Z 应有一个上界值，否则 $\dot{I}_2^{vp}$ 将趋于零。

在单轴应力情况下（$\sigma_x=\sigma$），$J_2=\sigma^2/3$，由式(7.92)可得

$$\dot{I}_2^{vp}=\dot{I}_0^2\exp\left[-\left(\frac{3A^2}{\sigma^2}\right)^n\right] \tag{7.94}$$

再根据式(7.88)和式(7.89)，可得非弹性应变率偏量

$$\begin{cases}\dot{e}_x^{vp}=\lambda s_x=\dfrac{2\dot{I}_0}{\sqrt{3}}\dfrac{\sigma}{|\sigma|}\exp\left[-\dfrac{1}{2}\left(\dfrac{3A^2}{\sigma^2}\right)^n\right]\\ \dot{e}_y^{vp}=\dot{e}_z^{vp}=-\dfrac{1}{2}\dot{e}_x^{vp}\end{cases} \tag{7.95}$$

若采用幂律关系 $\dot{\varepsilon}^{vp}=C_1(\sigma/\sigma_0)^n$（其中 $n\geqslant 1$），并结合式(7.89)，由 Hooke 定律 $\dot{\sigma}=E(\dot{\varepsilon}-\dot{\varepsilon}^{vp})$ 可得

$$\dot{\sigma}=E[\dot{\varepsilon}-C_1(\sigma/\sigma_0)^n] \tag{7.96}$$

由此，可对材料常数 n 和 σ_0 不同组合时的模型特性进行分析，讨论各种应变率下式(7.96)的数值积分结果，以及与Perzyna方程和实验曲线相比较。结果表明，Bodner-Partom本构方程在应变率很高时趋于线弹性关系，在应变率很低时接近理想弹塑性的情形。

7.7　思考与练习

1. 简述黏弹塑性材料、弹黏塑性材料和黏塑性材料的区别与联系。

2. 试根据式(7.77)和式(7.78)导出弹黏理想塑性材料受简单拉伸时的本构方程，并画出 σ-ε 关系示意图。

3. 设 $E=41.34$ MPa、$C_1=0.1\ \mathrm{s}^{-1}$、$n=6$、$\sigma_0=1.738$ MPa，试按 Bodner-Partom 幂律关系式(7.96)画出6种应变率(0.01、0.1、1、10、100、1 000)的 σ-ε 曲线，并分析应变率对材料特性的影响。

第8章　热黏弹性理论

在前面几章关于本构方程的讨论中，我们回避并略去了热力学变量的影响，建立的是纯力学的黏弹性理论。在本章中我们将扩大黏弹性材料的概念，以便把热力学考虑进来。

物体受热时，物体的各部分将因温度升高而向外膨胀。若物体每一部分都能自由膨胀，虽有应变也不出现应力。若物体每一部分不能自由膨胀(物体受热均匀但受某种约束，或物体受热不均匀而物体是连续体)，各部分之间会因相互制约而产生应力，即热应力。另外，材料的蠕变柔量值和松弛模量值等会随温度升高而变化。因此，必须研究热学和力学的耦合现象。

和纯力学的黏弹理论相比，这方面研究在内容上有以下推广：

(1) 除纯力学物理理论中的物体、运动和力之外，还包括能量、温度和熵等。

(2) 基本定律：除纯力学物理理论中的质量守恒定律、动量守恒定律和动量矩守恒定律外，还有能量守恒定律和熵不等式。

(3) 本构关系：考虑温度和热流的影响，建立考虑温度效应的本构关系。

本章第8.1,8.2节考虑非等温黏弹体(但变化的温度只是对某一固定基温 T_0 有一微小偏差：$\theta = T - T_0$)，建立考虑温度效应的本构关系。第8.3节建立热黏弹边界值问题的基本方程和求解方法。在上述讨论中，忽略微小温度偏差对材料函数的影响。第8.4节研究温度对材料函数的影响并建立热流变简单材料的本构关系。

8.1　热黏弹性材料的本构关系

8.1.1　热黏弹性材料

热黏弹性材料体中一个质点的当前应力、熵和自由能是温度和变形梯度历史的函数，而热流矢量还依赖于温度的物质梯度。小应变情况下，这种材料的本构方程一般可以表示为：

$$
\begin{cases}
\sigma(t) = \sigma(\varepsilon^t(s), T^t(s)) & (8.1)\\
\eta(t) = \eta(\varepsilon^t(s), T^t(s)) & (8.2)\\
\psi(t) = \psi(\varepsilon^t(s), T^t(s)) & (8.3)\\
h(t) = h(\varepsilon^t(s), T^t(s), \Theta(t)) & (8.4)
\end{cases}
\quad (0 \leqslant s < \infty)
$$

式中，σ 为应力张量；η 为单位质量黏弹性材料的熵；$\psi = e_m - T\eta$，为单位质量黏弹性材料的Helmholtz自由能，其中 e_m 为单位质量的内能，T 为绝对温度；h 为热流向量；Θ 表示温度梯度，$\Theta = \nabla T$；$T^t(s)$ 是绝对温度的历史，$T^t(s) = T(t-s) = T(\tau)$；$\varepsilon^t(s)$ 为应变历史，$\varepsilon^t(s) = \varepsilon(t-s)$；$s$ 是从当前时间 t 出发向过去追溯所经历的时间，$s = t - \tau$，其中 τ 是向过去追溯所达到的时间。

下面，我们将首先确定Helmholtz自由能 ψ 的具体形式，然后依据两个基本的热力学定律和两个基本的假设来说明只要确定了 $\psi(t)$，则应力、熵和热流向量的本构关系均可导出。

于是，导出本构关系式(8.1) ~ 式(8.4) 的关键是确定自由能 $\psi(t)$的具体形式。

8.1.2　热黏弹性材料本构关系的推导

8.1.2.1　Helmholtz 自由能 ψ

由于没有采用等温条件，自由能 ψ 不仅取决于应变历史，而且也取决于温度历史，于是自由能 ψ 是应变历史和温度历史两者的泛函，而且一般不能取作线性泛函。通过以下的近似理论，可以导出自由能 ψ 的表达式。

假定 $\varepsilon_{ij}(t)$ 和 $T(t)$ 在 $-\infty < t < \infty$ 范围内为连续函数，并且假定当 $t \to -\infty$ 时 $\varepsilon_{ij}(t) \to 0$，$T(t) \to T_0$，系统处于无应变等温状态。由张量值标量函数的 Stone-Weierstrass(斯通-魏尔斯特拉斯) 展开定理知：一个张量 $\alpha_{kl}(\tau)$ 的连续标量值函数 B 总可以用由一组 $\alpha_{kl}(\tau)$ 的实连续线性标量函数组成的多项式来逼近，即若

$$B_i = \overset{\infty}{\underset{\tau=0}{B}}(i)(\alpha_{kl}(t-\tau), \alpha_{kl}(t)) \quad (i = 1, 2, \cdots)$$

则

$$B = \sum_{i=1}^{N} B_i + \sum_{i=1}^{N}\sum_{j=1}^{N} B_i B_j + \cdots + \sum_{i=1}^{N}\sum_{j=1}^{N}\cdots\sum_{\gamma=1}^{N} B_i B_j \cdots B_\gamma \tag{8.5}$$

但是，根据泛函分析中的 Riesz 表示定理，一切连续的有界线性泛函均能写成内积的形式，于是又可以把式(8.5) 中的每一个 $B_i(t)$ 写成内积的形式。ψ 是应变历史 $\varepsilon_{ij}(\tau)$ 和微小温度偏差历史 $\theta(\tau)$ 的函数，根据 Stone-Weierstrass 展开定理和 Riesz 表示定理，就可以把黏弹材料单位体积的自由能 $\rho\psi$(ρ 为黏弹性材料的密度) 表示为

$$\begin{aligned}\rho\psi = {} & \rho\psi_0 + \int_{-\infty}^{t} D_{ij}(t-\tau)\frac{\partial\varepsilon_{ij}(\tau)}{\partial\tau}\mathrm{d}\tau - \int_{-\infty}^{t}\beta(t-\tau)\frac{\partial\theta(\tau)}{\partial\tau}\mathrm{d}\tau + \\ & \frac{1}{2}\int_{-\infty}^{t}\int_{-\infty}^{t} Y_{ijkl}(t-\tau_1, t-\tau_2)\frac{\partial\varepsilon_{ij}(\tau_1)}{\partial\tau_1}\frac{\partial\varepsilon_{ij}(\tau_2)}{\partial\tau_2}\mathrm{d}\tau_1\mathrm{d}\tau_2 - \\ & \int_{-\infty}^{t}\int_{-\infty}^{t}\varphi_{ij}(t-\tau_1, t-\tau_2)\frac{\partial\varepsilon_{ij}(\tau_1)}{\partial\tau_1}\frac{\partial\theta(\tau_2)}{\partial\tau_2}\mathrm{d}\tau_1\mathrm{d}\tau_2 - \\ & \frac{1}{2}\int_{-\infty}^{t}\int_{-\infty}^{t} m(t-\tau_1, t-\tau_2)\frac{\partial\theta(\tau_1)}{\partial\tau_1}\frac{\partial\theta(\tau_2)}{\partial\tau_2}\mathrm{d}\tau_1\mathrm{d}\tau_2 + O(\varepsilon^3)\end{aligned} \tag{8.6}$$

式中，ψ_0 为初始自由能；一重积分项为应变历史和温度偏差历史单独作用时对 ψ 的贡献；二重积分为两个不同历史的耦合作用对 ψ 的贡献；$D_{ij}(t-\tau)$，$\beta(t-\tau)$，$Y_{ijkl}(t-\tau_1, t-\tau_2)$，$m(t-\tau_1, t-\tau_2)$ 和 $\varphi_{ij}(t-\tau_1, t-\tau_2)$ 为材料函数，当 $\tau_i < 0 (i = 1, 2)$ 时其值为零，当 $\tau_i \geq 0$ 时，这些材料函数均为 τ_i 的连续函数，并且具有对称性和时间变量的可交换性：

$$\begin{gathered}Y_{ijkl}(\tau_1, \tau_2) = Y_{klij}(\tau_2, \tau_1) \\ m(\tau_1, \tau_2) = m(\tau_2, \tau_1)\end{gathered} \tag{8.7}$$

在式(8.6) 中，$\theta(t) = T(t) - T_0$，表示对基温 T_0 的微小温度偏差。假定 $\varepsilon_{ij}(\tau)$、$\theta(\tau)/T_0$ 都是和 ε 同阶的小量，不足以影响材料函数。这里 ε 被定义为 $\varepsilon = \mathrm{Sup}\left|u_{i,j}(\tau)\right|$，符号“| |”表示大小，Sup 表示最小上界。如果 $\varepsilon \ll 1$，说明变形在所有的时间 τ 都是无限小的。

8.1.2.2　热力学的基本原理和假定

(1) 两个基本的热力学定律

热力学第一定律：取连续介质的微元为系统，记微元的整体运动动能为 $\mathrm{d}K$，内能为 $\mathrm{d}U$，

对微元的供热为 dQ,做功为 dW,不考虑传质。热力学第一定律可表达为

$$\mathrm{d}K + \mathrm{d}U = \mathrm{d}W + \mathrm{d}Q \tag{8.8}$$

用功率表示,可写为

$$\dot{K} + \dot{U} = \dot{Q} + \dot{W} \tag{8.9}$$

准静态情况下式(8.8) 成为

$$\mathrm{d}U = \mathrm{d}W + \mathrm{d}Q \tag{8.10}$$

即:内能的增加等于对系统做功与供热之和。式中,内能 U 为状态函数,依赖于初态和终态,与过程和路径无关;W 和 Q 都是"过程量",不仅取决于状态,而且依赖于状态变化的过程和方式。

热力学第一定律即能量守恒定律,它与过程是否可逆无关。如果 $\mathrm{d}Q = 0$,为绝热过程,如果 $\mathrm{d}W = 0$,则为纯温变过程。

热力学第二定律认为存在一个称为"熵"的状态函数 S,它满足

$$\mathrm{d}S \geqslant \mathrm{d}Q/T \tag{8.11}$$

式中,T 为绝对温度,总是大于零。等号成立则为可逆过程,大于号对应于不可逆过程。系统的总熵增有两部分,即

$$\mathrm{d}S = \mathrm{d}e^{s} + \mathrm{d}i^{s} \tag{8.12}$$

其中,$\mathrm{d}e^{s}$ 表示外界供热 dQ 引起的熵增(外供熵),即

$$\mathrm{d}e^{s} = \mathrm{d}Q/T \tag{8.13}$$

它是可逆的熵增。$\mathrm{d}i^{s}$ 为不可逆的内熵增,它总是非负的,即

$$\mathrm{d}i^{s} \geqslant 0 \tag{8.14}$$

这就是熵不等式。大于号对应于不可逆过程,等于零表示可逆过程。"熵"的中文原义,指热量被温度除所得的商,而英文含义则表示热量可转变为功的能力。

(2) 不可逆热力学的两个基本假定

假定 1(熵假定):在经典热力学中,熵是用其他状态变量来表达的,不可逆过程与可逆过程中熵均为状态函数。在非平衡系中,假定熵仍为状态函数。也就是说,即使系统处于非平衡态,只要过程不过于急剧,熵的表达式依然成立。

假定 2:假定热力学第二定律可用于非均匀连续介质的任何部分,并且满足守恒律——对于据有范围 V 的系统,熵的总变化等于通过边界传入系统的熵的总量与 V 范围以内所产生的熵的变化之和,即

$$\frac{D}{D_t}\int_V \rho\eta \mathrm{d}V = -\int_B \dot{\varphi} \cdot \mathrm{d}A + \frac{D}{D_t}\int_V \rho(i^{\eta})\mathrm{d}V \tag{8.15}$$

式中,$\dot{\varphi} = h/T$,为边界上的熵流向量;i^{η} 为单位质量黏弹性材料的内熵;$\mathrm{d}A$ 是有向面元(外法线方向为正);V 表示所考虑部分的体积,B 是该部分的界面;这里用 $\dfrac{D}{D_t}$ 表示物质导数,对于任意函数 f,其物质导数为

$$\frac{Df}{D_t} = \frac{\partial f}{\partial t} + v_i f_i = \frac{\partial f}{\partial t} + U \cdot \operatorname{grad} f \tag{8.16}$$

式中,U 是质点速度。

需要将式(8.9) 和式(8.7) 改写为由 σ_{ij},η,h_i 和 ψ 表示的具体表达式,以便从中找出 σ_{ij},η,h_i 和 ψ 之间的关系。

首先改写式(8.9)。设物体在空间中具有体积 V，受到表面分布外力 X_i，每单位体积受体积力 f_i，质点的位移分量为 u_i。外界热源穿过外法线方向余弦为 l_i 的表面元素 $\mathrm{d}A$ 的热流向量分量为 h_i，则通过 $\mathrm{d}A$ 沿 l_i 方向传导热量的速率为 $h_i l_i \mathrm{d}A$。由于热辐射或内热源对于每单位质量的供热率为 r，则总供热率为

$$Q = -\int_A h_i l_i \mathrm{d}A + \int_V \rho r \mathrm{d}V = -\int_V h_{i,i} \mathrm{d}V + \int_V \rho r \mathrm{d}V \tag{8.17}$$

总内能为

$$U = \int_V \rho e_m \mathrm{d}V \tag{8.18}$$

从微元的运动方程

$$\sigma_{ij,j} + f_i = \rho \ddot{u}_i \tag{8.19}$$

出发，以 $\dot{u}_i$ 乘以式(8.19) 两侧，得到

$$\sigma_{ij,j}\dot{u}_i + f_i \dot{u}_i = \rho \ddot{u}_i \dot{u}_i \tag{8.20}$$

注意到

$$\sigma_{ij,j}\dot{u}_i = (\sigma_{ij}\dot{u}_i)_{,j} - \sigma_{ij}\dot{u}_{i,j} \tag{8.21}$$

将式(8.21) 代入式(8.20)，并在整个体积上对式(8.20) 两边积分，得到

$$\int_V (\sigma_{ij,j}\dot{u}_i)_{,j} \mathrm{d}V - \int_V \sigma_{ij}\dot{u}_{i,j} \mathrm{d}V + \int_V f_i \dot{u}_i \mathrm{d}V = \int_V \rho \ddot{u}_i \dot{u}_i \mathrm{d}V \tag{8.22}$$

运用高斯公式，并注意到 $\sigma_{ij} l_j = X_i$，于是有

$$\int_V (\sigma_{ij}\dot{u}_i)_{,j} \mathrm{d}V = \int_A \sigma_{ij}\dot{u}_i l_j \mathrm{d}A = \int_A X_i \dot{u}_i \mathrm{d}A \tag{8.23}$$

动能 K 的变化率为

$$\dot{K} = \frac{1}{2}\frac{\partial}{\partial t}\left(\int_V \rho \dot{u}_i \dot{u}_i \mathrm{d}V\right) = \int_V \rho \ddot{u}_i \dot{u}_i \mathrm{d}V \tag{8.24}$$

外力功率为

$$\dot{W} = \int_A X_i \dot{u}_i \mathrm{d}A + \int_V f_i \dot{u}_i \mathrm{d}V \tag{8.25}$$

将式(8.24) 和式(8.25) 代入式(8.22)，可得到

$$\dot{W} = \int_V \sigma_{ij}\dot{u}_{i,j} \mathrm{d}V + \dot{K} \tag{8.26}$$

将式(8.17)、式(8.18) 和式(8.26) 代入热力学第一定律式(8.9)，可得

$$\int_V \rho r \mathrm{d}V - \int_V \rho \dot{e}_m \mathrm{d}V + \int_V \sigma_{ij}\dot{u}_{i,j} \mathrm{d}V - \int_V h_{i,i} \mathrm{d}V = 0 \tag{8.27}$$

或者写成为

$$\rho r - \rho \dot{e}_m + \sigma_{ij}\dot{E}_{ij} - h_{i,i} = 0 \tag{8.28}$$

式(8.27) 和式(8.28) 分别是总体和局部形式的能量守恒方程方程，其中

$$\dot{e}_m = \dot{\psi} + \dot{T}\eta + T\dot{\eta} \tag{8.29}$$

接着改写式(8.14)。利用式(8.13) 和式(8.17)，可得微元的外熵变率为

$$\rho(\dot{e^{\eta}})\mathrm{d}V = \frac{\mathrm{d}\dot{Q}}{T} = -\frac{h_i l_i}{T}\mathrm{d}A + \frac{\rho r}{T}\mathrm{d}V \tag{8.30}$$

总的外熵变率则为

$$e^{\dot{s}} = \int_V \rho(e^{\dot{\eta}})\mathrm{d}V = \int_A -\frac{h_i l_i}{T}\mathrm{d}A + \int_V \frac{\rho r}{T}\mathrm{d}V = -\int_V \left(\frac{h_i}{T}\right)_{,i}\mathrm{d}V + \int_V \frac{\rho r}{T}\mathrm{d}V \tag{8.31}$$

系统的总熵为

$$S = \int_V \rho\eta \mathrm{d}V \tag{8.32}$$

其中，η 为单位质量材料的总熵，i^{η} 为单位质量材料的内熵，e^{η} 为单位质量材料的外供熵。系统总的熵变率 $\dot{s}$ 是总外熵变率 $e^{\dot{s}}$ 和内熵变率 $i^{\dot{s}}$ 之和，即

$$\dot{S} = e^{\dot{s}} + i^{\dot{s}} \tag{8.33}$$

因此，内熵变率为

$$i^{\dot{s}} = \dot{S} - e^{\dot{s}} = \int_V \rho\dot{\eta}\mathrm{d}V + \int_V \left(\frac{h_i}{T}\right)_{,i}\mathrm{d}V - \int_V \frac{\rho r}{T}\mathrm{d}V \tag{8.34}$$

由热力学第二定律式(8.14)，应有

$$i^{\dot{s}} \geqslant 0 \tag{8.35}$$

因而有

$$\int_V \rho\dot{\eta}\mathrm{d}V + \int_V \left(\frac{h_{i,i}}{T}\right)\mathrm{d}V - \int_V \left(\frac{h_i T_{,i}}{T^2}\right)\mathrm{d}V - \int_V \frac{\rho r}{T}\mathrm{d}V \geqslant 0$$

于是得到

$$\rho T\dot{\eta} - \rho r + h_{i,i} - h_i T_{,i}/T \geqslant 0 \tag{8.36}$$

通常称式(8.36)为 Clausius-Duhem(克劳修斯-杜亨)不等式。

利用式(8.28)和式(8.29)，可将 $h_{i,i}$ 表示为

$$h_{i,i} = \rho r - \rho\dot{e}_m + \sigma_{ij}\dot{\varepsilon}_{ij} = \rho r - \rho(\dot{\psi} + \dot{T}\eta + T\dot{\eta}) + \sigma_{ij}\dot{\varepsilon}_{ij} \tag{8.37}$$

将式(8.37)代入式(8.36)，可将 Clausius-Duhem 不等式改写为

$$-\rho\eta\dot{\theta} - \rho\dot{\psi} + \sigma_{ij}\dot{\varepsilon}_{ij} - h_i(\theta_{,i}/T_0) \geqslant 0 \tag{8.38}$$

其中引用了 $T = T_0 + \theta$，而且在 $T_{,i}/T$ 中只保留了与 ε 同阶的项。

8.1.2.3 应力和熵的本构关系

利用 leibniz(莱布尼茨)法则求取式(8.6)对于 t 的微分，并将所得的 $\rho\dot{\psi}$ 表达式代入式(8.38)，可得到

$$\begin{aligned}
&\left\{-D_{ij}(0) - \int_{-\infty}^{t} Y_{ijkl}(t-\tau,0)\frac{\partial\varepsilon_{kl}(\tau)}{\partial\tau}\mathrm{d}\tau + \int_{-\infty}^{t}\varphi_{ij}(0,t-\tau)\frac{\partial\theta(\tau)}{\partial\tau}\mathrm{d}\tau + \sigma_{ij}\right\}\dot{\varepsilon}_{ij}(t) + \\
&\left\{\beta(0) + \int_{-\infty}^{t} m(t-\tau,0)\frac{\partial\theta(\tau)}{\partial\tau}\mathrm{d}\tau + \int_{-\infty}^{t}\varphi_{ij}(t-\tau,0)\frac{\partial\varepsilon_{ij}(\tau)}{\partial\tau}\mathrm{d}\tau - \rho\eta\right\}\dot{\theta}(t) + \\
&\left\{-\int_{-\infty}^{t}\frac{\partial}{\partial t}D_{ij}(t-\tau)\frac{\partial\varepsilon_{ij}(\tau)}{\partial\tau}\mathrm{d}\tau + \int_{-\infty}^{t}\frac{\partial}{\partial t}\beta(t-\tau)\frac{\partial\theta(\tau)}{\partial\tau}\mathrm{d}\tau + \Lambda - h_i\frac{\theta_{,i}}{T_0}\right\} \geqslant 0
\end{aligned} \tag{8.39}$$

其中

$$\begin{aligned}
\Lambda = &-\frac{1}{2}\int_{-\infty}^{t}\int_{-\infty}^{t}\frac{\partial}{\partial t}Y_{ijkl}(t-\tau_1,t-\tau_2)\frac{\partial\varepsilon_{ij}(\tau_1)}{\partial\tau_1}\frac{\partial\varepsilon_{kl}(\tau_2)}{\partial\tau_2}\mathrm{d}\tau_1\mathrm{d}\tau_2 + \\
&\int_{-\infty}^{t}\int_{-\infty}^{t}\frac{\partial}{\partial t}\varphi_{ij}(t-\tau_1,t-\tau_2)\frac{\partial\varepsilon_{ij}(\tau_1)}{\partial\tau_1}\frac{\partial\theta(\tau_2)}{\partial\tau_2}\mathrm{d}\tau_1\mathrm{d}\tau_2 + \\
&\frac{1}{2}\int_{-\infty}^{t}\int_{-\infty}^{t}\frac{\partial}{\partial t}m(t-\tau_1,t-\tau_2)\frac{\partial\theta(\tau_1)}{\partial\tau_1}\frac{\partial\theta(\tau_2)}{\partial\tau_2}\mathrm{d}\tau_1\mathrm{d}\tau_2
\end{aligned} \tag{8.40}$$

并且利用了材料函数的下列对称性质：

$$Y_{ijkl}(t-\tau_1, t-\tau_2) = Y_{klij}(t-\tau_2, t-\tau_1)$$

和

$$m(t-\tau_1, t-\tau_2) = m(t-\tau_2, t-\tau_1)$$

不等式(8.39)必须对 $\dot{\varepsilon}_{ij}(t)$ 和 $\dot{\theta}(t)$ 的一切任意值都适用，因此式(8.39)中 $\dot{\varepsilon}_{ij}(t)$ 和 $\dot{\theta}(t)$ 的各个系数都必须等于零。由此可得

$$\sigma_{ij} = D_{ij}(0) + \int_{-\infty}^{t} Y_{ijkl}(t-\tau, 0) \frac{\partial \varepsilon_{kl}(\tau)}{\partial \tau} \mathrm{d}\tau - \int_{-\infty}^{t} \varphi_{ij}(0, t-\tau) \frac{\partial \theta(\tau)}{\partial \tau} \mathrm{d}\tau \tag{8.41}$$

$$\rho\eta = \beta(0) + \int_{-\infty}^{t} \varphi_{ij}(t-\tau, 0) \frac{\partial \varepsilon_{ij}(\tau)}{\partial \tau} \mathrm{d}\tau + \int_{-\infty}^{t} m(t-\tau, 0) \frac{\partial \theta(\tau)}{\partial \tau} \mathrm{d}\tau \tag{8.42}$$

及

$$-\int_{-\infty}^{t} \frac{\partial}{\partial t} D_{ij}(t-\tau) \frac{\partial \varepsilon_{ij}(\tau)}{\partial \tau} \mathrm{d}\tau + \int_{-\infty}^{t} \frac{\partial}{\partial t} \beta(t-\tau) \frac{\partial \theta(\tau)}{\partial \tau} \mathrm{d}\tau + \Lambda - h_i \frac{\theta_{,i}}{T_0} \geqslant 0 \tag{8.43}$$

式(8.41)和式(8.42)分别是应力和熵的本构关系。式中，$D_{ij}(0)$ 是初应力，$\beta(0)$ 是初熵 $\rho\eta_0$，积分函数 $Y_{ijkl}(t-\tau, 0)$、$\varphi_{ij}(0, t-\tau)$、$\varphi_{ij}(t-\tau, 0)$ 和 $m(t-\tau, 0)$ 都是力学性质的适当的松弛函数形式，其中的 $Y_{ijkl}(t, 0)$ 和等温理论中的松弛函数 $Y_{ijkl}(t)$ 相对应。

式(8.43)中的前两项和 ε 同阶，而后两项是二阶的，假定适当无量纲化的 h_i 是一阶的。为使不等式能满足所有的方程，就要求

$$\frac{\partial D_{ij}(t)}{\partial t} = 0, \quad \frac{\partial \beta(t)}{\partial t} = 0 \tag{8.44}$$

以及

$$\Lambda - h_i \theta_{,i} / T_0 \geqslant 0 \tag{8.45}$$

对于均匀的温度场，$\theta_{,i} = 0$，为满足式(8.45)则必须

$$\Lambda \geqslant 0 \tag{8.46}$$

式(8.46)称为耗散不等式，其中由式(8.40)给出的 Λ 代表能量耗散率。根据式(8.46)，可以看出，为使式(8.45)得到满足，除要求 $\Lambda \geqslant 0$ 外，还需条件

$$h_i \theta_{,i} / T_0 \leqslant 0 \tag{8.47}$$

8.1.2.4　热流向量 h_i

为了完全导出应力和熵的本构关系，还需提供向量 h_i 的本构关系。

设 h_i 是温度梯度史 $\theta_{,i}$ 的线性泛函。按照 Riesz 表示定理，可将 h_i 写成内积形式，则有

$$h_i = -\int_{-\infty}^{t} K_{ij}(t-\tau) \frac{\partial \theta_{,j}(\tau)}{\partial \tau} \mathrm{d}\tau \tag{8.48}$$

将式(8.47)代回式(8.48)，考虑到 T_0 只能是正值，于是有

$$\theta_{,i} \int_{-\infty}^{t} K_{ij}(t-\tau) \frac{\partial \theta_{,j}(\tau)}{\partial \tau} \mathrm{d}\tau \geqslant 0 \tag{8.49}$$

对于给定的 t，只有当矩阵的 K_{ij} 正定，并且对于时间 t 保持为常数时才能使 $\theta_{,i}$ 和积分具有相同的符号，因此式(8.48)被化简为

$$h_i = -K_{ij} \theta_{,j} \tag{8.50}$$

式中，K_{ij} 是一些常数，而且 K_{ij} 对于 i 和 j 是对称的。方程(8.50)表明热量从高温向低温流动并且热流向量同温度梯度成正比，称为热传导方程。

应力本构方程(8.41)、熵本构方程(8.42)、自由能公式(8.6)和热传导方程(8.50)构成了热黏弹材料完整的本构关系。

8.1.2.5　各向同性材料的本构关系

各向同性情况下，φ_{ij} 应当取成

$$\varphi_{ij}(\tau_1,\tau_2)=\delta_{ij}\varphi(\tau_1,\tau_2) \tag{8.51}$$

而 Y_{ijkl} 只剩下两个独立分量：剪切松弛函数 Y' 和容变松弛函数 Y''，而且

$$Y_{ijkl}=\frac{1}{3}(Y''-Y')\delta_{ij}\delta_{kl}+\frac{1}{2}Y'(\delta_{ik}\delta_{jl}+\delta_{il}\delta_{jk}) \tag{8.52}$$

式中，Y'、Y''、Y_{ijkl} 都是 τ_1 和 τ_2 的函数，而且 $Y'=2\mu$，$Y''=3K$，μ 和 K 分别是剪切模量和体积模量。

把 σ_{ij}，ε_{ij} 分解为球量和偏量两部分，将各向同性黏弹性材料单位体积的自由能写成如下形式

$$\begin{aligned}\rho\psi=&\frac{1}{2}\int_{-\infty}^{t}\int_{-\infty}^{t}Y'(t-\tau_1,t-\tau_2)\frac{\partial e_{ij}}{\partial\tau_1}\frac{\partial e_{ij}(\tau_2)}{\partial\tau_2}\mathrm{d}\tau_1\mathrm{d}\tau_2+\\&\frac{1}{6}\int_{-\infty}^{t}\int_{-\infty}^{t}Y''(t-\tau_1,t-\tau_2)\frac{\partial\varepsilon_{kk}(\tau_1)}{\partial\tau_1}\frac{\partial\varepsilon_{jj}(\tau_2)}{\partial\tau_2}\mathrm{d}\tau_1\mathrm{d}\tau_2-\\&\int_{-\infty}^{t}\int_{-\infty}^{t}\varphi(t-\tau_1,t-\tau_2)\frac{\partial\varepsilon_{kk}(\tau_1)}{\partial\tau_1}\frac{\partial\theta(\tau_2)}{\partial\tau_2}\mathrm{d}\tau_1\mathrm{d}\tau_2-\\&\frac{1}{2}\int_{-\infty}^{t}\int_{-\infty}^{t}m(t-\tau_1,t-\tau_2)\frac{\partial\theta(\tau_1)}{\partial\tau_1}\frac{\partial\theta(\tau_2)}{\partial\tau_2}\mathrm{d}\tau_1\mathrm{d}\tau_2\end{aligned} \tag{8.53}$$

式中略去了式(8.6)中的初应力和初熵效应。

各向同性材料的应力本构方程现在成为

$$S_{ij}=\int_{-\infty}^{t}Y'(t-\tau,0)\frac{\partial e_{ij}(\tau)}{\partial\tau}\mathrm{d}\tau \tag{8.54a}$$

和

$$\sigma_{kk}=\int_{-\infty}^{t}Y^{(}t-\tau,0)\frac{\partial\varepsilon_{kk}(\tau)}{\partial\tau}\mathrm{d}\tau-3\int_{-\infty}^{t}\varphi(0,t-\tau)\frac{\partial\theta(\tau)}{\partial\tau}\mathrm{d}\tau \tag{8.54b}$$

各向同性材料的熵本构方程，只需在式(8.42)中将 φ_{ij} 和 ε_{ij} 分别代之以 φ 和 ε_{kk} 即可得到。

各向同性材料的能量耗散率 Λ 成为

$$\begin{aligned}\Lambda=&-\frac{1}{2}\int_{-\infty}^{t}\int_{-\infty}^{t}\frac{\partial}{\partial t}Y'(t-\tau_1,t-\tau_2)\frac{\partial e_{ij}(\tau_1)}{\partial\tau_1}\frac{\partial e_{ij}(\tau_2)}{\partial\tau_2}\mathrm{d}\tau_1\mathrm{d}\tau_2-\\&\frac{1}{6}\int_{-\infty}^{t}\int_{-\infty}^{t}\frac{\partial}{\partial t}Y''(t-\tau_1,t-\tau_2)\frac{\partial\varepsilon_{kk}(\tau_1)}{\partial\tau_1}\frac{\partial\varepsilon_{jj}(\tau_2)}{\partial\tau_2}\mathrm{d}\tau_1\mathrm{d}\tau_2+\\&\int_{-\infty}^{t}\int_{-\infty}^{t}\frac{\partial}{\partial t}\varphi(t-\tau_1,t-\tau_2)\frac{\partial\varepsilon_{kk}(\tau_1)}{\partial\tau_1}\frac{\partial\theta(\tau_2)}{\partial\tau_2}\mathrm{d}\tau_1\mathrm{d}\tau_2+\\&\frac{1}{2}\int_{-\infty}^{t}\int_{-\infty}^{t}\frac{\partial}{\partial t}m(t-\tau_1,t-\tau_2)\frac{\partial\theta(\tau_1)}{\partial\tau_1}\frac{\partial\theta(\tau_2)}{\partial\tau_2}\mathrm{d}\tau_1\mathrm{d}\tau_2\end{aligned} \tag{8.55}$$

最后，对于各向同性材料，K_{ij} 取作

$$K_{ij}=\delta_{ij}k \tag{8.56}$$

于是，热流向量本构方程成为

$$h_i=-\delta_{ij}k\theta_{,j} \tag{8.57}$$

R. M. 克里斯坦森进一步讨论了各向同性条件下耗散不等式(8.46)，对于 Y'，Y''，m 之

间关系所附加的热力学条件是：

$$\frac{\partial}{\partial t}Y''(t,t) \leqslant 0 \tag{8.58}$$

$$\frac{\partial}{\partial t}m(t,t) \geqslant 0 \tag{8.59}$$

和

$$\left[\frac{\partial}{\partial t}\varphi(t,t)\right]^2 \leqslant \left[\frac{1}{3}\frac{\partial}{\partial t}Y''(t,t)\right]\left[-\frac{\partial}{\partial t}m(t,t)\right] \tag{8.60}$$

8.2　热黏弹性材料的能量守恒方程

利用自由能公式(8.6)、应力本构方程(8.41)、熵本构方程(8.42)、热传导方程(8.50)和条件式(8.44)，可将局部能量守恒方程(8.28) 改写为

$$\rho r + \Lambda - T_0 \frac{\partial}{\partial t}\left[\int_{-\infty}^{t} \varphi_{ij}(t-\tau,0)\frac{\partial \varepsilon_{ij}(\tau)}{\partial \tau}\mathrm{d}\tau + \int_{-\infty}^{t} m(t-\tau,0)\frac{\partial \theta(\tau)}{\partial \tau}\mathrm{d}\tau\right] + (K_{ij}\theta_{,j})_{,i} = 0 \tag{8.61}$$

其中的能量耗散率由式(8.40) 给出。由于 Λ 是一个二阶项，在一阶理论中，作为高阶项可以从上式中略去，于是对于一阶理论，方程(8.61) 简化为

$$\rho r - T_0 \frac{\partial}{\partial t}\left[\int_{-\infty}^{t} \varphi_{ij}(t-\tau,0)\frac{\partial \varepsilon_{ij}(\tau)}{\partial \tau}\mathrm{d}\tau + \int_{-\infty}^{t} m(t-\tau,0)\frac{\partial \theta(\tau)}{\partial \tau}\mathrm{d}\tau = \right] + (K_{ij}\theta_{,j})_{,i} = 0 \tag{8.62}$$

式(8.62) 中包括了应变历史的积分，表现了热效应和力学效应之间的耦合，这正是黏弹材料热传导控制方程的复杂之处。

对于各向同性材料，式(8.62) 简化为

$$\rho r + k\theta_{,ii} - T_0 \frac{\partial}{\partial t}\left[\int_{-\infty}^{t} \varphi(t-\tau,0)\frac{\partial \varepsilon_{kk}(\tau)}{\partial \tau}\mathrm{d}\tau + \int_{-\infty}^{t} m(t-\tau,0)\frac{\partial \theta(\tau)}{\partial \tau}\mathrm{d}\tau\right] = 0 \tag{8.63}$$

8.3　热黏弹性边界值问题的基本方程

现在把控制耦合热黏弹性理论的有关线性方程汇集一下。下面的讨论仅限于小应变，而且温度对于基温 T_0 仅有微小温度偏差 θ，不考虑 θ 对材料函数的影响。在讨论中假定无辐射和内部热源。

应变-位移关系：

$$\varepsilon_{ij} = \frac{1}{2}(u_{i,j} + u_{j,i}) \tag{8.64}$$

平衡方程或运动方程：

$$\sigma_{ij,j} + f_i = 0 \text{（不考虑惯性）} \tag{8.65a}$$

$$\sigma_{ij,j} + f_i = \rho\frac{\partial^2 u_i}{\partial t^2} \text{（考虑惯性）} \tag{8.65b}$$

应力-应变关系：对于各向异性体，有

$$\sigma_{ij}=\int_{-\infty}^{t}Y_{ijkl}(t-\tau,0)\frac{\partial\varepsilon_{kl}(\tau)}{\partial\tau}\mathrm{d}\tau-\int_{-\infty}^{t}\varphi_{ij}(0,t-\tau)\frac{\partial\theta(\tau)}{\partial\tau}\mathrm{d}\tau \tag{8.66}$$

对于各向同性体，有

$$S_{ij}=\int_{-\infty}^{t}Y'(t-\tau,0)\frac{\partial e_{ij}(\tau)}{\partial\tau}\mathrm{d}\tau \tag{8.67a}$$

$$\sigma_{kk}=\int_{-\infty}^{t}Y''(t-\tau,0)\frac{\partial\varepsilon_{kk}(\tau)}{\partial\tau}\mathrm{d}\tau-3\int_{-\infty}^{t}\varphi(0,t-\tau)\frac{\partial\theta(\tau)}{\partial\tau}\mathrm{d}\tau \tag{8.67b}$$

能量守恒方程：对于各向异性体，有

$$\frac{K_{ij}}{T_0}\theta_{,ij}=\frac{\partial}{\partial t}\int_{-\infty}^{t}\varphi_{ij}(t-\tau,0)\frac{\partial\varepsilon_{ij}(\tau)}{\partial\tau}\mathrm{d}\tau+\frac{\partial}{\partial t}\int_{-\infty}^{t}m(t-\tau,0)\frac{\partial\theta(\tau)}{\partial\tau}\mathrm{d}\tau \tag{8.68}$$

对于各向同性体，有

$$\frac{k}{T_0}\theta_{,ii}=\frac{\partial}{\partial t}\int_{-\infty}^{t}\varphi(t-\tau,0)\frac{\partial\varepsilon_{kk}(\tau)}{\partial\tau}\mathrm{d}\tau+\frac{\partial}{\partial t}\int_{-\infty}^{t}m(t-\tau,0)\frac{\partial\theta(\tau)}{\partial\tau}\mathrm{d}\tau \tag{8.69}$$

初值条件为(对于 $t<0$)

$$\theta(t)=u_i(t)=\sigma_{ij}(t)=0 \tag{8.70}$$

边界条件为(对于 $t\geqslant 0$)

$$\left.\begin{array}{l}\text{在 } B_\sigma \text{ 上}, \sigma_{ij}n_j=S_i(x_i,t)\\ \text{在 } B_u \text{ 上}, u_i=\Delta_i(x_i,t)\\ \text{在 } B_1 \text{ 上}, \theta=\theta_1(x_i,t)\\ \text{在 } B_2 \text{ 上}, K_{ij}\theta_{,i}n_j=0\end{array}\right\} \tag{8.71}$$

其中，B_σ 是应力边界，B_u 是位移边界，B_1 是边界上给定温度的部分，B_2 是边界表面上对热流完全绝缘的其余部分。

由式(8.64)～式(8.71)可求解出 σ_{ij}，ε_{ij}，u_i 和 θ_0，代入熵本构方程和热传导方程还可求出 η 和 h_i。

熵本构方程：对于各向异性体，有

$$\rho\eta=\beta(0)+\int_{-\infty}^{t}\varphi_{ij}(t-\tau,0)\frac{\partial\varepsilon_{ij}(\tau)}{\partial\tau}\mathrm{d}\tau+\int_{-\infty}^{t}m(t-\tau,0)\frac{\partial\theta(\tau)}{\partial\tau}\mathrm{d}\tau \tag{8.72}$$

对于各向同性体，有

$$\rho\eta=\beta(0)+\int_{-\infty}^{t}\varphi(t-\tau,0)\frac{\partial\varepsilon_{kk}(\tau)}{\partial\tau}\mathrm{d}\tau+\int_{-\infty}^{t}m(t-\tau,0)\frac{\partial\theta(\tau)}{\partial\tau}\mathrm{d}\tau \tag{8.73}$$

热传导方程：对于各向异性体，有

$$h_i=-K_{ij}\theta_{,j} \tag{8.74}$$

对于各向同性体，有

$$h_i=-\delta_{ij}k\theta_{,j} \tag{8.75}$$

由应变位移关系式(8.64)、运动方程式(8.65)、应力应变关系式(8.66)、能量守恒方程式(8.68)、熵本构方程式(8.72)和热传导方程式(8.74)共20个控制方程，构成了小应变、小温度偏差情况下热黏弹边界值问题的基本方程组。由此方程组可以求解 σ_{ij}、ε_{ij}、u_i、θ、η 和 h_i 共20个未知数。在小应变情况下，可以认为在一定范围内 ρ 不变化。如果需要考虑 ρ 的变化，则还应补充质量守恒条件：

$$\rho_0\mathrm{d}V_0=\rho\mathrm{d}V \tag{8.76}$$

其中，ρ_0、V_0、ρ、V 分别为变形前后的密度和体积。

Laplace 变换方法是求解准静态热黏弹性边界值问题的有效方法。基本方程式(8.64)、式(8.65)、式(8.66)、式(8.68) 和边界条件式(8.71) 的 Laplace 变换为

$$\bar{\varepsilon}_{ij} = \frac{1}{2}(\bar{u}_{i,j} + \bar{u}_{j,i}) \tag{8.77}$$

$$\bar{\sigma}_{ij} + \bar{f}_i = 0 \tag{8.78}$$

$$\bar{\sigma}_{ij} = s\bar{Y}_{ijkl}\bar{\varepsilon}_{kl} - s\bar{\varphi}_{ij}\bar{\theta} \tag{8.79}$$

$$\left(\frac{K_{ij}}{T_0}\right)\bar{\theta}_{,ij} = s^2\overline{m\theta} + s^2\bar{\varphi}_{ij}\bar{\varepsilon}_{ij} \tag{8.80}$$

$$\left.\begin{aligned} &\text{在 } B_\sigma \text{ 上，} \bar{\sigma}_{ij}n_j = \bar{S}_i \\ &\text{在 } B_u \text{ 上，} \bar{u}_i = \bar{\Delta}_i \\ &\text{在 } B_1 \text{ 上，} \bar{\theta} = \bar{\theta}_1 \\ &\text{在 } B_2 \text{ 上，} K_{ij}\bar{\theta}_{,i}n_j = 0 \end{aligned}\right\} \tag{8.81}$$

其中，s 是 Laplace 变换的变量。由关系式(8.77) ～ 式(8.81) 表明的边界值问题可以按处理耦合热黏弹性问题同样的方式，求得与空间坐标相关的解。完成这一步以后，将变换后的解加以反演就得出热黏弹性问题的解。这一过程与线黏弹性理论中的等温边界值问题的解法完全相同。因此，在热弹性解中用 s 乘过的一些黏弹性松弛函数的变换来取代热弹性的相应材料函数，就可以将热弹性解转换为热黏弹性解的变换。剩下要做的工作就是对解的变换进行反演来求得热黏弹性边界值问题的解。

在一些问题中，能量守恒方程式(8.68) 或式(8.69) 里涉及的 ε_{ij} 的耦合项可以忽略，因而在基本方程中力学响应和热响应可以分开处理。通过求解能量守恒方程或从实验结果求得温度分布后，力学响应问题可由方程式(8.64) ～ (8.66) 以及初边值条件式(8.70) 和式(8.71) 来求解。积分变换方法仍是求解这类问题的有效方法。

当所有场变量都规定为随时间做稳态简谐变化时，热黏弹性本构关系可以用一些频率的复值函数来表示。由于这类问题中已经给定了场变量对时间的依赖关系的具体形式，剩下的工作就是求出场变量中与空间坐标有关的部分。

对于需要考虑惯性效应的动力响应问题，求其解比求解准静态问题困难得多，这种情况与等温情况类似，并且较少采用积分变换方法。只有在一些随时间做稳态谐变化的问题中，包括惯性效应，才不会导致比准静态情况更大的复杂性。

8.4　热流变简单材料的本构关系

在前三节中，我们导出了小应变情况下，当温度相对于基温 T_0 仅有微小偏差时黏弹材料考虑热效应的应力 - 应变关系式(8.41)。在这一讨论中，略去了相对于基温的微量偏差对力学性质的影响，力学性质仅取决于固定基温 T_0 和时间 t，在给定 T_0 下，本构关系中的材料函数仅是时间 t 的函数。这一本构关系是热黏弹性一阶线性理论的一个结果。

在本节中，我们将推导在非恒定、非均匀温度历史下，热流变简单材料的应力 - 应变关系。仍然仅限于研究小应变情况，但不要求温度对基温的变化也是小量。本构关系中的材料函数既依赖于温度对基温的变化 $T - T_0$，也依赖于时间 t，是一种把温度依赖关系和时间依

赖关系都包括进去的耦合热黏弹理论。

我们推导的出发点是一个普遍的泛函，它表示应力的现时值是应变和温度的现时值及其历史的函数：

$$\sigma(t)=\underset{s=0}{\overset{\infty}{\gamma}}(\varepsilon(t-s),T(t-s),\varepsilon(t),T(t)) \tag{8.82}$$

其中，$T(t)$ 是绝对温度；$\sigma(t)$ 和 $\varepsilon(t)$ 是应力和应变；s 是从 t 向过去追溯所经历的时间，$s=t-\tau$，τ 是从 t 向过去追溯所达到的时间。

假定关系式(8.82)可以反演，则应变可以表示为

$$\varepsilon(t)=\underset{s=0}{\overset{\infty}{\varepsilon}}(\sigma(t-s),T(t-s),\sigma(t),T(t)) \tag{8.83}$$

将 $\varepsilon(t)$ 分成两部分：

$$\varepsilon(t)=\varepsilon'(t)+\varepsilon''(t) \tag{8.84}$$

其中，$\varepsilon'(t)$ 为无应力状态中由于纯温变而引起的应变，假定它只是现时温度的函数并记为 $\alpha(T(t))$，即

$$\varepsilon'(t)=\alpha(T(t)) \tag{8.85}$$

$\varepsilon''(t)$ 则是应力和温度的历史及现时值的函数，即

$$\varepsilon''(t)=\underset{s=0}{\overset{\infty}{\varepsilon''}}(\sigma(t-s),T(t-s),\sigma(t),T(t)) \tag{8.86}$$

并且对于不受力但有非恒温历史的材料，应有

$$\underset{s=0}{\overset{\infty}{\varepsilon''}}(0,T(t-s),0,T(t))=0 \tag{8.87}$$

现在引入一个主要的假定。假定非等温应力本构关系是通过将对应的等温本构关系略加以改变来得到的，即用 $\varepsilon-\alpha$ 替代其中的 ε，并用修正的时间标度来考虑温度的历史。

线性黏弹性材料的一维等温本构关系为

$$\sigma(t)=\int_{-\infty}^{t}Y(t-\tau)\frac{\partial}{\partial\tau}\varepsilon(\tau)\mathrm{d}\tau \tag{8.88}$$

现在按照假定来修正等温本构关系式(8.88)。在式(8.88)中以 $\varepsilon''(\tau)=\varepsilon(\tau)-\alpha(T(\tau))$ 取代 $\varepsilon(\tau)$，以 $Y(T,t-\tau)$ 取代 $Y(t-\tau)$，考虑到 $s=t-\tau$，可得

$$\sigma(t)=\int_{-\infty}^{t}Y(T,t-\tau)\frac{\partial}{\partial\tau}[\varepsilon(\tau)-\alpha(T(\tau))]\mathrm{d}\tau \tag{8.89}$$

对于热流变简单材料，固定温度 T 和固定基温 T_0 的松弛函数之间满足时温等效原理的平移法则，即

$$Y(T,t)=Y(T_0,t/a_T) \tag{8.90}$$

因而有

$$Y(T,s)=Y(T_0,s/a_T) \tag{8.91}$$

记

$$\xi_s=s/a_T(T) \tag{8.92}$$

为折减时间，它表明温度从 T 变到 T_0 对于材料松弛行为的作用，等效于在时间标尺上乘以一个因子 $1/a_T$，这里 a_T 是平移因子。令

$$\chi(T)=1/a_T(T) \tag{8.93}$$

则可将(8.92)改写为

$$\xi_s = s\chi(T) \tag{8.94}$$

其中，$\dfrac{\mathrm{d}\chi(t)}{\mathrm{d}T} > 0$，并且在基温 T_0 下应有 $\chi(T_0) = 1$。

当温度 T 随时间而连续变化时，$\chi(T)$ 也随时间连续变化，即 $T = T(t)$，$\chi = \chi(T(t))$，折减时间 ξ_s 应该用一个积分来表示：

$$\xi_s = \int_0^s \chi(T(t-\lambda))\mathrm{d}\lambda \tag{8.95}$$

注意到 $s = t - \tau$，并做变量替换，$t' = t - \lambda$，代入式(8.95)后可得

$$\xi_s = \int_0^t \chi(T(t'))\mathrm{d}t' - \int_0^\tau \chi(T(t'))\mathrm{d}t' \tag{8.96}$$

记

$$\xi_1 = \int_0^t \chi(T(t'))\mathrm{d}t' \tag{8.97a}$$

$$\xi_2 = \int_0^\tau \chi(T(t'))\mathrm{d}t' \tag{8.97b}$$

则可将式(8.89)改写为

$$\sigma(t) = \int_{-\infty}^t Y(T_0, \xi_1 - \xi_2)\frac{\partial}{\partial\tau}[\varepsilon(\tau) - \alpha(T(\tau))]\mathrm{d}\tau \tag{8.98}$$

推广到三维，可得到非恒定、非均匀温度历史下，热流变简单材料的三维应力-应变关系为

$$\sigma_{ij}(x_i, t) = \int_{-\infty}^t Y_{ijkl}(T_0, \xi_1 - \xi_2)\frac{\partial}{\partial\tau}[\varepsilon_{kl}(x_i, \tau) - \alpha_{kl}(x_i, \tau)]\mathrm{d}\tau \tag{8.99}$$

对于各向同性材料，式(8.99)简化为

$$S_{ij}(x_i, t) = \int_{-\infty}^t Y'(T_0, \xi_1 - \xi_2)\frac{\partial}{\partial\tau}e_{ij}(x_i, \tau)\mathrm{d}\tau \tag{8.100a}$$

$$\sigma_{kk}(x_i, t) = \int_{-\infty}^t Y''(T_0, \xi_1 - \xi_2)\frac{\partial}{\partial\tau}[\varepsilon_{kk}(x_i, \tau) - \alpha(x_i, \tau)]\mathrm{d}\tau \tag{8.100b}$$

式中，Y' 和 Y'' 分别为剪切松弛函数和容变松弛函数，$\alpha(x_i, t)$ 代表在无应力条件下由纯温度变化所引起的体积变化。

8.5　思考与练习

1. 阐述热力学基本原理和假设。
2. 推导在非恒定、非均匀温度历史下，热流变简单材料的应力-应变关系。

参考文献

[1] 蔡峨. 粘弹性力学基础[M]. 北京:北京航空航天大学出版社,1989.
[2] 贾乃文. 粘塑性力学及工程应用[M]. 北京:地震出版社,2000.
[3] 李斌才. 高聚物的结构和物理性质[M]. 北京:科学出版社,1989.
[4] 欧阳鬯. 粘弹塑性理论[M]. 长沙:湖南科学技术出版社,1986.
[5] 王礼立. 应为波基础[M]. 北京:国防工业出版社,1985.
[6] 徐秉业,刘信声,沈新普. 应用弹塑性力学[M]. 2 版. 北京:清华大学出版社,2017.
[7] 杨桂通. 弹塑性力学引论[M]. 2 版. 北京:清华大学出版社,2013.
[8] 杨挺青. 粘弹性力学[M]. 武汉:华中理工大学出版社,1990.
[9] 杨挺青,罗文波,徐平,等. 黏弹性理论与应用[M]. 北京:科学出版社,2004.
[10] 杨晓光,石多奇. 粘塑性本构理论及其应用[M]. 北京:国防工业出版社,2013.
[11] 杨绪灿,杨桂通,徐秉业. 粘塑性力学概论[M]. 北京:中国铁道出版社,1985.
[12] 余同希,薛璞. 工程塑性力学[M]. 2 版. 北京:高等教育出版社,2010.
[13] 袁龙蔚. 流变力学[M]. 北京:科学出版社,1986.
[14] 张淳源. 粘弹性断裂力学[M]. 武汉:华中理工大学出版社,1994.
[15] 中国科学技术大学高分子物理教研室. 高聚物的结构与性能[M]. 北京:科学出版社,1981.
[16] BERNSTEIN B, KEARSLEY E A, ZAPAS L J. A study of stress relaxation with finite strain[J]. Transactions of rheology, 1963, 7(1): 391-409.
[17] BODNER S R, PARTOM Y. A large deformation elastic-visco-plastic analysis of a thick-walled spherical shell[J]. Journal of applied mechanics, 1972, 39: 751-757.
[18] BODNER S R, PARTOM Y. Constitutive equations for elastic-viscoplastic strain-hardening materials[J]. Journal of applied mechanics, 1975, 43: 385-389.
[19] COLEMAN B D, MIZEL J A. A general theory of dissipation in materials with memory[J]. Archive for rational mechanics and analysis, 1967, 27: 254-274.
[20] COLEMAN B D, NOLL W. Foundations of linear viscoelasticity[J]. Review of modern physics, 1961, 33: 239-249.
[21] CREUS G J. Viscoelascity—basic theory and applications to concrete structures[M]. Berlin: Springer-Verlag, 1986.
[22] FERRT J D. Viscoelastic Properties of Polymers[M]. 3rd ed. New York: John Wiley, 1980.
[23] GREEN A E, RIVLIN R S. The mechanics of nonlinear materials with memory, part Ⅰ[J]. Archive for rational mechanics and analysis, 1957, 1: 1-21.
[24] GREEN A E, RIVLIN R S, SPENCER A J M. The mechanics of nonlinear materials with memory, part Ⅱ[J]. Archive for rational mechanics and analysis, 1959, 3: 82-90.

[25] GREEN A E,RIVLIN R S. The mechanics of nonlinear materials with memory,part Ⅲ[J]. Archive for rational mechanics and analysis,1960,4:387-404.

[26] GURTIN M E,HERRERA I. On dissipation inequalities and linear viscoelasticity[J]. Quarterly of applied mathematics,1965,23:235-245.

[27] GURTIN M E,STERNBERG E. On the linear theory of viscoelasticity[J]. Quarterly of applied mathematics,1962,11:291-356.

[28] LAI J S Y, FINDLEY W N. Elevated temperature creep of polyurethane under nonlinear torsional stress with step changes in torque[J]. Transactions of the society of rheology,1973,17:129-150.

[29] LEADERMAN H. Large longitudinal retarded elastic deformation of rubberlike network polymers[J]. Transactions of the society of rheology,1962,6:361-382.

[30] LOCKETT F J. Nonlinear viscoelastic solids[M]. London:Academic Press,1972.

[31] MAINARDI F. Wave Propagation in Viscoelastic Media [M]. Boston: Pitman Advanced Publishing Program,1982.

[32] MALVERN L E. The propagation of longitudinal waves of plastic deformation in a bar of material exhibiting a strain-rate effect[J]. Journal of applied mechanics,1951, 18:203-208.

[33] NAGHDI P M. Constitutive restrictions for idealized elastic-viscoplastic materials [J]. Journal of applied mechanics,1984,51:93-101.

[34] NAGHDI P M, MURCH S A. On the mechanical behavior of viscoelastic/plastic solids[J]. Journal of applied mechanics,1963,30:321-328.

[35] PERZYNA P. Fundamental problems in viscoplasticity [J]. Advances in applied mechanics,1966,9:243-377.

[36] SCHAPERY R A. On the characterization of nonlinear viscoelastic materials[J]. Polymer engineering and science,1969,9:295-310.